彭婧 唐楷 编著

剪映+Premiere
短视频拍摄、制作与运营
完全自学一本通

电子工业出版社
Publishing House of Electronics Ind
北京·BEIJING

未经许可，不得以任何方式复制或抄袭本书之部分或全部内容。
版权所有，侵权必究。

图书在版编目（CIP）数据

剪映+Premiere短视频拍摄、制作与运营完全自学一本通 / 彭婧，唐楷编著. -- 北京：电子工业出版社，2025.6. -- ISBN 978-7-121-50217-0

Ⅰ. TP317.53

中国国家版本馆CIP数据核字第2025ZJ5459号

责任编辑：陈晓婕
印　　刷：河北鑫兆源印刷有限公司
装　　订：河北鑫兆源印刷有限公司
出版发行：电子工业出版社
　　　　　北京市海淀区万寿路173信箱　邮编：100036
开　　本：787×1092　1/16　印张：17　字数：435.2千字
版　　次：2025年6月第1版
印　　次：2025年6月第1次印刷
定　　价：69.90元

凡所购买电子工业出版社图书有缺损问题，请向购买书店调换。若书店售缺，请与本社发行部联系，联系及邮购电话：（010）88254888，88258888。

质量投诉请发邮件至zlts@phei.com.cn，盗版侵权举报请发邮件至dbqq@phei.com.cn。

本书咨询联系方式：（010）88254161~88254167转1897。

短视频是目前极具活力和影响力的新媒体形态，伴随着互联网技术、移动互联技术、社交网络、轻量级数字视频设备的不断发展与普及，作为终端的受众群体和传播主体共同参与信息内容传播的时间不断呈现出碎片化和互动化的趋势，于是新媒体网络短视频闭合开放的生态系统逐渐引起了大众的广泛关注。

对于没有接触过短视频创作的用户来说，如何才能进入短视频创作领域呢？本教材依据互联网营销、电子商务等相关职业岗位所需的行业基础知识要求而设置，从短视频创作的基础理论讲解出发，全面介绍了短视频的前期素材拍摄、使用移动端和PC端短视频剪辑软件对素材进行后期剪辑处理，以及短视频营销的相关知识，使读者能够轻松掌握短视频的创作方法。

本书特点

本书从实用的角度出发，全面、系统地讲解了短视频拍摄、后期制作和营销推广的理论知识和实践操作方法，将理论与实践相结合，使读者更加直观地理解所学的知识，让学习更轻松。

本书立足于高校教学，与市场上的同类图书相比，在内容的安排与写作上具有以下特点。

（1）结构鲜明，实用性强

本书立足于短视频的实际应用操作，从短视频的策划和短视频的前期拍摄，到短视频的后期剪辑制作，再到短视频的营销推广，结构非常清晰，全面系统地讲解了短视频创作的全过程。本书内容采用"理论知识+实践操作"的架构，详细介绍了短视频拍摄、后期剪辑制作和营销推广等知识，讲解循序渐进，将理论与实践相结合，帮助读者更好地理解理论知识并掌握实际操作能力。

（2）案例丰富，实操性强

本书注重理论知识与实践操作的紧密结合，从移动端短视频剪辑制作到PC端短视频剪辑制作，从短视频制作App到专业的视频编辑软件Premiere的使用，突出"以应用为主线，以技能为核心"的编写特点，体现"学做合一"的思想。

（3）图解教学，资源丰富

本书采用图文相结合的方式进行讲解，以图析文，使读者在理解理论知识的过程中更加直观，在实例操作过程中更清晰地掌握短视频的编辑与制作方法及技巧。同时，本书还提供了丰富的案例素材、视频教程、教学PPT等立体化配套资源，帮助读者更好地学习并掌握本书所讲解的内容。

本书作者

本书适合正在准备学习短视频创作的初、中级读者，书中充分考虑到初学者可能遇到的困难，讲解全面深入，结构安排循序渐进，通过案例的制作巩固所学知识，提高学习效率。

本书由彭婧、唐楷编写，由于时间较为仓促，书中难免有疏漏之处，在此敬请广大读者朋友批评、指正。

编 者

第1章 了解短视频

1.1 认识短视频 ... 2
1.1.1 什么是短视频 ... 2
1.1.2 主流的短视频平台 ... 2
1.1.3 短视频的创作方式 ... 4
1.1.4 短视频营销 ... 4

1.2 短视频营销的优势 ... 7
1.2.1 信息传播更高效 ... 7
1.2.2 互动更便捷 ... 10
1.2.3 信息扩展范围更广 ... 12
1.2.4 人气聚集更快 ... 14
1.2.5 降低企业管理成本 ... 15

1.3 短视频制作流程 ... 15
1.3.1 项目定位 ... 15
1.3.2 剧本编写 ... 16
1.3.3 前期拍摄 ... 16
1.3.4 后期制作 ... 16
1.3.5 发布与运营 ... 17

1.4 短视频内容规划 ... 17
1.4.1 哪些商品更适合做短视频 ... 17
1.4.2 哪些电商短视频更吸引用户 ... 18
1.4.3 竖屏和横屏的选择 ... 19
1.4.4 促进销量的核心 ... 20

1.5 短视频内容要求 ... 21
1.5.1 电商短视频内容方向 ... 21
1.5.2 电商短视频内容规范 ... 23
1.5.3 单品型短视频内容要求 ... 24
1.5.4 内容型短视频内容要求 ... 25

1.6 打造爆款电商短视频 ·· 26
　　1.6.1 全方位展示商品 ·· 26
　　1.6.2 提炼商品卖点 ··· 27
　　1.6.3 清晰表达商品核心卖点 ··· 27
　　1.6.4 短视频脚本的写作步骤 ··· 28
1.7 本章小结 ··· 29

第2章 图片与视频素材拍摄

2.1 素材拍摄相关设备 ·· 31
　　2.1.1 拍摄设备 ·· 31
　　2.1.2 稳定设备 ·· 33
　　2.1.3 收声设备 ·· 33
　　2.1.4 灯光设备 ·· 34
　　2.1.5 其他辅助设备 ··· 34
2.2 拍摄的原则与要点 ·· 35
2.3 画面的结构元素 ·· 36
　　2.3.1 主体 ··· 36
　　2.3.2 陪体 ··· 38
　　2.3.3 环境 ··· 39
　　2.3.4 留白 ··· 40
2.4 画面的色彩 ·· 41
　　2.4.1 色彩的基本属性 ·· 41
　　2.4.2 色彩的造型功能 ·· 42
　　2.4.3 色彩的情感与象征意义 ··· 42
2.5 画面的构图方法 ·· 44
　　2.5.1 构图法则 ·· 44
　　2.5.2 中心构图 ·· 44
　　2.5.3 九宫格构图 ·· 45
　　2.5.4 对称构图 ·· 46

	2.5.5 斜线构图	48
2.6	拍摄运镜方式	49
	2.6.1 拍摄角度	49
	2.6.2 固定镜头拍摄	51
	2.6.3 运动镜头拍摄	52
2.7	拍摄场景布置	54
	2.7.1 搭建小型摄影棚	55
	2.7.2 室内场景布置	55
	2.7.3 户外场景选择	56
2.8	本章小结	57

第3章 使用"抖音"制作短视频

3.1	使用"抖音"App的拍摄功能	59
	3.1.1 拍摄短视频	59
	3.1.2 使用辅助工具拍摄	60
	3.1.3 使用道具拍摄	64
	3.1.4 分段拍摄	65
	3.1.5 分屏拍摄	67
	3.1.6 使用模板制作短视频	68
	实战——使用模板制作短视频	68
3.2	在"抖音"App中导入素材	69
	3.2.1 导入手机相册素材	69
	3.2.2 使用"一键成片"功能制作短视频	71
	实战——使用"一键切片"功能制作短视频	71
3.3	丰富短视频效果	73
	3.3.1 选择背景音乐	73
	3.3.2 添加文字	75
	3.3.3 添加贴纸	76
	3.3.4 发起挑战	77

目录

- 3.3.5 使用画笔 ·········· 77
- 3.3.6 添加特效 ·········· 78
- 3.3.7 添加滤镜 ·········· 79
- 3.3.8 自动字幕 ·········· 79
- 3.3.9 画质增强和变声效果 ·········· 80

3.4 短视频封面设计与发布 ·········· 81
- 3.4.1 设置短视频封面 ·········· 81
- 3.4.2 发布短视频 ·········· 82
- 3.4.3 制作美食宣传音乐短视频 ·········· 83
- 实战——制作美食宣传音乐短视频 ·········· 83

3.5 本章小结 ·········· 87

第4章 使用"剪映"制作短视频

4.1 使用"剪映"App ·········· 89
- 4.1.1 "剪映"App 工作界面 ·········· 89
- 4.1.2 视频剪辑界面 ·········· 94

4.2 素材剪辑基础 ·········· 96
- 4.2.1 导入素材 ·········· 96
- 4.2.2 视频显示比例与背景设置 ·········· 99
- 4.2.3 粗剪与精剪 ·········· 102
- 4.2.4 添加音频 ·········· 104
- 4.2.5 音频素材剪辑与设置 ·········· 107
- 4.2.6 制作电子相册 ·········· 108
- 实战——制作电子相册 ·········· 108

4.3 短视频效果的添加与设置 ·········· 116
- 4.3.1 变速效果 ·········· 117
- 4.3.2 画中画 ·········· 119
- 4.3.3 制作短视频标题消散效果 ·········· 122
- 实战——制作短视频标题消散效果 ·········· 122

4.3.4 添加文本和贴纸 ·· 125
4.3.5 添加滤镜 ·· 130
4.3.6 添加特效 ·· 131
4.3.7 视频调节 ·· 133
4.3.8 制作旅行短视频 ·· 135
实战——制作旅行短视频 ·· 135

4.4 本章小结 ··· 146

第5章 使用Premiere制作短视频

5.1 Premiere基础操作 ·· 148
5.1.1 Premiere工作界面 ··· 148
5.1.2 创建项目和序列 ·· 150
5.1.3 导入素材 ·· 152
5.1.4 保存与输出操作 ·· 153

5.2 掌握Premiere中的素材剪辑操作 ································ 153
5.2.1 监视器窗口 ·· 153
5.2.2 素材剪辑操作 ·· 155
5.2.3 视频剪辑工具 ·· 156
5.2.4 修改视频素材的播放速率 ······································ 157
5.2.5 创建其他常用的视频元素 ······································ 159

5.3 掌握效果设置 ··· 162
5.3.1 "效果控件"面板 ·· 162
5.3.2 制作分屏显示效果 ·· 163
实战——制作分屏显示效果 ··· 163

5.4 应用视频效果 ··· 168
5.4.1 添加视频效果 ·· 168
5.4.2 编辑视频效果 ·· 170
5.4.3 认识常用的视频效果组 ·· 170
5.4.4 为视频局部添加马赛克 ·· 174

	实战——为视频局部添加马赛克	174
5.5	**应用视频过渡效果**	177
	5.5.1 添加视频过渡效果	177
	5.5.2 编辑视频过渡效果	177
	5.5.3 认识视频过渡效果	180
	5.5.4 视频过渡效果插件	182
	5.5.5 制作商品展示视频效果	184
	实战——制作商品展示视频效果	184
5.6	**字幕的添加与设置**	191
	5.6.1 创建字幕和文字图形对象	191
	5.6.2 字幕设计窗口	193
	5.6.3 制作文字遮罩片头	195
	实战——制作文字遮罩片头	195
5.7	**本章小结**	199

第6章 短视频运营与推广

6.1	**了解短视频运营平台模式**	201
	6.1.1 社交平台	201
	6.1.2 自媒体平台	202
	6.1.3 视频平台	202
	6.1.4 直播平台	203
6.2	**关于短视频运营**	203
	6.2.1 什么是短视频运营	203
	6.2.2 短视频运营的工作内容	204
	6.2.3 为什么要做短视频营销	205
	6.2.4 短视频营销的优势	206
6.3	**短视频运营的流程和策略**	207
	6.3.1 营销团队的构成	207
	6.3.2 线上与线下的配合流程	208

　　　　6.3.3　整合运营策略 ·· 209

6.4　短视频用户运营 ·· 210
　　　　6.4.1　什么是用户运营 ·· 210
　　　　6.4.2　不同阶段的用户运营 ·· 210

6.5　短视频营销技巧 ·· 214
　　　　6.5.1　5步营销，步步为营 ·· 214
　　　　6.5.2　针对推广，高效营销 ·· 214
　　　　6.5.3　整合营销，打通增益 ·· 216
　　　　6.5.4　积极互动，吸引注意 ·· 217
　　　　6.5.5　效果监测，指导营销 ·· 217

6.6　短视频推广 ·· 219
　　　　6.6.1　短视频推广渠道 ·· 219
　　　　6.6.2　短视频推广目的 ·· 220
　　　　6.6.3　短视频营销推广平台 ·· 220

6.7　短视频+，带来更多可能性 ······································ 223
　　　　6.7.1　短视频＋电商：增加产品说服力 ···························· 223
　　　　6.7.2　短视频＋直播：开辟一条新思路 ···························· 224
　　　　6.7.3　短视频＋跨界：整合各类优质资源 ························ 225
　　　　6.7.4　短视频＋H5：完美展示自身形象 ·························· 225
　　　　6.7.5　短视频＋自媒体：名利双收一举多得 ····················· 226

6.8　本章小结 ·· 226

第7章　直播营销

7.1　电商直播与直播营销 ·· 228
　　　　7.1.1　了解直播平台 ··· 228
　　　　7.1.2　电商直播的兴起 ·· 228
　　　　7.1.3　直播营销的特点 ·· 229
　　　　7.1.4　直播营销需要注意的问题 ······································ 230

7.2　直播前的准备工作 ·· 232

		7.2.1 遵守直播间规范	232
		7.2.2 直播前的准备	232
		7.2.3 直播间注意事项	233
	7.3	直播平台的特点及要求	234
		7.3.1 淘宝直播	234
		7.3.2 京东直播	236
		7.3.3 拼多多直播	236
		7.3.4 抖音直播	236
		7.3.5 快手直播	237
		7.3.6 微博直播	237
		7.3.7 西瓜视频	237
		7.3.8 小红书直播	238
		7.3.9 bilibili 直播	238
		7.3.10 知乎直播	239
		7.3.11 考拉海购直播	239
		7.3.12 蘑菇街直播	239
	7.4	直播间环境布置	240
		7.4.1 直播间装饰	240
		7.4.2 直播间风格	242
		7.4.3 直播间色彩	243
	7.5	直播间灯光布置	248
		7.5.1 主灯光规划	249
		7.5.2 灯箱灯光照射	249
		7.5.3 光源类别	250
		7.5.4 主播镜头与灯光	252
		7.5.5 直播间灯光布置方案与技巧	252
	7.6	如何做好直播营销	255
		7.6.1 坚持内容为王	255
		7.6.2 定位准确，选择合适的主播	255
		7.6.3 构建传播品牌社群	256
		7.6.4 坚持整合营销	256
	7.7	本章小结	257

读者服务

读者在阅读本书的过程中如果遇到问题,可以关注"有艺"公众号,通过公众号与我们取得联系。此外,通过关注"有艺"公众号,您还可以获取更多的新书资讯、书单推荐、优惠活动等相关信息。

扫一扫关注"有艺"

资源下载方法:关注"有艺"公众号,在"有艺学堂"的"资源下载"中获取下载链接。如果遇到无法下载的情况,可以通过以下三种方式与我们取得联系。

1. 关注"有艺"公众号,通过"读者反馈"功能提交相关信息。
2. 请发送邮件至 art@phei.com.cn,邮件标题命名格式为:资源下载+书名。
3. 读者服务热线:(010)88254161~88254167 转 1897。

投稿、团购合作:请发送邮件至 art@phei.com.cn。

第 1 章 了解短视频

如今，短视频作为一种热门的内容形态，不管是在社交平台上，还是在电商平台上都随处可见。在短视频热潮的推动下，信息的传播方式也从传统的图文形式逐步向短视频转化。可以说，短视频已经成为一种新的发展趋势。

本章将向大家介绍有关短视频内容创作的相关基础知识，包括什么是短视频、短视频营销的优势、短视频制作流程、短视频内容规划、短视频内容要求，以及打造爆款电商短视频等内容，使大家对短视频这种内容形态有更多的了解和认识。

1.1 认识短视频

5G时代已经到来,短视频作为内容传播的形式之一,将成为5G时代下的重要社交语言。同时,短视频与长视频的交融共生将成为视频行业的发展趋势。

1.1.1 什么是短视频

目前,业界对短视频并没有统一的概念界定。但是,通常情况下,短视频即短片视频,是指在互联网上传播的时长在5分钟以内的视频。同时,随着网络的提速与移动终端的普及,短视频逐渐获得各大平台、用户和投资方的青睐,成为互联网的又一风口。

关于短视频的概念,业界不断有新的说法,分别介绍如下。

百度百科对短视频的定义:短视频是指在各种新媒体平台上播放的、适合在移动状态和短时休闲状态下观看的、高频推送的视频内容,其时长为几秒到几分钟不等,其内容融合了技能分享、幽默、时尚潮流、社会热点、街头采访、公益教育、广告创意和商业定制等主题。因为短视频的时长较短,所以短视频既可以单独成片,也可以成为系列栏目。

2017年4月20日,今日头条创办了首个短视频奖项——金秒奖,目的在于规范短视频行业标准。今日头条对全部参赛作品的平均时长和达到百万次以上播放量的作品进行统计后,得出结论:短视频的平均时长为4分钟,以互联网新媒体为传播渠道,其形态包括纪录片、创意剪辑、品牌广告和微电影等。

"57秒、竖屏"是快手短视频平台对于短视频行业提出的工业标准。

> **小贴士:** 2019年1月9日,中国网络视听节目服务协会发布《网络短视频平台管理规范》和《网络短视频内容审核标准细则》。

1.1.2 主流的短视频平台

移动互联网时代,短视频领域成为各企业争相角逐的盈利风口,短视频背后巨大的商业价值使网络短视频遍地开花,短视频平台犹如雨后春笋般呈现在大众面前。

1. 抖音

抖音是一个短视频平台,以竖屏小视频为主,用户主要为一二线城市的中产阶层,女性偏多,关键词为年轻、时尚、颜值。抖音短视频目前作为短视频领域的一个超级App,不论是在用户量级上还是在相关后端服务上,都有很强的优势。图1-1所示为抖音的Logo与其PC端首页。

图1-1 抖音的Logo与其PC端首页

2. 快手

快手也是一个短视频平台，以竖屏小视频为主，用户主要为三四线城市中真实热爱分享的群体，特征为老铁文化。目前，快手可以说是短视频领域的榜二，用户群体主要集中在三四线城市，热爱生活分享的博主可以尝试一下快手，其对于创作者的支持力度比较大。图1-2所示为快手的Logo与其PC端首页。

图1-2 快手的Logo与其PC端首页

3. 西瓜视频

西瓜视频也是一个短视频平台，但是目前有往长视频方向发展的趋势。它的用户主要为一线城市和新一线城市中的"80后"和"90后"人群。内容频道很丰富，影视、游戏、音乐、美食、综艺五大类频道占据半数视频量。图1-3所示为西瓜视频的Logo与其PC端首页。

图1-3 西瓜视频的Logo与其PC端首页

4. 哔哩哔哩

哔哩哔哩，简称B站，是一个领域非常垂直的视频网站，主要面向二次元文化垂直类人群，主要呈现方式为横屏短视频。B站的用户黏性非常高，主要用户群体为"90后"和"00后"的二次元文化爱好者。如果读者有这方面的天赋或者特长，可以尝试发展B站。图1-4所示为哔哩哔哩的Logo与其PC端首页。

图1-4 哔哩哔哩的Logo与其PC端首页

5. 微视

微视是腾讯旗下的短视频平台，以竖屏小视频为主，用户主要为白领群体。微视比较容易上手，可以作为一个辅助平台进行发展。图1-5所示为微视的Logo与其PC端首页。

图1-5 微视的Logo与其PC端首页

1.1.3 短视频的创作方式

短视频的创作方式可以分为用户生产内容（User Generated Content，UGC）、专业用户生产内容（Professional User Generated Content，PUGC）和专业生产内容（Professional Generated Content，PGC）3种，它们的特点如表1-1所示。

表1-1 短视频3种创作方式的特点

UGC	PUGC	PGC
成本低，制作简单； 商业价值低； 具有很强的社交属性	成本较低，有编排，有人气基础； 商业价值高，主要靠流量盈利； 具有社交属性和媒体属性	成本较高，专业和技术要求较高； 商业价值高，主要靠内容盈利； 具有很强的媒体属性

- UGC：短视频平台的普通用户自主创作并上传内容，普通用户是指非专业个人生产者。
- PUGC：短视频平台的专业用户创作并上传内容，专业用户是指拥有粉丝基础的"网红"，或者拥有某一领域专业知识的关键意见领袖。
- PGC：专业机构创作并上传内容。

1.1.4 短视频营销

从性质和作用上看，长、短视频并无太大的差异，与其他传播方式相比，都有着无法比拟的优势，容易聚集大量粉丝。因此，视频很快成为企业、网络大咖、自媒体运营者主要的宣传媒介。也就是说，短视频只是视频营销的一个细分类型，在认识短视频营销之前，还需要先了解一下视频营销。

视频营销是指广告主将各种视频投放到互联网的各类播放平台上，达到宣传目的的营销手段，包含电视广告、网络视频、宣传片、微电影等各种方式，以及现在比较流行的直播。

视频直播不仅造就了一个个"达人"，还造就了很多"网红"企业。

小米品牌每次推出新的产品时，都会在线上进行新品发布直播，并且其CEO雷军会亲自进行新品的发布直播，实为增强与粉丝的互动。同时，爱奇艺、哔哩哔哩、CIBN、第一财经、斗鱼、凤凰科技等20多个直播平台同步播放，成为第一个进入"微视千万俱乐部"的企业级用户。图1-6所示为小米抖音官方旗舰店，主要是对小米品牌的产品进行介绍和直播带货。

图1-6 小米在抖音平台的短视频和官方直播间

与视频营销相比,短视频营销起步较晚,大多是在最近几年。当短视频社区或平台大量兴起后,一些企业才开始尝试通过短视频来树立企业形象,推广产品,吸引更多客户。最先涉足视频营销的是互联网企业,如腾讯、网易、小米等,它们或开通自己的直播平台,或利用第三方平台进行视频直播、带动消费等。与此同时,很多传统企业也开始布局短视频,小米手机官方微视已突破6万粉丝,宝马中国官方微视已突破3万粉丝。有的企业通过开设短视频官方账号,每天向用户提供优质的内容,以此来聚集大量粉丝。然后,在此基础上对品牌、商品资源进行整合、包装,进而进行传播。这也是大多数企业运用短视频的一种重要方式。

海底捞结合时下最热的短视频,直接进行产品和服务营销,通过短视频的方式向用户介绍海底捞的各种产品、活动、服务,以及一些创意吃法,让顾客在家也能学会多种吃法,享受多种美味。图1-7所示为海底捞在抖音平台的官方账号。

图1-7 海底捞在抖音平台的官方账号

以往,像上面这样的宣传和推广,通常需要邀请自媒体报道才能获取数万用户关注。短视频由于时间短,互动性强,比较灵活,逐步成为企业宣传自我的重要工具,而消费者也因为其使用的便捷性而非常喜欢它。可见,短视频营销在未来将会成为一个主流与趋势。无论是小米、淘宝等新兴企业,还是海底捞等传统企业,都已经用完美的案例诠释了营销界的观点:"在社交媒体多元化的大趋势下,品牌的商业化信息推广和用户针对社交平台所需要的信息其实并不存在冲突。"

有些企业也开始与短视频达人进行合作,通过他们的短视频进行品牌的深度植入,通过其高人气和影响力传递出品牌的核心信息。最重要的是,这些达人经过优质视频内容的长期输出,让用户养成"追剧"习惯的同时,也形成了更强烈的感性互动,他们与客户更像是明星与粉丝的关系,在亲和力上使他们对粉丝的影响力和渗透力都相比"大 V"有过之而无不及。可见,目前已经有很多企业开始步入短视频营销,并取得了不凡的成果。短视频对企业营销的推动作用主要表现在以下 3 个方面。

1. 时效性强

短视频的特点之一是信息的即时发布。一条创意非常好的短视频发出后,短时间内就能被大量用户转发至每一个角落。基于短视频的实时性,企业在进行品牌传播和推广时,通常会把当前企业和消费者发生的或者来自消费者参与的(如企业线下活动),以及那些能够体现企业经营文化、品牌理念的故事,通过短视频进行快速传播,并引发消费者的评论和互动。图 1-8 所示为宝马中国在抖音平台发布的短视频营销广告。

图 1-8 宝马中国在抖音平台发布的短视频营销广告

2. 传播范围广

企业短视频仅凭自己的力量难以实现信息的快速扩散,即使拥有众多关注者,其影响范围也比较有限。因此,必须由关注者对信息进行转发或再次传播,传播的级数越多,产生的影响力就越大,这就是企业短视频营销"点对面"模式的效果。而企业短视频营销"点对点"模式是指企业可以通过短视频跟自己的任何一位粉丝进行交流,并对其提出的问题通过沟通加以解决。图 1-9 所示为短视频下的评论留言。

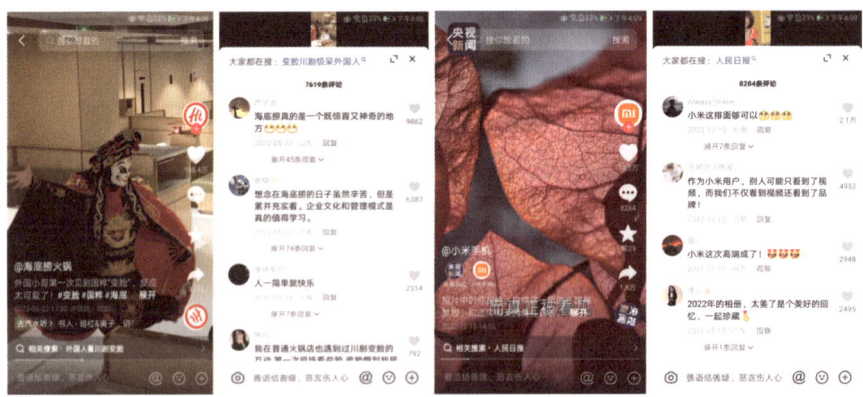

图 1-9 短视频下的评论留言

3. 易接受性

利用短视频,企业可以与消费者进行面对面的交流与沟通。企业利用短视频进行品牌营销时，通过与消费者之间的互动话题或活动，进行碎片化渗透。短视频营销在某种程度上淡化了企业的商业形象，让企业以倾听者的姿态亲近消费者，与消费者在互动沟通中搭建起一种可信任的关系。

1.2 短视频营销的优势

短视频独特的呈现形式、一键式的开放平台、快速的传播方式、高曝光度、低成本运营等一系列优势，都是其他类型的媒体所不具备的。短视频对企业营销渠道建设、市场拓展、增强客户黏性等都有巨大的促进作用。

1.2.1 信息传播更高效

内容的呈现形式有很多种，包括文字、图片、声音等，传统的内容呈现方式基本上都是单一的。随着人们阅读习惯的改变，阅读时间的碎片化，单一的文字、图片或声音信息已远远无法满足人们的阅读需求，大多数人更加倾向于阅读综合性的内容。短视频的出现正好迎合了人们的这些需求，它的优势在于可将多种形式的内容很好地融合在一起，信息量更大，表现方式更多样，可读性更强，给人的阅读感受更直观、更丰富。

从信息传播的角度来看，文字可以组合，图片可以修改，就连声音也可以采用配音的手法，唯独短视频是基于真实场景且具有一定时效性的传播方式。尤其是建立在此基础上的直播，使观众与观众之间、主播与观众之间可以进行实时交流，是最真实、最直接的体验。

从市场供求角度来看，短视频所具有的优势迎合了人们的阅读心理。由于其充分地利用了人们的碎片化时间，从而迅速走进人们的生活、工作和学习中，成为年轻人的宠儿。

短视频是互联网时代、移动互联网时代信息传播的重要形式，是伴随着数字视频技术不断完善而发展起来的。传统的传播方式大多是一看即过，很难给人留下深刻的印象，但短视频彻底颠覆了这一点。尽管只有很短的几分钟，甚至是几十秒、几秒，但由于其独特的呈现形式，往往会让人印象深刻。那么，短视频是以什么形式来向大众传播信息的呢？经总结有以下5种。

1. 以"说"为主

"说"是信息传播最主要的一种形式，在短视频中因能说、会说、巧说而被大众熟知的人非常多。提到"说"，就不得不提到自媒体视频脱口秀《罗辑思维》的主讲人罗振宇，他是因能说、会说而成名的代表。他表现自己"说"的能力的主战场就是一些自媒体平台，如公众号、抖音等。图1-10所示为罗振宇在抖音平台的账号及发布的相关短视频。

图1-10 罗振宇的抖音账号及发布的短视频

靠"说"成名玩的就是语音，就像靠写作成名一样，只不过一个是语音，一个是文字。相对而言，语音在情感表达方面更丰满，再适当地加入一些音效、配乐，更容易打动人。与写作相比，"说"更生动、更随性，不像文字那么刻板和严谨。对于想靠"说"成名的人而言，最难的地方莫过于说什么、怎么说？所以，开始时，可以从说大家乐于接受的现成内容开始，比如将网上流行的或最新的段子、最新的新闻、最新的评论说出来。如果想形成自己的"说"的风格，就需要在"说"的过程中适当加上自己的观点，久而久之，慢慢地就会具有自己的风格。

> **小贴士**：现在与"说"有关的短视频还有一个专业名词，称为音媒体，很多人开始通过音媒体来表现自己"说"的能力。

2. 以"画"为主

在短视频中，以"画"来传递信息的案例非常多，形式丰富多样，如动画、漫画、沙画、简笔画、映画等。较之于"说"需要一定的学识做即兴表现，"画"需要的是文化的积累和技术的铺垫。当然，靠"画"出名并不是单纯地展示画技，而是要有一点噱头，以幽默、搞笑为主。所以，想走这条路的人一定要在这方面多思考、多下功夫。例如，知名简笔画自媒体"简笔画"，通过简单的线条和色彩即可完成一幅简笔画作品，配上可爱的文字表述，深受粉丝欢迎。图1-11所示为"简笔画"在抖音平台的账号及发布的相关短视频。

图1-11 "简笔画"的抖音账号及发布的短视频

3. 以"技"为主

由于短视频给人的视觉效果更直观，通过短视频来展现自己的才艺，如唱歌、跳舞、厨艺等，可让自己的一技之长全方位地呈现在观众面前，让内容得到淋漓尽致的体现。例如，"喊菜哥教做菜"的抖音账号及短视频，如图1-12所示，现在的粉丝数高达400多万，每条短视频平均都有近十万的播放量，由此可见用户对他的喜欢程度。在录制做菜视频时，博主带有明显的湖南口音，加上说话快、声音大，备受网友喜爱。在短短几十秒的视频中，他用这种奇特的风格让大家很容易就记住了做菜的关键步骤。所以，想展示自己才艺的朋友，可以依靠短视频这个平台迅速圈粉，并且找到一大批与自己有共同兴趣爱好的人。

图1-12 "喊菜哥教做菜"的抖音账号及短视频

4. 以"我"为主

自媒体的兴起给了普通人更多展示自我的机会，如模仿、恶搞等。通过自媒体平台，任何人都可以以任何方式去展现自我。短视频作为自媒体的一种主要工具，自然也成为很多人的首选。

展现自我，看似比较简单，实则很难，虽然门槛较低，但想要粉丝有持续的关注并不容易，如短视频上有很多美女、靓男等，展示的是自己的长相，但因为内容单一，很容易让用户感到审美疲劳。

媒体平台的平民化和操作的便捷性，使得网络上的各类"网红"越来越多，但随之而来的是网民的欣赏眼光也越来越高。现在不但要长得漂亮，还需要贴上与众不同的故事等一系列标签去感动大众，激励大众，让大众产生共鸣。从专业角度来说，他们可能并不是最优秀的，之所以出名是因为他们背后的故事中折射出来的精神。所以，他们一出现就迅速引起人们的共鸣，人们在他们身上看到了自己的影子，看到了自己的过去、现在，看到了自己的梦想。

图1-13所示为以吉他弹唱展示为主的短视频，结合吉他教学，能够很好地吸引对吉他感兴趣的用户的关注。

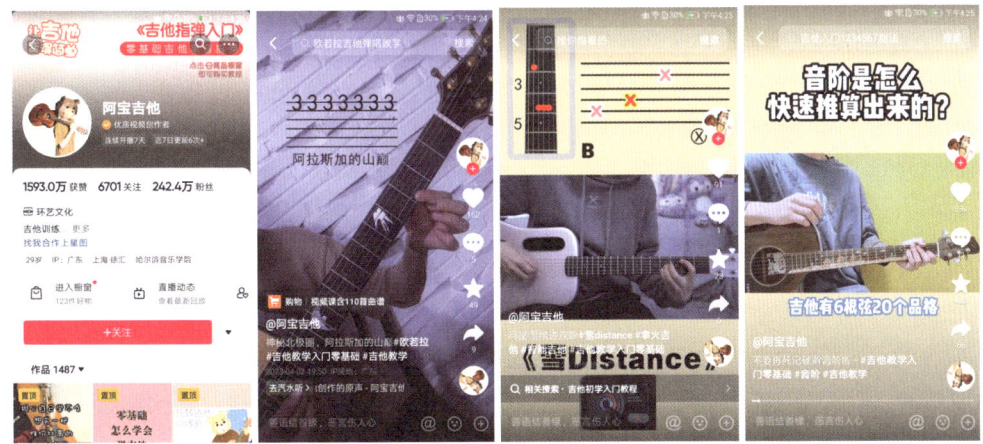

图1-13 展示吉他弹唱的短视频

5. 以"测"为主

随着短视频行业的不断发展，短视频种类不断丰富，各种测评类短视频也层出不穷，同样一款产品，你是愿意看详情购买下单，还是愿意看到测评结果后再下单，相信很多人都会选择后者，这也是为什么测评类短视频非常火的原因。测评类短视频可以分为零食测评、电影测评、数码测评和美妆测评等。

所有的商品都有其优点和不足，所谓评测，就是能够从该产品的外观、功能、使用体验等各个方面客观公正地描述自己的感受。一味地诉说它的优点而忽略它的缺点会显得不客观、不真实，一味地阐述它的缺点而不展示它的优点，则会让人觉得虚伪、别有用心。

图1-14所示为"老爸评测"在抖音平台的账号及发布的相关短视频，其账号在"抖音"平台的粉丝数量高达2000多万，可见人气之高。在其发布的评测短视频中，通常会对日常生活中大家比较关心的产品进行评测，评测过程中通过试验、列举专业机构数据、展示专业媒体报道等多种形式，客观、公正地展现评测产品的功能、用途及优缺点等各方面，深受粉丝欢迎。

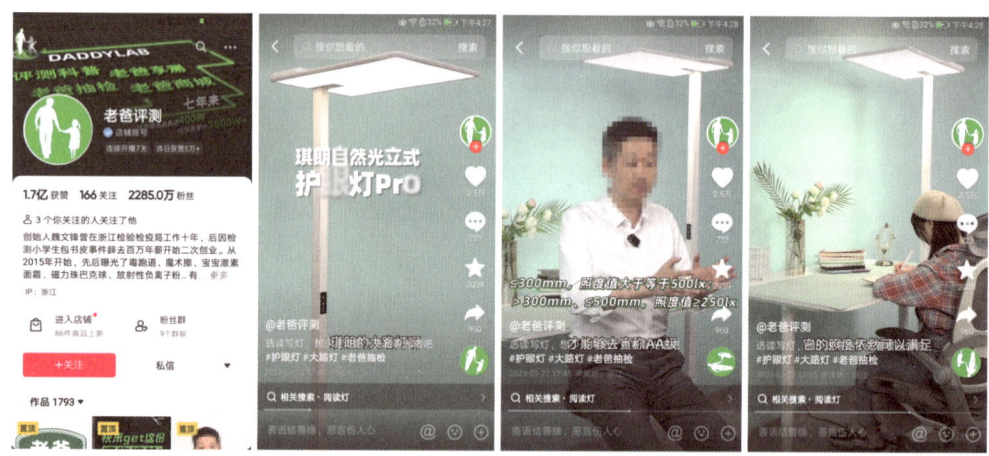

图1-14 "老爸评测"的抖音账号及发布的短视频

1.2.2 互动更便捷

以腾讯旗下的"微视"短视频平台为例，"微视"是一款由腾讯公司推出的、基于通讯录的跨终端、跨平台的视频通话软件，突破性地实现了iOS、Android终端设备之间的视频互通。图1-15所示为"微视"App界面，其开放性表现在用户可通过QQ、微信及腾讯邮箱账号登录，还可以将拍摄的短视频同步分享到微信朋友圈和QQ空间。

短视频之所以能火爆荧屏，主要原因在于它所承载的平台是一个开放式的平台，包括上传、互动、分享等，从而在视频上传者与观看者、分享者之间形成了一个完美的闭环。短视频的闭环模式如图1-16所示。

图1-15 "微视"App界面　　　　　　图1-16 短视频闭环模式示意

1. 上传者——上传

短视频平台的智能化使每一个人都有机会成为创作者与分享者，从被动接纳的角色转变成为主人公。在这场转变的过程中，作为上传者，无论是企业还是个人，都可以在短视频社区或平台上自主上传短视频文件，供用户在线观看或下载。当然，用户也可以根据自己所需自主选择是否观看或分享讨论。

2. 观看者——评论

用户可以对看过的短视频发表自己的观点、看法和评论，与视频上传者或其他受众进行互动。随着弹幕技术的普及，短视频爱好者可以随时评论自己喜欢的视频，或者与视频上传者或其他网友展开互动。图1-17所示为美食短视频中的弹幕评论。

图1-17 美食短视频中的弹幕评论

3. 观看者——分享、收藏

短视频社区或平台的开放性特征，让社交平台脱离"二元"，实现"多元"式发展，使自己融入整个互联网的生态系统中。短视频社区或平台的开放性决定了其必定是一个合格的营销工具，短视频的上传者只要有好的创意、好的产品、好的服务，就能够在这个大舞台上出色地"演出"，促使企业营销生态圈更和谐地发展。

观看者在观看完视频之后，可以将自己感兴趣的或者认为对自己以后有用的信息分享到自己的短视频账号，或转发给第三方。某些短视频由于受到粉丝的追捧，往往会被很多人转发。目前，大多数短视频社区或平台开放路径已经逐渐清晰，基本上都具有分享到QQ、微信好友、微信朋友圈、新浪微博的功能。图 1-18 所示为不同的短视频平台的分享功能。

图1-18 不同的短视频平台的分享功能

人人自媒体的时代已然到来，挡都挡不住，这曾经是微博时代的专家对于微博的解读，短视频时代则有过之而无不及。只要你的信息属实，能够打动人心，就可以进行传播。企业在做营销时，要想让更多的人知道自己，必须在内容上下功夫。只要你的内容能够打动人心，人人都是传播者。

1.2.3 信息扩展范围更广

短视频在传播速度上具有其他自媒体共有的特性，但范围更大、更快、更迅速。裂变式的传播其实是社交媒体的共性，微博、微信皆是如此，一条有价值的信息一经发布就有可能传播开来。到了短视频时代，它的传播力度更大。

短视频为什么会有如此大的传播力呢？这是由于其内容观赏性更佳，适用人群更广，老少皆宜，比微博、微信更易传播。除此之外，还在于其内部传播模式的不同。传统的媒体传播模式是"点对面"传播，而短视频则是"点对点""点对面"双重传播模式。每一个短视频都不是单独存在的，而是依托于某个平台，在这个平台上聚集着大量用户。如果把每个用户都看成一个点，整个短视频平台就是将众多用户连接在一起的面，其中任何两个用户都可以相互关注，这就是所谓的"N 对 N"传播模式。

在实际操作中，还应该掌握一些技巧，主要是内容层面的，即发布的短视频本身要具有传播性。

1. 善于制造话题

交流的基础是制造话题，话题可以引起共鸣并促进人们之间更深层次地进行交流。例如，有人发布一条描述产品使用感受的短视频后，你可以进行转发，顺便发问"还记得自己第一次使用时的感受吗？一起来说说吧！"总之，让别人看了你的短视频后，无须经过太多思考就可以引起话题，越随意的话题、越接地气的话题，越能够拉近彼此之间的距离。

打造与普通人生活贴近的草根故事，有利于短视频舆论话题引导的有效进行。因为新媒体时代的舆论话题引导已经告别了自上而下的单向传播，而互动传播的本质即视角的平等。

图 1-19 所示为根据家庭日常生活琐事制作的短视频，诙谐幽默的对话，贴近生活的内容，能够很好地引起观众的共鸣。

图1-19 贴近日常生活的幽默短视频

2. 善于激发粉丝的情绪

从视频制作到视频平台发布，短视频拉近了受众与发布者之间的距离，但是面对数以万计的粉丝，如何才能更好地引起粉丝的共鸣。粉丝不是一个具体的产品或品牌，而是一个有温度、有情绪的"人"，要将粉丝的理性消费转为感性消费，化心动为行动，从而支持发布者，产生视频归属感，并转化为点击或购买行为。一般来讲，喜悦、愤怒、焦虑的情绪更容易被传播，多数网络流行语都有这个特征，所以编辑短视频内容时要尽量符合这些特征。网红经济正在不断地往内容方向偏移，网红们只有不断地提供优质内容，才能提升自身流量和持续变现的能力。网红经济呈现出与内容经济相结合的趋势。如今，"产品需求"已不再是影响消费者决策的唯一因素。网红的兴起和发展影响了一大部分消费者的决策。前期，颜值型和个性奇葩型网红风靡一时，并创造了颇为可观的价值，但随着红人经济的逐渐成熟和内容经济的兴起，纯靠高颜值和惊奇性将难以为继。

图 1-20 所示为某款菜刀产品的短视频，通过菜刀在不同场景的使用情况展示其坚韧锋利的程度，从而吸引消费者的关注。

图1-20 菜刀产品的宣传短视频

1.2.4 人气聚集更快

与其他自媒体不同，短视频有着天然的强曝光度，这是因为短视频展示的内容大多以游戏、真人秀、搞笑为主；同时，用户以年轻的"80 后""90 后""00 后"为主，这些用户占到了 80% 以上。

正是有了这一群体的关注，短视频社区或平台才得以有如此大的影响力和曝光度。那么，为什么说只有这一群体才能带动短视频社区或平台的人气呢？这是由这一代人固有的群体特征决定的，具体表现在以下 4 个方面。

1. 年轻粉丝活跃度更高

从垂直角度来看，由短视频 UGC 社交积累起来的粉丝群体，以"90 后""00 后"最为活跃，并且多是明星粉丝群体。不同类型短视频社区或平台的用户构成会因直播内容的侧重点不同，而吸引不同年龄、性别的用户。

2. 具有内容专业领域垂直粉丝

短视频内容与其他传播渠道相比，更多的是偏向某个专业的垂直领域，如舞蹈、音乐、美妆、美食、精彩生活、时事热点等，各种各样的垂直领域催生了不同的粉丝。通过不同主题的直播，满足人们不同的需求。在短视频平台上，从健身、美食、扎头发、手工艺到情感分析、星座、养生等 PGC 内容，应有尽有。而且，很多都是由专业团队制作的，已经进入了一个非常专业化、规范化的运作阶段。

"美拍"短视频平台划分了多种类型的垂直频道，在每个频道中只显示该类型的相关短视频内容，方便观众有选择地加以浏览，如图 1-21 所示。

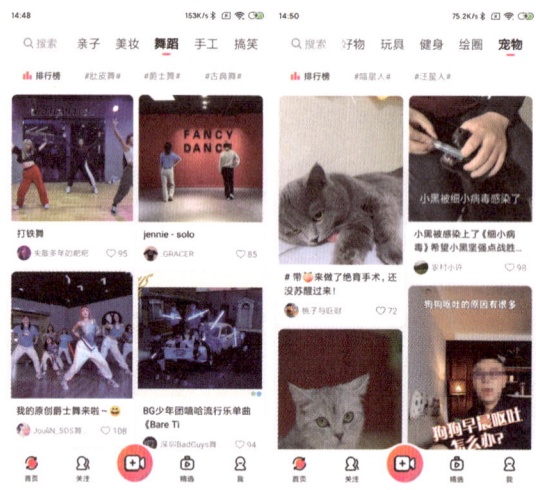

图 1-21 "美拍"短视频平台中划分了多个垂直频道

3. 热爱新鲜事物，富有创造力

垂直类型的特点是深入探寻，平行类型的特点是多样化，而多样化的类型可以满足不同粉丝群体的需要，年龄的分化使得粉丝群的兴趣更加广泛，创造力也更加丰富，因此需要探索出更多的直播模式和创作内容。例如，原本非专业化且让人难以理解的演出方式，经过大众传播后变成了新的搞笑娱乐玩法，可以说互联网节目和形式完全不受传统方式的拘束。

在"微视"短视频平台中专门设置了"挑战赛"频道，该频道发布了多种不同类型的挑战活动，吸引了不同类型粉丝群体的参与，如图 1-22 所示。

图1-22 "微视"短视频平台中设置的"挑战赛"频道

4. 喜欢社交，乐于分享

社交群体中需要一支中坚力量带动社交群体的活跃性，这个群体非常喜欢社交，乐于分享，无论认识的还是不认识的，无论线上的还是线下的，都会主动去交往。即使是生活中的一个小细节，"90后""00后"也乐于与大家分享，如展示自己穿的服饰、戴的装饰、做的美食，以及自己的生活。"90后""00后"新一代活得就是这么自由、随性、有个性，他们敢于表达自己的思想，释放自己的情感，也许这正是未来市场的发展趋势。

1.2.5 降低企业管理成本

在互联网时代，时间成本是最昂贵的，金钱成本反而显得不再那么重要。利用短视频进行营销，大大降低了营销成本，对卖方和买方皆是如此。

对卖方而言，比起传统的广告制作和宣传，短视频的制作成本较低。电商时代，当有效的市场需求转移到线上后，最贵重的不是资金成本而是时效，错过了最佳营销时间，即使再努力也没有大用处。相较于微博、微信，短视频时代刚刚开启大幕，但在这个瞬息万变的时代，机会都是稍纵即逝的。微博已经被远远地甩在了后面，微信的红利期已过，短视频时代正是企业布局市场的最佳时机。

大多数短视频社区或平台本身就是免费的，平台不会收费，基本上不需要什么费用。相对而言，通过短视频开展的营销活动的成本是比较低的。

1.3 短视频制作流程

短视频的制作流程与传统影片的制作流程相比简化了很多，但是要想输出优质的短视频，创作者需要遵循标准的制作流程。

1.3.1 项目定位

项目定位的目的就是让创作者有一个清晰的目标，并且一直朝着正确的方向努力。不过创作者需要注意的是，创作的内容要对人们有价值，根据人们的需求创作相应的内容。比如创作者的客户是高端人群，那么创作者就要创作出专业的内容。同时，内容的选题要贴近生活，接地气的内容更容易让人产生亲近感。

> **小贴士**：短视频应该具有明确的主题，需要传达出短视频内容的主旨。在短视频创作初期，创作者大多不知道如何明确主题，创作者可以参考优秀的案例，多搜集、多参考，再去发散思维。

1.3.2 剧本编写

创作初期，非专业出身的人不一定能写出很专业的剧本，但也不能盲目地拍摄。无论是室内还是室外拍摄，创作者都必须在纸上、手机上或者计算机上划出一个清晰的框架，想清楚自己的短视频要表达什么主题、在哪里拍、需要配合哪些方面，然后再谈剧情。

创作者一般会寻找多个线索点，然后串成一条故事线，这样可以有效地讲故事。当然这不是唯一的方式，但是短视频的时长较短，短暂的展示时间内没有多少机会让创作者讲述酷炫的故事，线性讲述才能让观众减少理解压力。当然，如此一来，也难免让观众觉得乏味，但创作者可以通过一些后期手段进行弥补，以便使故事更完整清晰，结构更完整紧密。

1.3.3 前期拍摄

在短视频拍摄过程中，创作者要防止出现画面混乱、拍摄对象不突出的情况。成功的构图应该是作品主题突出，主次分明，画面简洁、明晰，给人以赏心悦目的感觉。

如何才能有效防止出现短视频拍摄画面抖动的情况呢？以下两点建议可以帮到创作者。

1. 借助防抖器材

现在网上有很多防抖器材，如三脚架、独脚架、防抖稳定器等，创作者可以根据所使用的短视频拍摄器材配备 1~2 个。

2. 注意拍摄的动作和姿势，避免大幅度动作

创作者在拍摄移动镜头时，上身动作要少，下身小碎步移动；走路时上身不动下身动；镜头需要旋转时，要以整个上身为轴心，尽量不要移动双手关节来拍摄。

创作者在拍摄时要注意让画面有一定的变化，不要一个焦距、一个姿势拍全程，要通过推镜头、拉镜头、跟镜头、摇镜头等使画面富有变化。例如，进行定点人物拍摄时，创作者要注意通过推镜头进行全景、中景、近景、特写的拍摄，以实现画面的切换，否则画面会显得很乏味。

1.3.4 后期制作

短视频素材的整理工作也是很重要，创作者要把短视频资源进行有效分类，这样找起来效率会很高，创作者的思路也会很清晰。在剪辑视频环节，主题、风格、背景音乐及大体的画面衔接过程等，创作者都需要在正式剪辑前进行构思，也就是说，创作者要在脑海中想象短视频最终的效果，这样剪辑时才会更加得心应手。

短视频拍好后，创作者还要进行后期剪辑制作，如画面切换的实现、字幕的添加、背景音乐的设置、特效的制作等。剪辑时，创作者要注意按照自己的创作主题、思路和脚本进行操作；在编辑过程中，可以加入转场特技、蒙太奇效果、多画面效果、画中画效果并进行画面调色等，但特效不宜过多，合理的特效可以提高视频的档次，但特效过多会给人眼花缭乱的感觉。

制作纯动画形式的短视频时，创作者在制作过程中一定要注意动态元素的自然流畅，并且遵循真实规律。

- **自然流畅**：强化动画设计中的运动弧线，可以使动作更加自然流畅。自然界中的运动都遵循弧线运动的规则。
- **遵循真实规律**：遵循物体本身的真实运动规律。创作者可通过表现物体运动的节奏快慢和曲线，使之更接近真实。不同的物体运动有不同的节奏。

1.3.5 发布与运营

短视频制作完成后，就要进行发布。在发布阶段，创作者要做的工作主要包括选择合适的发布渠道、渠道短视频数据监控和渠道发布优化。只有做好这些工作，短视频才能够在最短的时间内打入新媒体营销市场，迅速吸引用户，进而获得知名度。

短视频的运营工作同样非常重要，良好的运营可以使用户时刻保持新鲜感。下面介绍3个短视频运营小技巧。

1. 固定时间更新

创作者要尽量稳定自己的更新频率，固定更新时间，这样不仅能让自己的账号活跃度更好，同时也能够培养用户的阅读习惯，从而有效提高用户的留存率与黏性。

2. 多与用户互动

用户可以说是短视频创作者的"衣食父母"，如果没有他们的流量，那么短视频创作者很难"火"起来，所以短视频内容发布之后，创作者要记得与用户进行互动。很多创作者发布短视频之后什么也不做，这样就会白白损失一批用户。为了更好地留住用户，创作者需要提高用户的黏性。

3. 多发布热点内容

短视频内容也是可以蹭热点的，但是创作者需要注意热点的安全性，不要侵权，要按照平台要求去追热点。总的来说，就是创作者要做好内容质量。

1.4 短视频内容规划

相比纯图文形式，短视频的用户转化效果更好，而电商想要通过短视频实现引流和转化，就不能忽视对短视频内容质量的把握。从各大电商和短视频平台的数据来看，高质量短视频的带货作用是毋庸置疑的。本节将介绍有关短视频内容规划的相关知识。

1.4.1 哪些商品更适合做短视频

一个网店销售的商品通常不会只有一个，那么是不是所有的商品都适合做短视频呢？答案是否定的。可以看到，很多短视频并不是一经发布就立马有效果的，而是经过一段时间的预热期后才能有一定的播放量并实现客户转化，因此商家在对短视频进行商品选择时，首先要考虑时间因素。

从时间上来看，在为短视频选品时，需要选择未来几个月可能成为热销的商品，并且要提前投放短视频。那么为什么要这样做呢？

一般来说，一条商品短视频从制作到投放上线短则需要一个星期左右，长则需要一两个月甚至更久。如果选择了店内正在热销的商品，那么1~2个月后投放短视频时，这个商品很可能就不是爆款了。

另外，有的商品根据季节特性会有销售淡季和旺季之分，比如服装一般会根据季节更替变化。如果此时选择了夏装热门款拍摄短视频，而一个月后秋装开始上市了，这时更多的消费者会选择买秋装，这样之前投放的夏装短视频带来的转化率就不会太高。所以短视频选品时，可以选择 1~2 个月后的潜在爆款商品。

从品类上来看，服装箱包、美妆护肤、家居食品类的商品在短视频平台上卖得较好。同时，这几个品类也是电商行业短视频广告投放占比较高的。图 1-23 所示为 App Growing 发布的抖音平台电商广告投放占比数据。

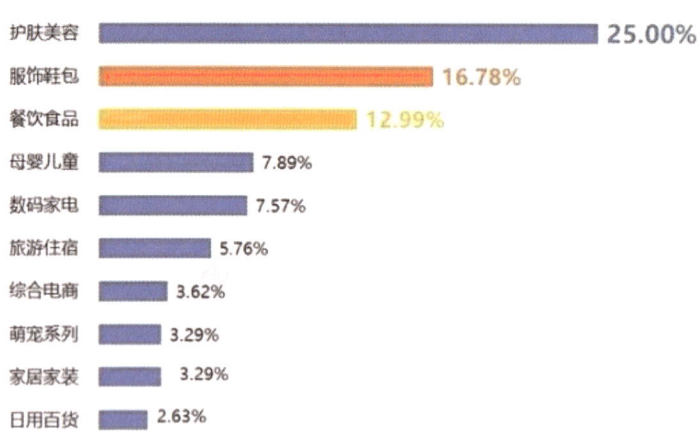

图1-23 抖音平台电商广告投放占比数据

由此可见，在选择短视频的商品类型时，选择大众熟知的、与人们日常生活有关的必需品更有优势。另外，价格也是一个重要的影响因素，产品价格越低，消费者越不会犹豫，更适合做短视频推广。

1.4.2 哪些电商短视频更吸引用户

很多电商卖家都明白，用短视频带动商品更能吸引用户下单，但自己拍摄的短视频效果却不理想。这很大程度上是因为视频本身不能引发买家共鸣。从内容上来看，电商短视频要满足以下几点才更能吸引用户下单。

1. 满足基本观看体验

这是指短视频的画质要清晰，Logo、水印、图标等最好位于画面的角落里，避免影响商品呈现效果。视频镜头应该无抖动、无虚晃，构图满足大众的审美，背景音乐与视频内容协调。图 1-24 所示为画质清晰的电商短视频。

图1-24 画质清晰的电商短视频

2. 符合买家人群兴趣点

这是指短视频的风格和内容要符合目标人群的调性，比如产品的目标人群是 18~25 岁的女性人群，那么短视频的风格就应偏年轻化、新潮化、娱乐化，娱乐八卦、搞笑段子可能是他们的兴趣点；如果目标人群是 41~50 岁的中老年人，短视频风格就应偏生活化、品牌价值化，养生健康、情感陪伴可能是他们的兴趣点。

3. 节奏感强，不拖拉

短视频的长度一般在 15 秒到 5 分钟不等，这就要求视频内容要具有很强的节奏感，不拖拉，在短时间内就能讲述完剧情，呈现商品的特性、优势，这样才能快速吸引用户。图 1–25 所示为某食品的短视频效果，对食品的外包装和食品本身进行全方位的展示，并且加入产品卖点文字，使得产品的重要信息得到很好的呈现。

图1–25 某食品的短视频效果

4. 讲述真实的感受

不管是何种类型的短视频，都要有真实感，因为消费者想要看到的是产品真实的用户体验。例如，开箱评测及好物推荐类的短视频，都是从"我"的角度（消费者视角）来阐述商品亮点，这样可以降低商品的广告性，也更能令买家信服。

1.4.3 竖屏和横屏的选择

短视频的呈现方式主要有两种，一种是竖视频，一种是横视频。对于这两种视频形式，很多商家都不清楚该如何选择，一般来说可以综合内容和投放位置来抉择。

不同的平台对于视频的尺寸要求有所不同，这就要求在制作视频时首先满足相关要求。以淘宝网为例，在淘宝上传主图视频，它支持的视频尺寸有 3 种：1:1、16:9 和 3:4，因此就不能上传 9:16 的竖屏视频，只能选择 3:4 尺寸。

而对于淘宝网的哇哦视频频道来说，其支持 1:1、16:9、9:16 和 3:4 这 4 类视频尺寸，由于哇哦视频是在淘宝手机端呈现，从用户的使用习惯来看，一般都会将手机竖着，那么选择 3:4 和 9:16 这两个尺寸会比较好。

如果选择 1:1 或 16:9 的尺寸，用户在播放视频时会看到空白处的黑边，所以竖版视频有更好的浏览体验。图 1–26 所示为 9:16 的视频呈现方式，图 1–27 所示为 3:4 的视频呈现方式。

图1-26 9:16的视频呈现方式

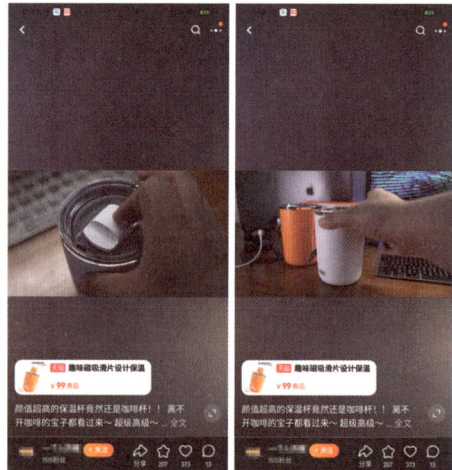
图1-27 3:4的视频呈现方式

对短视频平台来说，如抖音、快手等，选择9:16的竖版视频更能吸引用户的注意力，并且可以减少用户翻转手机的动作。从内容上来看，如果需要在视频中交代更多的环境信息，让画面更有空间感，那么使用横版视频更好；如果出镜人物不多，想要更多地聚焦被拍摄主体，就可以选择竖版视频。总的来说，对于短视频，竖版更符合用户的内容阅读习惯，建议多选择拍摄竖版视频。

1.4.4 促进销量的核心

很多用户观看短视频都是利用碎片时间，所以短视频也要在短时间内传递出有价值的信息，这样消费者才会买单，具体要把握以下3个核心。

1. 场景化

在拍摄短视频时，要展现实拍的商品和生活场景图，以此来引发共鸣、刺激销量。比如拍摄餐具的短视频，那么拍摄场景就可以以家中的餐厅作为背景，用美食来烘托餐具，以营造家居生活的场景，如图1-28所示；如果是拍摄洗碗手套的短视频，就可以选择厨房作为背景，呈现用手套洗碗时的场景，体现手套耐磨、好清洗、不伤手等功能特征，如图1-29所示。

图1-28 餐具商品短视频

图1-29 洗碗手套商品短视频

2. 价值化

价值化是指短视频要让观众感到一定的价值，这个价值既可以是情感共鸣，也可以是某一技巧或选购参考等。新奇的、有趣的、积极的、实用的内容都可作为短视频传递的价值。

3. IP 化

IP 化是指短视频账号要有一定的辨识度，要有个人特色，比如短视频红人李某的定位是"口红一哥"，老爸评测的定位是"家长式的评测 + 科普"，他们的短视频都有明显的个性特征且风格统一。当短视频有了 IP 感后，粉丝会逐渐与你建立感情，黏性也会大大提高。所以，在做短视频时最好深耕某一个领域，打造出个性化特征，然后再通过短视频带入商品进行售卖，比如产品是女装，就深耕时髦穿搭领域，打造资深时尚咖、穿搭达人的人设。

1.5 短视频内容要求

内容要求是短视频的硬性要求，创作的短视频只有符合平台的基本规则，才能审核通过。下面就来看看不同平台对于短视频都有哪些规则要求，以便做好前期的视频内容策划。

1.5.1 电商短视频内容方向

短视频的内容总体可以分为两大方向：一是单品型短视频；二是内容型短视频。电商平台上发布的头图和详情页视频，大多为单品型短视频，因为需要在一分钟内突出商品卖点；而在哇哦视频、抖音、小红书及其他短视频平台上发布的短视频，则既可能是单品型短视频，也可能是内容型短视频。

1. 单品型短视频

单品型短视频是指纯商品展示型的短视频，一般以介绍商品的特征、功能为主要内容。服装鞋包、美妆饰品、家居建材等常见的实物类产品都可以拍摄单品型短视频。

单品型短视频的内容呈现方式有字幕说明式和配音解说式。字幕说明式是指将产品放置在所处的生活场景中，单纯以字幕来体现商品外观和使用功能，如图 1-30 所示。

图1-30 字幕说明式单品型短视频

解说式是指短视频达人或红人以产品体验官的角色，围绕所推荐的商品，通过讲解的方式来呈现商品的使用过程及使用效果，如图 1-31 所示。

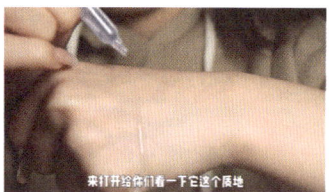

图1-31 达人解说式单品型短视频

小贴士：达人解说式的短视频达人既可以全身出镜，也可以半身出镜。达人一般会先向观众打招呼，然后说明要向观众开箱或推荐的产品是什么，之后一边开箱展示或使用商品，一边解说产品特点。对于此类短视频，达人是视频的主角，因此达人的人设要与视频中的产品风格相统一。对于综合品类的电商来说，可以多采用达人解说式短视频，利用短视频红人或开箱达人的人气来为产品助力。

2. 内容型短视频

内容型短视频是指以故事情节、教学评测、技能技巧等内容来间接带出商品的短视频。按内容来分，这类短视频一般可以分为以下几类。

创意剧情类内容主要是情景短剧、搞笑段子等，产品经常通过台词、道具的方式植入剧情中。

评测类内容主要是评测某一类商品的优劣、功能、设计外观等，视频中的达人常常会围绕产品的疑问点进行解答。例如，试吃评测常常会介绍食物的包装（如独立小袋、盒装）、食用方法（如开袋即食、自热）、味道口感（如麻辣、酸、脆）、价格等。常见的评测类短视频有美食评测、数码科技评测、美妆护肤评测等。图1-32所示为数码评测类短视频。

图1-32 数码评测类短视频

科普类内容主要是知识科普、技能技巧的分享，如生活小窍门、一日三餐的做法等。这类短视频常常会以视频关联同款商品的方式来实现带货，如分享美食制作方法的短视频，关联的商品可以是锅、食材等；科普调味品危害大不大的短视频，关联的商品就可以是调味品本身，如图1-33所示。

图1-33 美食制作短视频关联所使用的调味品

清单类内容主要以主题清单的形式盘点或推荐某一类商品，如围绕1米5小个子的七夕约会装总结几款连衣裙；围绕轻便防晒遮阳伞这一主题推荐几款遮阳伞。图1-34所示为清单类的内容型短视频。

图1-34 清单类的内容型短视频

教学类的主要内容是教导用户学习或使用某一工具、技能等。比较常见的是教导用户使用 Word、Photoshop 等软件，或学习摄影、剪辑等。这类视频的产品通常是非实物类产品，如软件、设计服务、视频课程等。图 1-35 所示为教学类的内容型短视频。

图1-35 教学类的内容型短视频

> **小贴士：** 在选择短视频的内容方向时，要结合产品特性来选择合适的视频类型，只有两者相契合，才能更大程度地发挥短视频的营销效果。

1.5.2 电商短视频内容规范

互联网上的短视频平台有很多，下面以几个常用的平台为例，讲解这些短视频平台的基本要求规范。

1. 淘宝

淘宝对于短视频的内容有统一的规范要求，具体分为视频内容和商品要求两方面，如表1-2 所示。

表1-2 淘宝短视频要求规范

规范分类	内容
视频内容	长度应在 180 秒以内，不能太长； 比例支持横版和竖版，为 1:1、16:9、9:16 或 3:4； 画质要求高清，720p 以上，格式为 .mp4、.mov、.flv 或 .f4v； 视频中不能用文字或口播方式传播其他平台的信息，如二维码、Logo 标志、品牌信息等； 视频内容不能违反影视行业相关法律法规条例，不得出现违反广告法的信息； 用专业视频设备拍摄、剪辑的高品质短视频，镜头不卡顿抖动、构图美观，不能是电视购物等广告类型； 视频内容叙事完整，无重复镜头； 不允许静态视频（画面长时间不动）、拼接视频（PPT 类视频）、360°静物转一圈拍摄； 外文视频要配有中文字幕，且字幕不能影响观看体验，不能有大范围黑边

表1-2 淘宝短视频要求规范（续表）

规范分类	内容
商品要求	视频展示内容和下挂商品链接需要是同款商品，即使不完全相同，也必须是类似同款商品； 一个视频里不能有重复的商品链接； 视频中的商品要停留一定的时长，不能一闪而过

2. 抖音

抖音是广大用户以记录和分享为主的平台，平台的视频创作者很广泛，因此不像淘宝一样对短视频内容有详细的规范。只是对禁止发布和传播的内容进行了规范，短视频创作者可以在抖音App中查看具体的行为准则。

登录抖音App后，打开设置界面，点击"抖音规则中心"选项，进入"抖音规则中心"界面，在该界面中可以查看抖音平台对于电商、直播等不同方面的规则。点击"电商规则"选项，在打开的"规则中心"界面中可以根据需要查看抖音平台对不同行业和商品的规范要求，如图1-36所示。

3. 快手

快手对于短视频的基本内容要求与抖音类似，只不过在规则上还对恶意行为内容进行了细化。进入快手"设置"界面，点击"关于我们"选项，在"关于我们"界面中点击"法律条款"选项，进入"法律条款"界面，其中提供了快手平台多种法律条款选项。在"法律条款"界面中点击"快手社区管理规范"选项，即可查看快手对于短视频内容的规范要求，如图1-37所示。

图1-36 抖音"规则中心"界面　　　　　图1-37 "快手社区管理规范"界面

1.5.3 单品型短视频内容要求

对于抖音、快手这样的短视频平台，用户发布的短视频一般只要符合通用的行为准则即可。这里主要以淘宝为例，讲解其对于单品型短视频的内容要求。当然，这也可以作为在其他平台发布单品型短视频时的参考。

对于单品型短视频，首先需要满足淘宝对于短视频的基本要求规范。除此之外，单品型短视频的时长需要在60秒以下，最好是9~30秒，主体仅限于单个商品。在内容上，要让消费者清楚所展示商品的功能特性，可以将核心卖点通过文字或解说的形式进行呈现。图1-38所示为某水果的宣传短视频。

图1-38 某水果的宣传短视频

单品型短视频的配音要注意一点，不能全程使用带歌词的音乐作为配音。另外，如果视频中涉及使用场景，那么场景中也需要突出主体单品，如图1-39所示。

图1-39 突出主体单品在场景中的表现

1.5.4 内容型短视频内容要求

内容型短视频同样要符合短视频的基本要求规范，这类视频的内容形式很丰富，商品以软植入的方式出现在视频中。视频时长需要在180秒以下，以60~120秒为宜。关联的商品要与视频内容相关，且商品在视频中有完整的画面展示。图1-40所示为评测型短视频，视频中关联的商品都有完整画面。

图1-40 评测型短视频

对于内容型短视频而言，不同的视频类型，要求会有所不同，下面来看看常见的几类内容型短视频的要求。

创意剧情类要求视频内容有创意，剧情故事要能吸引观众，或感人或让人开怀一笑，剧情可以有反转。

评测类要求不能是单一产品功能介绍的短视频，要说明所评测商品的优点或缺点。在视频中，要对所评测的商品做出客观评价，如果是专业评测，最好用专业仪器论证产品的优势特点。

科普类要求所科普的内容有一定的实用性，且要尊重事实，不可胡乱编造。

清单类要求有一定的主题，且所盘点或推荐的商品要与主题相呼应，视频中要说明盘点的理由，商品要有可参考价值。

教学类要给出重要步骤演示，对于步骤操作要通过讲解或字幕方式进行说明，视频中要给出最终的成品展示。

> **小贴士：** 内容型短视频的视频风格最好与潜在目标人群相关，这样才能吸引目标人群观看。另外，还要保证视频内容有一定的"种草性"，这样才能吸引目标人群下单。

1.6 打造爆款电商短视频

确定好短视频的选题后，就需要对短视频的内容进行设计了。在内容设计过程中，会涉及产品卖点提炼和视频脚本的编写，做好这几步将对打造爆款视频提供很大帮助。

1.6.1 全方位展示商品

短视频的时长都很短，要在短时间内让消费者对产品充满信任，了解到产品的优势，那么在展示过程中，商品的核心卖点就一定要传达到位。比如，一款果汁饮品的宣传短视频，其产品优势是纯果汁压榨，如何在视频中体现纯正果汁这一优势就至关重要。在宣传短视频时不仅要对产品的外包装进行展示，还要对果汁饮品的原材料进行展示，从而体现出产品的新鲜与健康品质，如图1-41所示。

图1-41 果汁饮品的宣传短视频

所以，在短视频中要用简单、直接的描述突出产品优点，这样才能在短时间内打动用户。另外，视频中对产品优势的呈现应该是循序渐进的。

以卸妆水产品为例，在视频开始前几秒先抛出自己以前使用卸妆水时遇到的问题，比如卸不干净；然后引出自己最近买到的卸妆水，告诉用户原来卸妆不干净与使用方法不正确也有关；接着展示正确的使用方法和最终使用效果；最后再强化产品的其他卖点，比如一瓶可以用很久，全脸都可以用。这样循序渐进推出产品的方式会让用户更容易接受，种草效果也会更好。总之，如何让用户快速了解我们的产品，自然地接受我们的种草，是在编写短视频脚本时需要注意的。

1.6.2 提炼商品卖点

可通过多种途径对短视频中的商品进行卖点提炼，主要包括以下几种。

1. 图文详情页

对于电商卖家来说，在网店中都有自己的产品详情页展示，产品详情页就是卖点提炼的其中一个途径。在产品详情页中，商品的卖点其实已经有了提炼和总结，只需找出核心卖点并进行整理即可。

2. 买家问答社区

很多电商平台都提供了买家问答社区，在这里有意向的买家可以针对产品疑问点进行提问，买过的买家可以进行回答。问答社区汇集了买家关心的产品问题，而商品卖点也会在这些问答中得到体现。

3. 客服询单

很多买家在购买商品时会询问客服关于商品的问题，这些问题一般就是消费者对于商品的关注点，从这些问题中也可以找到一些卖点。

1.6.3 清晰表达商品核心卖点

提炼出商品的核心卖点后，还需要在短视频中将卖点表达出来。在短视频中，最好的卖点呈现方式是证明，而非展示。那么什么才是证明呢？什么才是展示呢？

以粘胶挂钩为例，要在短视频中体现产品的核心卖点——承重力强。如果只是以"产品展示+字幕"的方式来体现承重力，那么说服力就没有那么强。如果在挂钩上挂上一大桶水，那么承重力强这一卖点就会得到很好的证明，如图1-42所示。

图1-42 粘胶挂钩商品的宣传短视频

对于产品的核心卖点，在视频中以文字或讲解方式来呈现可以加强用户对产品的理解和记忆。所以，建议视频都以"字幕＋解说"的方式来展现。讲解时用正常口述的方式即可，但要注意语速，不能太快或太慢。对于只有字幕没有解说的视频，最好配上背景音乐，可以让视频更有吸引力。

短视频的时长并不长，因此前几秒不要出现无意义的片头，如粒子类的过渡片头、倒计时片头等。对于单品型视频来说，核心卖点最好在视频的前 10 秒就展现出来。

1.6.4 短视频脚本的写作步骤

对于刚接触短视频的创作者来说，脚本可能是比较陌生的名词，可以将脚本看作是短视频的大纲，里面记录了短视频的拍摄概览。短视频的脚本并不会很复杂，主要由主题、提纲和分镜头脚本构成。在编写短视频脚本时，主要分为以下 3 个步骤。

1. 明确主题

每一条短视频都有特定的主题，主题决定了短视频拍摄的主体及类型。比如一款女装产品的短视频，主题是：今年流行的柠檬黄套装，显气质。从主题中就可以看出产品的女装套装颜色是柠檬黄，特点是显气质。对于单品型短视频来说，主题一般为"产品＋一段描述"，如下所示。

① 个性时髦拼接两件套

② 气质女神衬衫连衣裙

③ 人手一件时尚百搭牛仔裤

……

对于内容型短视频，主题就是"视频的主要内容＋类型（如科普、剧情）"，如科普类短视频，主题可能是：蓝晶石的常识；什么样的袜子才适合夏天。

2. 搭建提纲

提纲主要用于说明短视频的框架和要点，起到提示的作用。比如一款箱包产品短视频的提纲包含了以下内容。

① 画面内容：达人出镜讲解

② 场景：室内

③ 脚本：模特＋外观＋设计＋细节

3. 分镜头脚本

分镜头脚本是对视频内容的详解，后期视频的拍摄主要依据分镜头脚本来创作。分镜头脚本决定了视频的节奏，因此其内容相比提纲而言，更加丰富和详尽。表 1-3 所示为一款抱枕产品的分镜头脚本。

表1-3 抱枕产品的分镜头脚本

运镜	画面内容	字幕	时间	表达意义
移	产品叠起来摆放展示（多角度）		4 秒	产品展示
移	产品图案展示	创意水果设计，活力四射	4 秒	图案展示
移	产品细节展示	水晶绒磨毛面料，绒面轻盈，柔软触感	4 秒	细节展示

表1-3 抱枕产品的分镜头脚本（续表）

运镜	画面内容	字幕	时间	表达意义
定	拉开拉链	双向拉链设计，使用更便捷	3秒	拉链
定	产品摊开展示	折叠起来是抱枕，打开是被子	3秒	产品摊开展示
定	不同款式展示	款式多样，任意搭配	4秒	多种款式展示
移	不同场景的应用展示：办公场景、沙发家居场景等	多功能靠垫被，小身材大用处	3秒	不同场景应用

从表1-3可以看出，分镜头脚本包括运镜、画面内容、字幕、时间等几部分。根据需要，还可以在分镜头脚本中加上景别、拍摄手法、背景音乐等多项详细说明。对于分镜头文案中需要重点表达的内容，还可以标红或者用下画线来突出，以起到提示的作用。

对剧情类短视频来说，情节的连贯性是比较重要的，因此在设计分镜头脚本时一定要注意故事的逻辑性，避免观众看不懂故事情节。

1.7　本章小结

短视频是新媒体时代最具发展前景的传播媒介，短视频比传统的传播媒介表现方式更多样化、更富个性。通过本章内容的学习，读者需要理解短视频这种全新的内容呈现方式。

第 2 章 图片与视频素材拍摄

图片及视频拍摄既是技术手段又是艺术创作，要掌握画面形象的造型，就必须掌握一定的艺术造型手段，也就是掌握画面的构图方法。通过构图，实现画面内容与表现形式的统一，以完美的画面形象结构与最佳的画面效果来表现主题。

本章将讲解图片与视频拍摄的相关知识，包括素材拍摄相关设备、拍摄的原则与要点、画面的结构元素、画面的色彩、画面的构图方法、拍摄运镜方式和拍摄场景布置等内容，使读者能够理解并掌握图片与视频的拍摄方法和技巧。

2.1 素材拍摄相关设备

拍摄图片和视频需要一定的专业技巧，尤其是拍摄几十秒的短视频，每个镜头都需要反复思考，有些视频还需要特殊的拍摄装备。所以选好拍摄设备，对能否拍摄好一部短视频具有直接影响。

2.1.1 拍摄设备

虽然手机的拍摄功能已经非常强大，但是相比于专业的拍摄器材，手机拍摄的质量仍然略显不足。目前常用的短视频拍摄设备有手机、单反相机、家用 DV 摄像机、专业级摄像机等。

1. 手机

手机的最大特点就是方便携带，可以随时随地进行拍摄，遇到精彩的瞬间可以拍摄下来永久保存。但是因为不是专业的摄像设备，所以它的拍摄像素低，拍摄质量不高。如果光线不好，拍出来的照片容易出现噪点。而且用手机拍摄会出现手抖动的情况，造成视频画面抖动，后期的视频衔接也会出现"卡顿"。针对手机拍摄视频过程中的各种问题，可以使用一些"神器"来助阵。

（1）手持云台

用手机进行拍摄时，可以配备专业的手持云台，以避免由于手抖动造成的视频画面晃动等问题。手持云台适用于一些对拍摄技巧需求高的用户。图 2-1 所示为手持云台设备。

（2）自拍杆

作为一款风靡世界的自拍"神器"，自拍杆能够帮助人们通过遥控器完成多角度拍摄动作，是拍摄短视频过程中的一款主力"神器"。该设备适用于一些常常外出旅游的短视频创作者。图 2-2 所示为自拍杆设备。

图2-1 手持云台设备　　　　　　图2-2 自拍杆设备

（3）手机支架

手机支架可以释放拍摄者的双手，将它固定在桌子上还能防摔、防滑。手机支架适用于拍摄时双手需要做其他事情的短视频创作者。图 2-3 所示为手机支架设备。

（4）手机外置摄像镜头

手机外置摄像镜头可以使拍摄出来的画面更加清晰，人物的形态也会更加生动、自然。手机外置摄像镜头适用于想拍好短视频和享受短视频乐趣的任何人，其操作简单，价格也不贵。图 2-4 所示为手机外置摄像镜头设备。

图2-3 手持支架设备　　　　图2-4 手机外置摄像镜头设备

2. 单反相机

　　单反相机是一种中高端摄像设备，它拍摄出来的视频画质比手机拍摄的效果好很多。如果操作得当，有的时候拍摄出来的效果比摄像机还要好。

　　单反相机的主要优点在于能够通过镜头更加精确地取景，拍摄出来的画面与实际看到的影像几乎是一致的。单反相机具有卓越的手控调节能力，可以调整光圈、曝光度及快门速度等，能够取得比普通相机更加独特的拍摄效果。它的镜头也可以随意更换，从广角到超长焦，只需卡口匹配即可。

　　单反相机的价格比较昂贵，并且它的体积较普通相机来说比较大，便携性比较差。单反相机的整体操作性也不强，初学者可能很难掌握拍摄技巧。单反相机没有电动变焦功能，在拍摄过程中会出现变焦不流畅的问题。部分单反相机的连续拍摄时间有限制，这样会造成因拍摄时间过短而使视频录制不全等问题。图2-5所示为单反相机。

3. 家用DV摄像机

　　家用DV摄像机小巧、方便，适用于家庭旅游或者活动的拍摄，其清晰度和稳定性都很高，方便人们记录生活。尤其是它的操作步骤十分简单，可以满足很多非专业人士的拍摄需求；并且家用DV摄像机内部存储功能强大，可以长时间进行录制。图2-6所示为家用DV摄像机。

图2-5 单反相机　　　　图2-6 家用DV摄像机

4. 专业级摄像机

　　专业级摄像机常用于新闻采访或者会议活动，它的电池蓄电量大，可以长时间使用，并且自身散热能力强。

　　专业级摄像机具有独立的光圈、快门及白平衡等设置，拍摄起来很方便，但是画质没有单反相机的画质好。专业级摄像机的体型巨大,拍摄者很难长时间手持或者肩扛;它的价格昂贵,普通的专业级摄像机也要 2 万元左右。

> **小贴士:** 无论使用哪种短视频拍摄设备,都是为了帮助人们完成短视频的拍摄。选择哪种拍摄设备主要取决于创作者的具体需求和预算,要根据具体情况而定。

2.1.2 稳定设备

短视频拍摄对于设备的稳定性要求非常高,创作者可以借助独脚架、三脚架或者稳定器来稳定拍摄设备。

大部分的短视频拍摄使用独脚架和三脚架即可,但是需要更换视频云台。视频云台通过油压或者液压实现均匀的阻尼变化,从而实现镜头中"摇"的动作,视频云台对稳定设备来说是非常重要的。图 2-7 所示为独脚架、三脚架和视频云台。

图2-7 独脚架、三脚架和视频云台

市面上的稳定器非常多,常见的包括手机稳定器、微单稳定器和单反稳定器(大承重稳定器)。

选择稳定器时需要考虑两个因素:一是稳定器和使用的相机型号能否进行机身电子跟焦,如果不能,则需要考虑购买跟焦器;二是使用稳定器时必须进行调平,虽然有些稳定器可以模糊调平,但是严格调平会使稳定器使用起来更高效。

> **小贴士:** 在选择稳定器时,首先要考虑稳定器的承载能力,如果使用的是小型微单相机,选择微单稳定器即可;如果使用的拍摄设备质量较大,建议选择更大型的单反稳定器。

2.1.3 收声设备

收声设备是容易被忽略的短视频设备,短视频主要由图像和声音构成,因此收声设备非常重要。

收声仅依靠机内话筒是远远不够的,因此需要外置话筒。常见的话筒包括无线话筒(又称小蜜蜂)和指向性话筒(也就是常见的机顶话筒)。

话筒的种类非常多,不同的话筒适用于不同的拍摄场景。无线话筒一般更适合现场采访、在线授课、视频直播等环境,如图 2-8 所示。而机顶话筒更适合现场收声的环境,如微电影录制、多人采访等,如图 2-9 所示。

图2-8 无线话筒　　　　　　　　　图2-9 机顶话筒

> **小贴士**：通常，为了更好地保证收声效果，如果相机具备耳机接口，尽可能使用监听耳机进行监听。另外，在室外拍摄时，风声对收声而言是最大的挑战，一定要用防风罩降低风噪。

2.1.4　灯光设备

灯光设备对于短视频拍摄同样重要，很多情况下都需要使用灯光设备。灯光设备并不是日常短视频拍摄的必备器材，但是如果想要获得更好的视频画质，灯光设备是必不可少的。

好的灯光设备对于提升短视频质量非常重要。不过对于日常的短视频拍摄来说，并不需要特别专业的大型灯光设备，小型的 LED 补光灯（主要用于录像、直播）或射灯（主要用于拍摄静物）就足够了。图 2-10 所示为小型的 LED 补光灯和射灯。

图2-10 LED补光灯和射灯

2.1.5　其他辅助设备

为了更好地进行短视频拍摄，一般还需要准备一些辅助设备，常见的辅助设备有反光板、幕布等。

1. 反光板

当拍摄光线直接照射到画面时，如果想要获得更好的曝光效果，可以尝试使用反光板。

2. 幕布

在很多真人出镜的视频中，若背景过于混乱，会直接影响观众的观看体验，可以尝试使用幕布,纯色、定制色、不同图案背景的幕布在市面上都能购买到。如果使用无痕钉固定幕布,能达到无痕的效果。

2.2 拍摄的原则与要点

在照片或视频素材的拍摄过程中,为了确保获得优质的照片与视频画面,创作者必须遵循以下几个拍摄原则和要点。

1. 画面要平

画面要保持水平,这是正常画面的基本要求。如果画面不平,画面中的对象就会倾斜,容易使观众产生某种错觉,甚至会影响观看效果。

保证画面水平的要点如下。

① 使用具有水平仪的三脚架进行拍摄,可以调整三脚架 3 个脚的位置或云台的位置,使水平仪内的水银泡正好处于中心位置,即表示画面水平。

② 可以用与地面垂直的物体做参照,如建筑物的垂直线条、树木、门框等,使其垂直线与画面的纵边平行,就能够使画面水平。

2. 画面要稳

镜头晃动或画面不稳会使观众产生一种不安的心理,而且容易产生视觉疲劳。因此,在拍摄时要尽量保持镜头稳定,避免任何不必要的晃动。

保证画面稳定的要点如下。

① 尽可能使用三脚架拍摄固定镜头。

② 在边走边拍时,为减轻震动,双膝应该略微弯曲,与地面平行移动。

③ 在手持拍摄时使用广角镜头进行拍摄,可以增强画面的稳定性。

④ 使用推拉镜头与横移镜头时最好借助摇臂、轨道车拍摄。图 2-11 所示为使用轨道车拍摄示意图,图 2-12 所示为使用摇臂拍摄示意图。

图2-11 轨道车拍摄示意图　　　　　　　图2-12 摇臂拍摄示意图

3. 摄像机的运动速度要匀

摄像机运动的速度要保持均匀,切忌时快时慢、断断续续,要保证节奏的连续性。

保证摄像机匀速运动的要点如下。

① 在使用三脚架摇拍时,首先要调整好三脚架上的云台阻尼,使摄像机转动灵活,然后匀速操作三脚架手柄,使摄像机均匀地摇动。

② 在进行摄像机变焦操作时,采用自动变焦比手动变焦更容易实现摄像机的匀速运动。

③ 在拍摄推拉镜头和移动镜头时,要使移动工具匀速运动。

4. 画面要准

要想通过画面构图准确地向观众表达出创作者要阐述的内容，就要求拍摄对象、范围、起幅、落幅、镜头运动、景深运用、色彩呈现、焦点变化等都要准确。

保证画面准确的要点如下。

① 领会编导的创作意图，明确拍摄内容和拍摄对象。

② 勤练习，掌握拍摄技巧。例如，运动镜头中的起幅、落幅要准确，即镜头运动开始时静止的画面点及结束时静止的画面点要准确，时间够长，起幅落幅画面一般在 5 秒以上，这样才能方便后期的镜头组接。又如，对于有前、后景的画面，有时要把焦点对准前景物体，有时又要把焦点对准后景物体，可以利用变焦点来调动观众的视点变化。再如，可以通过调整白平衡使色彩准确还原。

5. 画面要清

清是指拍摄的画面清晰，主要是保证主体清晰。模糊不清的画面会影响观众的观看感受。

保证画面清晰的要点如下。

① 拍摄前注意保持拍摄设备的清洁，在拍摄时要保证聚焦准确。为了获得聚焦准确的画面，可以采用长焦聚焦法，即无论主体远近，都要先把镜头调整到焦距最长的位置，调整聚焦环使主体清晰，因为这时的景深小，容易准确调整焦点，然后再调整到所需的合适焦距进行拍摄。

② 当拍摄物体沿纵深运动时，为了保证物体始终清晰，有 3 种方法：一是随着拍摄物体的移动相应地调整镜头以聚焦；二是按照加大景深的方法进行一些调整，如加大物距、缩短焦距、减小光圈；三是采用跟拍方式，始终保持摄像机和拍摄物之间的距离不变。

2.3　画面的结构元素

一个内容完整的镜头画面的结构元素主要包括主体、陪体、环境（前景、背景）和留白等，本节将分别对短视频画面的结构元素进行介绍。

2.3.1　主体

主体是短视频画面的主要表现对象，是思想和内容的主要载体和重要体现。主体既是表达内容的中心，也是画面的结构中心，在画面中起主导作用。主体还是拍摄者运用光线、色彩、运动、角度、景别等造型手段的主要依据。因此，构图的首要任务就是明确画面的主体。

短视频画面主体往往处于变化之中。在一个画面里，可以始终表现一个主体，也可以通过人物的活动、焦点的虚实变化、镜头的运动等不断改变主体形象。图 2-13 所示为牛排商品的宣传短视频，无论如何运镜拍摄，牛排商品始终是短视频画面的主体。

图2-13　牛排商品始终是短视频画面的主体

图2-13 牛排商品始终是短视频画面的主体（续）

1. 主体在画面中的作用

主体在画面中的作用有以下两个。

① 主体在内容上占有绝对重要的地位，承担着推动事件发展、表达主题思想的任务。

② 主体在构图形式上起主导作用，主体是视觉的焦点，是画面的灵魂。

2. 主体的表现方法

突出画面主体有两种方法：一是直接表现；二是间接表现。直接表现就是在画面中给主体以最大的面积、最佳的照明、最醒目的位置，将主体以引人注目、一目了然的结构形式直接呈现给观众，如图2-14所示。间接表现的主体在画面中占据的面积一般不大，但仍是画面的结构中心，有时容易被忽略，可以通过环境烘托或气氛渲染来反衬主体，如图2-15所示。

图2-14 大面积构图突出主体　　　　图2-15 中心位置构图突出主体

在实际拍摄过程中，突出主体的常见方法有以下两种。

（1）运用对比

运用各种对比手法能够突出主体，常见的对比手法有以下4种。

第一，利用摄像机镜头对景深的控制，产生物体间的虚实对比，从而突出主体，如图2-16所示。

第二，利用动与静的对比，以周围静止的物体衬托运动的主体，或在运动的物体群中衬托静止的主体，如图2-17所示。

图2-16 虚实对比突出主体　　　　图2-17 动静对比突出主体

第三，利用影调、色调的对比刻画主体形象，使主体与周围其他事物在明暗或色彩上形成对比，以突出主体，如图2-18所示。

图2-18 利用影调、色调对比突出主体

第四，利用大小、形状、质感、繁简等对比手段，使主体形象鲜明突出。

（2）运用引导

运用各种画面造型元素可以将观众的注意力引导到被拍摄主体上，常用的引导方法有以下4种。

第一，光影引导。利用光线、影调的变化，将观众的视线引导到主体上。

第二，线条引导。利用交叉线、汇聚线、斜线等线条的变化，将观众的视线引导到主体上。

第三，运动引导。利用摄像机的镜头运动或改变陪体的动势，将观众的视线引导到主体上。

第四，角度引导。利用仰拍，强化主体的高度，突出主体的形象；利用俯拍所产生的视觉向下集中的趋势，形成某种向心力，将观众的视线引导到主体上。

2.3.2 陪体

陪体是指与画面主体密切相关并构成一定情节的对象。陪体在画面中与主体构成特定关系，可以辅助主体表现主题思想。图2-19所示的短视频画面中，饮料产品是主体，橙子是陪体，寓意该果汁饮料是使用新鲜橙子制作而成的。

图2-19 视频画面中的主体与陪体

1. 陪体在画面中的作用

陪体在画面中的作用有以下两个。

① 衬托主体形象，渲染气氛，帮助主体展现画面内涵，使观众正确理解主题思想。例如，教师讲课的情景，作为陪体的学生在专心听课，就能说明教师上课具有教学吸引力。

② 陪体可以与主体形成对比，在构图上起到均衡和美化画面的作用。

2. 陪体的表现方法

在实际拍摄中，表现陪体的常见方法有以下两种。

① 陪体直接出现在画面中与主体互相呼应，这是最常见的表现方式。

② 将陪体放在画面之外，主体提供一定的引导和提示，依靠观众的联想来感受主体与陪体的存在关系。这种构图方式可以扩大画面的信息容量，让观众参与画面创作，引起观众的观赏兴趣。

需要注意的是，由于陪体只起到衬托主体的作用，因此陪体不可以喧宾夺主。在拍摄构图的处理上，陪体在画面中所占的面积大小及色调强度、动作状态等都不能强于主体。

小贴士：视频画面具有连续活动的特性，通过镜头运动和摄像机机位的变化，主体与陪体之间是可以相互转换的。例如，从教师讲课的镜头摇到学生听课的镜头过程中，学生便由原来的陪体变成了新的主体。

2.3.3 环境

环境是指画面主体周围景物和空间的构成要素。环境在画面中的作用主要是展示主体的活动空间。环境可以表现出时代特征、季节特点和地方特色等；特定的环境还可以表明人物身份、职业特点、兴趣爱好等情况，并能烘托人物的情绪变化。环境包括前景和背景。

1. 前景

前景是指在视频画面中位于主体前面的人、景、物，前景通常处于画面的边缘。图2-20所示的短视频画面中，向日葵为前景。图2-21所示的短视频画面中，树叶为前景。

图2-20 向日葵为前景　　　　　　　　　　图2-21 树叶为前景

（1）前景在画面中的作用

① 前景可以与主体之间形成某种特定含义的呼应关系，以突出主体、推动情节发展、说明和深化所要表达主题的内涵。

② 前景离摄像机的距离近，成像大，色调深，与远处景物形成大小、色调的对比，可以强化画面的空间感和纵深感。

③ 利用一些富有季节特征或地域特色的景物做前景，可以起到表现时间概念、地点特征、环境特点和渲染气氛的作用。

④ 均衡构图和美化画面。选用富有装饰性的物体做前景，如门窗、厅阁、围栏、花草等，能够使画面具有形式美。

⑤ 增加动感。活动的前景或者运动镜头所产生的动感前景，能够很好地强化画面的节奏感和动感。

（2）前景的表现方法

在实际拍摄中，一定要处理好前景与主体的关系。前景的存在是为了更好地表现主体，不能喧宾夺主，更不能破坏、割裂整个画面。因此，前景可以在大小、亮度、色调、虚实等方面采取比较弱化的处理方式，使其与主体区分开来。如有需要，前景可以通过场面调度和摄像机机位的变化变为背景。

小贴士： 需要注意的是，并不是每个画面都需要有前景，所选择的前景如果与主体没有某种必然的关联和呼应关系，就不必使用。

2. 背景

背景是指画面中主体后面的景物，有时也可以是人物，用以强调主体环境，突出主体形象，丰富主体内涵。一般来说，前景在视频画面中可有可无，但背景是必不可少的。背景是构成环境、表达画面内容和纵深空间的重要成分。通常选择一些富有地方特色或具有时代特征的背景，如天安门、东方明珠塔等，来交代主体的地点。图2-22所示的短视频画面中，以果树、果园为背景，表现出果汁饮料产品的天然、健康品质。

图2-22 短视频的画面背景

（1）背景在画面中的作用

① 背景可以表明主体所处的环境、位置，渲染现场氛围，帮助主体揭示画面的内容和主题。

② 背景通过与主体在明暗、色调、形状、线条及结构等方面的造型对比，可以使画面产生多层景物的造型效果和透视感，增强画面的空间纵深感。

③ 背景可以表达特定的环境，刻画人物性格，衬托、突出主体形象。

（2）背景的表现方法

在短视频拍摄过程中，要注意处理好背景与主体的关系。背景的影调、色调、形象应该与主体形成恰当的对比，不能过分突出，以免影响主体的内容，不能喧宾夺主。当背景影响到主体的表现时，拍摄者可以通过适当控制景深、变幻虚实等方式来突出主体。

如果没有特殊要求，画面背景应该坚持减法原则。利用各种艺术手段和技术手段对背景进行简化，力求画面简洁。

2.3.4 留白

留白是指画面看不出实体形象，趋于单一色调的画面部分，如天空、大海、大地、草地或黑、白、单一色调等。留白其实也是背景的一部分。图2-23所示的短视频画面中，蓝色的背景和水的部分构成了画面的留白。

图2-23 短视频画面中的留白

1. 留白在画面中的作用

① 主体周围的留白使画面更为简洁，可以有效突出主体形象。
② 画面中的留白是为了营造某种意境，让观众产生更多的联想空间。
③ 画面中的留白可以使画面生动活泼，没有任何留白的画面会使人感到压抑。

2. 留白的表现方法

一般情况下，人物视线方向的前方、运动主体的前方、人物动作方向、各个实体之间都应该适当留白。这样的构图符合人们的视觉习惯和心理感受，这点在短视频拍摄时要多加注意。留白在画面中所占的比例不同，会使画面产生不同的意义。例如，画面留白占据面积较大时，重在写意；画面留白占据面积较小时，重在写实。另外，留白在画面中要分配得当，尽可能避免留白和实体面积相等或对称，做到各个实体和谐、统一。

> **小贴士**：需要注意的是，并不是所有的视频画面都具备上述各个结构元素。实际拍摄时，需要根据画面内容合理地安排陪体、环境和留白，但无论如何运用这些结构元素，目的都是突出主体、表达主题。

2.4 画面的色彩

色彩是短视频的重要造型元素和主要表现手法。色彩除了可以再现现实生活中的自然颜色，还可以表达人们的某种情况和心理感受。因此，要了解并掌握色彩的特征及其作用，在进行短视频拍摄时，充分发挥色彩对视觉形象的造型功能和表意功能。

2.4.1 色彩的基本属性

每种色彩都同时具有3个基本属性：色相、明度和饱和度。它们在色彩学上称为色彩的三大要素或色彩的三属性。

1. 色相

色相是指色彩的"相貌"，是一种颜色区别于另外一种颜色的最大特征。色相是在不同波长光的照射下，人眼所感觉到的不同颜色，如红、橙、黄、绿、青、蓝、紫等。色相由原色、间色和复色构成。

2. 明度

明度是眼睛对光源和物体表面明暗程度的感觉，是由光线强弱决定的一种视觉经验。

在无彩色中，明度最高的色彩是白色，明度最低的色彩是黑色。在有彩色中，任何一种色相都包含明度特征。不同的色相，其明度也不同。黄色为明度最高的有彩色，紫色为明度最低的有彩色。

3. 饱和度

饱和度（又称为纯度）是指色彩的纯正程度。纯度越高，色彩越鲜艳。饱和度取决于色彩中含色成分和消色成分（灰色）的比例，含色成分越大，饱和度越高；消色成分越大，饱和度越低。各种单色光是最饱和的色彩。

2.4.2 色彩的造型功能

色彩的造型功能通过色彩之间的协调或对比来实现。创作者可以对画面中不同色彩的明度、比例、面积、位置进行配置，使画面产生明暗、浓淡、冷暖等色彩对比，进而实现造型目的。

色彩基调是指短视频作品的色彩构成总倾向。色彩的造型不仅体现在具体场面的单个镜头中，而且体现在整个短视频的总体基调设计中。创作者应该根据短视频内容来选择合适的色彩基调。

一般来说，色彩基调按照色性可以分为暖调、冷调和中间调。暖调包括红、橙、黄及与之相近的颜色；冷调包括青、蓝及与之相近的颜色；中间调包括黑、白、灰等中性颜色。按照色彩的明度划分，色彩基调可以分为亮调和暗调。

图2-24所示为暖调的蛋糕短视频画面效果，带给人美味、温暖、诱人的感觉。

图2-24 暖调的蛋糕短视频画面效果

图2-25所示为冷调的冰淇淋短视频画面效果，带给人清凉、舒爽的感觉。

图2-25 冷调的冰淇淋短视频画面效果

2.4.3 色彩的情感与象征意义

人类在长期的生活实践中，对不同的色彩积累了不同的生活感受和心理感受，拥有了不同的色彩情感。一般而言，暖色给人以热情、兴奋、活跃、激动的感觉；冷色给人以安宁、低沉、冷静的感觉；中间色则没有明显的情感倾向。

在短视频的特定情境中，每种色彩都具有独特的情感意义，有的色彩在表现上往往还具有双重或多重的情感倾向。表2-1所示为色彩的基本情感倾向和象征意义。

表2-1 色彩的基本情感倾向和象征意义

色彩	情感倾向和象征意义
红色	具有热烈、热情、喜庆、兴奋、危险等情感。红色是最醒目、最强有力的色彩，它既可以象征喜悦、吉祥、美好，也可以象征温暖、爱情、热情、冲动、激烈，还可以象征危险、躁动、革命、暴力
橙色	具有热情、温暖、光明、成熟、动人等情感。橙色通常给人一种朝气与活泼的感觉，它通常可以使人由原本抑郁的心情变得豁然开朗
黄色	具有辉煌、富贵、华丽、明快、快乐等情感。黄色给人以明朗和欢乐的感觉，它象征着幸福和温馨。在我国的历史文化传统中，黄色又象征着神圣、权贵
绿色	具有生命、希望、青春、和平、理想等情感。绿色是春意盎然的色彩，它代表着春天，象征着和平、希望和生命
青色	具有洁净、朴实、乐观、沉静、安宁等情感。青色通常会给人带来凉爽清新的感觉，而且可以使人原本兴奋的心情冷静下来
蓝色	具有无限、深远、平静、冷漠、理智等情感。蓝色非常纯净，通常让人联想到海洋、天空和宇宙，它是永恒、自由的象征。纯净的蓝色给人以美丽、文静、理智、安详与洁净之感。同时蓝色又是最冷的色彩，在特定的情境下，给人一种寒冷的感觉，象征着冷漠
紫色	具有高贵、优雅、浪漫、神秘、忧郁等情感。灰暗的紫色象征着伤痛、疾病，容易使人产生心理上的忧郁、痛苦和不安。明亮的紫色好像天上的霞光、原野上的鲜花、情人的眼睛，动人心神，使人感到美好，因而其常用来象征男女之间的爱情
黑色	具有恐怖、压抑、严肃、庄重、安静等情感。黑色容易使人产生忧愁、失望、悲痛、死亡的联想
白色	具有神圣、纯洁、坦率、爽朗、悲哀等情感。白色容易使人产生光明、爽朗、神圣、纯洁的联想
灰色	具有安静、柔和、消极、沉稳等情感。灰色较为中性，象征知性、老年、虚无等，容易使人联想到工厂、都市、冬天的荒凉等

小贴士：在短视频拍摄中，创作者要把握好光源的色温性质对色彩还原产生的影响，正确处理好被拍摄物体自身的色彩、周围的环境色彩及照明光源的色彩三者之间的关系，保持影调色彩的一致性。

在构图的色彩因素运用中，一方面，创作者要对画面主体、陪体和背景的色彩关系进行合理配置，以形成画面色彩的对比和呼应，从而突出主体、渲染气氛；另一方面，创作者要注意色彩的情感意义和象征意义，通过色彩的合理运用，使画面具有视觉冲击力和艺术表现力。

2.5 画面的构图方法

在摄影摄像中，构图是很重要的，每拍摄一帧视频，都会涉及构图。同样一个场景，构图不同，画面的表现力及表达的主题就可能完全不同。成功的构图能够使作品的重点突出，画面有条理且富有美感，令人赏心悦目。

2.5.1 构图法则

摄影构图有一个比较基础的法则，即画面要做到简洁明了，主体突出。简洁明了是指画面要简洁不杂乱，让观众一眼就了解到所要表达的内容；主体突出是指被拍摄主体应处于画面的视觉中心，做到鲜明突出。

图 2-26 所示的摄影画面中只有饮料产品包装和椰壳装饰，没有其他干扰物，背景也很干净，很容易看出画面的主体是饮料产品。图 2-27 所示的摄影画面的中心是装满饮料的玻璃杯，饮料产品包装则作为背景并进行了虚化处理，同样可以看出主体是饮料产品，突出表现饮料本身的色泽。

图2-26 背景干净以突出主体　　　　图2-27 对背景进行虚化处理突出主体

由此可知，做到主体突出可以采用两种方式：一是背景干净，减少画面中的干扰元素；二是让主体清晰，虚化背景或其他干扰元素。在拍摄商品视频时，如果能做到背景简洁，让商品本身清晰突出，则更容易让消费者记住产品。

2.5.2 中心构图

中心构图是指将被摄主体置于画面的中心，这种构图方式能够让视觉重心自然地集中在被摄主体上，起到突出商品的作用。在利用旋转运镜方式拍摄商品时，就可以采用这种构图方式，如图 2-28 所示。

图2-28 使用中心构图拍摄的画面

对于本身具有动态功能呈现的商品来说，可以将其放在画面中心后保持位置不变，打开电源启动商品，让消费者了解其功能。

将商品摆放在中心位置后，还可以通过上下平移、升降或推拉镜头来呈现商品的外观。比如拍摄蛋糕的短视频时，将蛋糕产品放在画面中心后，镜头逐渐靠近蛋糕，呈现由远到近的动态影像，同时也很好地表现出蛋糕产品的细节，如图2-29所示。

图2-29 使用中心构图拍摄蛋糕产品视频

对于开箱评测的内容型短视频，一般也采用中心构图，将评测的商品放在中心位置，然后一边开箱一边讲解商品的功能特点，人物或商品始终保持中心位置不变，如图2-30所示。

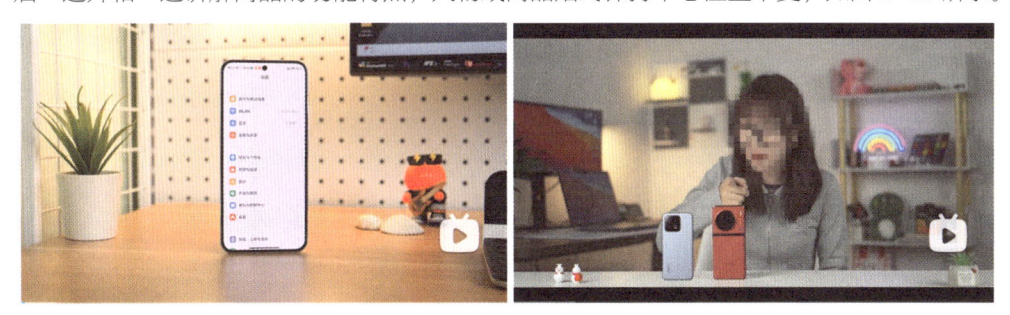

图2-30 使用中心构图拍摄开箱测评类视频

2.5.3 九宫格构图

九宫格构图是指将画面按照"井"字分为9个格子，将被摄主体放在4个交叉点上，这种构图方法比较常用和实用。现在的智能手机和相机一般都提供了九宫格构图线，在拍摄时可打开构图线辅助拍摄，只需将被摄主体安排在交叉点上即可。图2-31所示的画面采用的就是九宫格构图法，可以看出主体分别被放置在了画面的左上角和右下角。

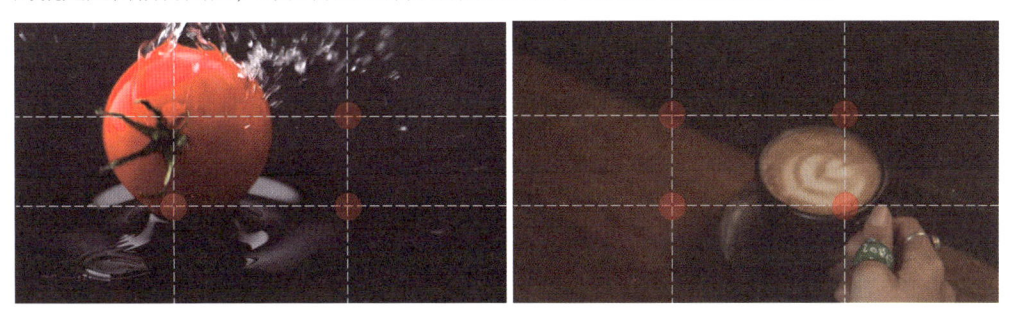

图2-31 使用九宫格构图拍摄的画面

拍摄短视频时，无论横屏还是竖屏，都可以运用九宫格构图法。可以将被摄主体安排在单点上，如左下单点、右上单点；也可以安排在双点上，如对角交叉点、左侧双点。以横屏拍摄为例，既可让被摄主体接近九宫格左侧的轴线，也可以让其接近右侧的轴线，如图2-32所示。

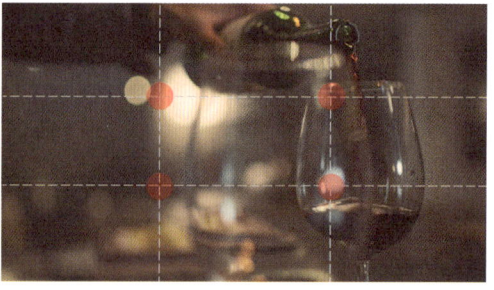

图2-32 使用九宫格构图拍摄的横屏画面

竖屏拍摄时，将被摄主体安排在垂直的两个交叉点上，可以给人以延伸感。拍摄人物时，使用这种方式可以让人物显得更高，如图2-33所示。

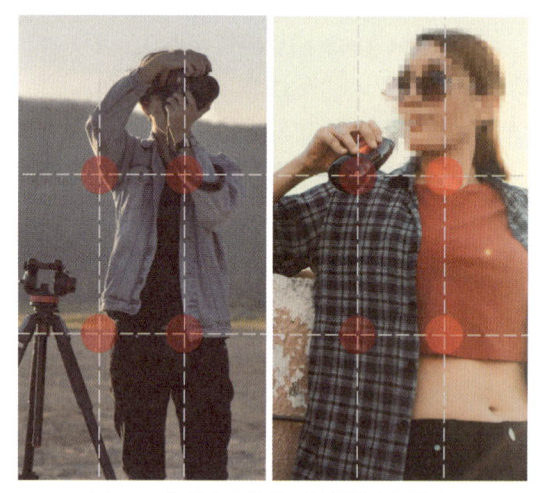

图2-33 使用九宫格构图拍摄的竖屏画面

2.5.4 对称构图

对称构图是指让画面呈左右、上下或斜线对称，这种构图方式能带来平衡感，在拍摄建筑、风景等题材时，通常运用这种构图方式，如图2-34所示。

图2-34 使用对称构图拍摄的风景

在对称构图中,桥梁、地平线及建筑物的中轴线常常会成为构图的对称轴。在运用对称式构图时要注意端平手中的摄影器材,避免对称轴歪斜,这样拍出来的画面才会好看。

有时,为了让对称式构图显得不那么呆板,可以让对称轴不完全居中,或在画面中加入一点不对称的元素,让画面富有变化。比如在风光摄影中,以三分线来规划对称轴,并在画面中纳入一些前景。图2-35所示为在对称构图中加入不对称元素,丰富画面表现。

图2-35 在对称构图中加入不对称元素

拍摄产品视频可以利用倒影板来构建有倒影的对称式构图画面。倒影板有白色的,也有黑色的。白色倒影板拍出来的阴影会比较淡,黑色倒影板所呈现的倒影会比较清晰。

具体使用白色倒影板还是黑色倒影板要根据产品特性来选择,一般在拍摄手表、珠宝首饰等产品时,为体现产品的高级感会使用黑色倒影板;拍摄化妆护肤品及其他居家用品时,如钱包、洗发水、水杯等,常常使用白色倒影板。图2-36所示为黑色倒影板和白色倒影板示意图,可以看出在阴影呈现上有一定的差别。

图2-36 黑色倒影板和白色倒影板所呈现的差别

小贴士: 倒影板配合灯光来使用,可以更好地呈现产品的立体感,所以在拍摄时最好配合摄影棚和灯箱来使用。

2.5.5 斜线构图

斜线构图是指让画面沿着斜线分布,这种构图方式可以让画面显得活泼生动,并且画面中的斜线会成为引导线,吸引浏览者的目光。

在实际拍摄时,要善于发现斜线,如桥梁、山脉、并列的物体等,这些景物都可以构建出斜线。图 2-37 所示为风光摄影中斜线构图的运用。从图中可以看出,向远处延伸的道路可以构建出斜线,仰拍的建筑也可以构建出斜线。在画面中,斜线的倾斜角度不同,所带来的延伸感也不同。

图2-37 风景摄影中斜线构图的运用

拍摄产品时可以通过物体的摆放方式来构建斜线,使画面看起来更加生动、活泼,如图 2-38 所示。

图2-38 通过物体摆放构建斜线

在拍摄视频时,将产品斜向摆放后,可以通过移动镜头的方式来逐渐呈现产品的颜色、外观等特性,如图 2-39 所示。

图2-39 使用移动镜头拍摄斜向摆放的产品

斜线构图在横屏和竖屏拍摄中都可以运用,竖屏拍摄时可将多个产品竖向斜线排列,让画面空间更有表现力。图 2-40 所示为斜线构图在竖屏拍摄中的运用。

图2-40 斜线构图在竖屏拍摄中的运用

2.6 拍摄运镜方式

在正式拍摄短视频之前，需要了解短视频拍摄的专业运镜知识，这样有助于在短视频拍摄过程中更好地表现视频主题，表现出丰富的视频画面效果。

2.6.1 拍摄角度

选择不同的拍摄角度就是为了将被摄主体最有特色、最美好的一面反映出来。当然，不同的拍摄角度会得到截然不同的视觉效果。

1. 平拍

平视角度是最接近人眼视觉习惯的视角，也是短视频拍摄中用得最多的拍摄角度。平视拍摄就是拍摄设备的镜头与被摄主体位于同一水平线上，由于最接近于人眼视觉习惯，所以拍摄出的画面会给人以身临其境的感觉。采用平视拍摄可以给人以平静、平稳的视觉感受。平拍适合用在近景和特写的拍摄题材上。图2-41所示为平拍的画面效果。

图2-41 平拍的画面效果

小贴士：平视拍摄有利于突出前景，但主体、陪体、背景容易重叠在一起，对空间层次的表现不利，因此在平视拍摄时，要通过控制景深、构图来避免出现重叠在一起的现象。

2. 仰拍

仰拍是指拍摄设备处于低于拍摄对象的位置，与水平线形成一定的仰角。这样的拍摄角度能很好地表达景物的高大，如拍摄大树、高山、大楼等景物。由于采用的是仰视拍摄，视角有透视效果，所以拍摄的主体会形成上窄下宽的透视效果，这样的画面给人以高大挺拔的感觉。图2-42所示为仰拍的画面效果。

图2-42 仰拍的画面效果

在仰视拍摄中，如果选用广角镜头拍摄，相比于普通镜头会产生更加夸张的视觉透视效果。镜头离拍摄主体越近，这种透视效果会越明显，带给观众夸张的视觉冲击。

3. 俯拍

俯拍是指拍摄设备位置高于人的正常视觉高度向下拍摄。将拍摄设备从较高的地方向下拍摄，与水平线形成一定的俯角，随着拍摄高度的增加，俯视角（俯视范围）也在变大，拍摄景物随着高度的增加，透视感在不断增强，最终，在理论上景物会被压缩至零而呈现平面化的效果。图2-43所示为俯拍的画面效果。

图2-43 俯拍的画面效果

俯拍在产品拍摄中运用得比较多，根据产品展示的需要，俯视的角度要进行变化，如30°、90°等。

4. 倾斜角度

选择倾斜视角进行拍摄，能够让画面看起来更加活泼、更具戏剧性。在采用倾斜角度进行拍摄时，画面中最好不要有水平线，水平线会让画面产生严重的失衡感，看起来很不舒服。图2-44所示为倾斜角度拍摄的画面效果。

图2-44 倾斜角度拍摄的画面效果

2.6.2 固定镜头拍摄

固定镜头拍摄是指在摄像机位置不动、镜头光轴方向不变、镜头焦距长度不变的情况下进行的拍摄。固定镜头这种"三不变"的特点，决定了镜头画框处于静止状态。需要注意的是，虽然画框不变，但画面表现的内容对象既可以是静态的，也可以是动态的。固定镜头画框的静态给观众以稳定的视觉效果，保证了观众在视觉生理和心理上得以顺利接受画面传达的信息。图2-45所示为固定镜头拍摄的画面效果，拍摄镜头保持固定，拍摄人物手部动作的变化。

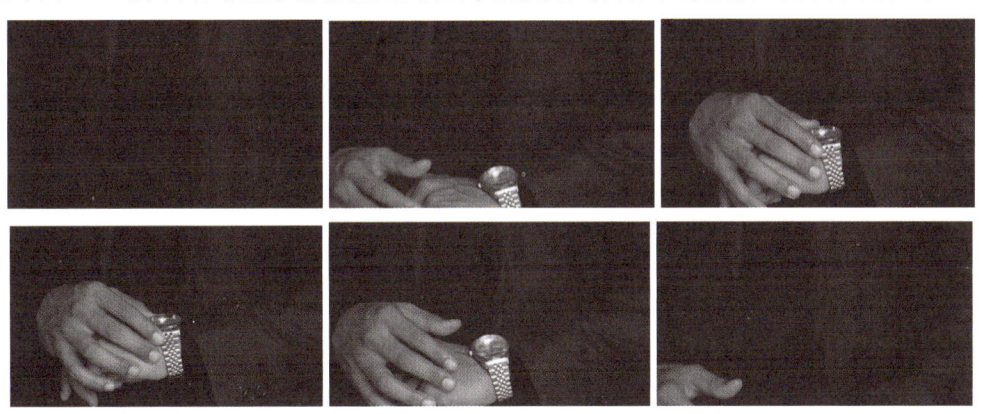

图2-45 固定镜头拍摄的画面效果

固定镜头是短视频作品中最基本、应用最广泛的镜头形式。一切运动形式都是以静止为前提的，因此，固定镜头拍摄是运动镜头拍摄的前提和基础。拍摄者只有掌握了固定镜头拍摄的技能，才能更好地运用运动镜头拍摄。下面介绍3个固定镜头拍摄的小技巧。

1. 镜头要稳

固定镜头画框的静态性要求固定镜头拍摄的画面要稳定，否则就会影响画面内容的质量。凡是有条件的都应该尽可能使用三脚架或其他固定摄像机机身的方式进行拍摄。

2. 静中有动

由于固定镜头画框不动，构图保持相对的静止形式，容易使画面显得呆板，因此要特别注意捕捉或调动画面中的活动元素，做到静中有动、动静相宜，让固定镜头也充满生机和活力。

3. 合理构图

固定镜头拍摄非常接近于绘画和摄影，因而也要注重构图。在拍摄时，要选择好拍摄方向、角度、距离，注意前后景的安排，以及光线与色彩的合理运用，塑造画面的形式美，增强画面的艺术性和可视性。

2.6.3 运动镜头拍摄

短视频是动态影像，会大量使用运动镜头，在拍摄时加入一些运镜技巧，可以让视频看起来更有吸引力。在摄影中，运镜的技巧有推拉、摇移、升降、变焦等。熟练掌握这些运镜技巧，会给所拍摄的视频增添很多惊喜。

1. 推拉镜头

推拉是很常用的运镜技巧，推镜头是指被摄主体保持不动，摄像机镜头向主体逐渐靠近。由于摄像机会由远及近地向主体推进，所以通过推镜头可以让主体逐步得到突出，次要对象则慢慢被移出画面之外，如图2-46所示。

图2-46 推镜头让主体逐渐放大

当需要突出主体、描述被摄主体的细节时可以使用推镜头。在推进的过程中，观众会随着镜头的移动，感受到由弱到强的画面变化，从而引导观众注意被摄主体的细节，这就是推镜头所带来的突出效果。

拉镜头与推镜头相反，是指被摄主体保持不动，摄像机镜头逐渐远离被摄主体。拉镜头的起幅一般是特写或近景镜头，随着镜头向后移动，画面中所涵盖的信息会越来越多，被摄主体也会由大变小，如图2-47所示。

图2-47 拉镜头让主体逐渐缩小

拉镜头能够起到交代被摄主体环境的作用，另外，通过拉镜头衔接近景、中景和远景，也能起到自然过渡的作用。推拉运镜技巧适合沿直线行进的画面拍摄，在运用向前推进或向后拉远镜头时，要规划好路线的起点和终点。

2. 摇镜头

摇镜头是指摄像机所处的位置不发生改变，借助三脚架的云台，让镜头上下、左右或旋转拍摄。可以把摇镜头看成人物的眼睛，人保持原地不动，视角跟着眼睛的转动而变化。

当一个画面无法呈现出所要展现的景物时，常常使用摇镜头，比如拍摄山川、大海时，为展现景物的开阔，可以用摇镜头来获取更广阔的画面效果。在拍摄动态的场景时，也可以用摇镜头，比如拍摄奔驰的汽车前行过来并开走的画面，用摇镜头就可以表现汽车行驶的状态。图2-48所示为摇镜头运镜拍摄的画面效果。

图2-48 摇镜头拍摄的画面效果

3. 移镜头

移镜头是指摄影机在水平方向移动拍摄，就好比边走边看。在表现形式上，移镜头和摇镜头有相似之处，但移镜头的摄像机机位会发生改变，所以拍出来的画面会更有动感，视觉效果也更强烈，如图2-49所示。

图2-49 使用移镜头逐渐呈现被摄主体

移镜头分为左右横向移动、上下竖向移动及不规则移动，在移动时摄像机要匀速运动，让画面看起来平稳流畅。

4. 跟镜头

跟镜头强调的是"跟"，是指摄像机与被摄主体保持相等距离，跟随其运动轨迹而移动。

跟镜头可以让观众的视线牢牢锁定被摄主体，常用于表现人物的运动过程。在跟镜头画面中，被摄主体与摄像机的相对位置不会发生改变，但周围的背景环境却会发生变化，给观众身临其境的感受，营造出现场感和参与感。图2-50所示为跟镜头拍摄的画面效果。

图2-50 跟镜头拍摄的画面效果

5. 升降镜头

升降镜头是指摄像机做上下运动拍摄，以便让画面有空间感，常用于表现大范围场面，如航拍、音乐会等。在使用无人机拍摄风景的过程中，升降镜头运用得比较多。

在商品摄影中，也可以用升降镜头来表现商品的细节及整体外观特征，如图 2–51 所示。

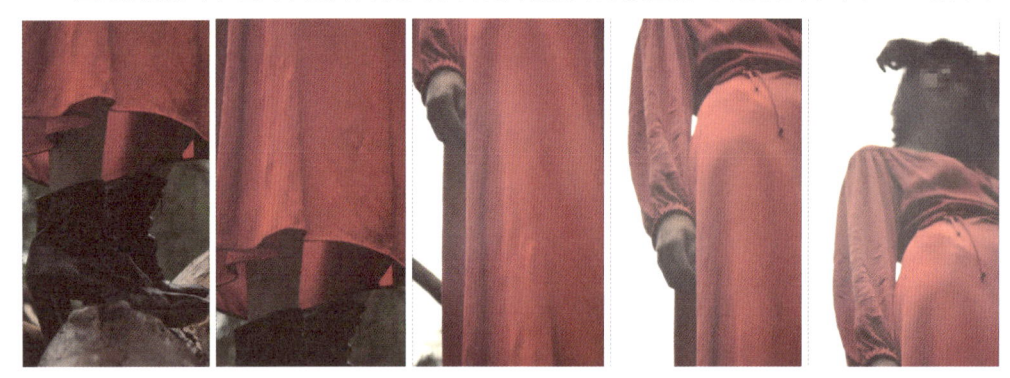

图2-51 使用升降镜头进行拍摄

6. 环绕镜头

环绕镜头是指摄像机与被摄主体保持一定的半径距离，然后围绕着主体做圆周移动拍摄。这种拍摄手法能让被摄主体保持在圆心位置，可以 360°呈现产品的外观特征，如图 2–52 所示。

图2-52 使用环绕镜头进行拍摄

可以看出，环绕拍摄不会使画面的构图发生改变。根据主体展示的需要，环绕的角度和方向可随机变化，如 30°、60°等。

7. 综合性镜头

综合性镜头是指推、拉、跟等运镜方式综合运用在一起进行拍摄。根据不同的组合方式，综合性镜头能呈现出不同的视觉效果，比如先推镜头再摇镜头，或者先升镜头再平移镜头。在短视频拍摄过程中，摄影者要灵活运用各种运镜方式，这样才能拍出更好的作品。

2.7 拍摄场景布置

在拍摄商品型短视频时，为了让商品看起来自然，需要搭建一个场景，为单调的产品制造场景化氛围，让其看起来更真实。同时，很多时候也会结合道具来表现产品的质感、颜色等。

2.7.1 搭建小型摄影棚

店内销售的商品如果是小件商品，如珠宝首饰、配件配饰等，就可以搭建一个小型摄影棚来进行拍摄。小型摄影棚的搭建比较简单，可以在网上购买折叠型的小型摄影棚，然后将其撑开，如图2-53所示。

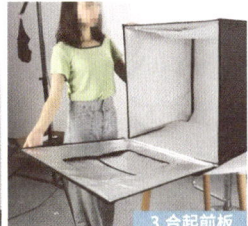

图2-53 折叠型小型摄影棚

搭建好小型摄影棚后，在摄影棚中摆放好商品和道具，然后根据拍摄需要调整灯板位置和角度，旋转调光器按钮调整灯光的亮度，让打光合理。图2-54所示为某小型摄影棚的打灯方式。

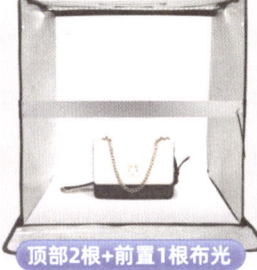

图2-54 某小型摄影棚的打灯方式

利用小型摄影棚也可以实现多角度拍摄，如俯拍、正面拍摄等，如图2-55所示。

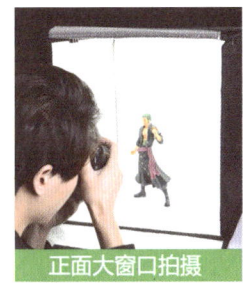

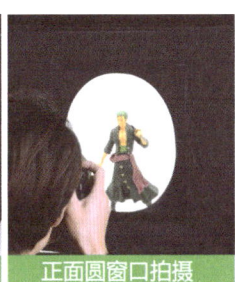

图2-55 通过小型摄影棚实现多角度拍摄

小贴士： 在小型摄影棚内拍摄商品旋转视频时，可以搭配转盘来辅助拍摄，这样会更加方便。拍摄转盘有不同的尺寸，可根据商品的尺寸及重量来选择。

2.7.2 室内场景布置

短视频的室内拍摄场景可选择颜色简约的桌子、纯色的窗帘或干净的墙面作为背景，如果没有合适的墙面，也可以用背景布来布景。图2-56所示为使用不同颜色的背景布作为背景来布置室内拍摄场景。

图2-56 使用背景布作为背景来布置室内拍摄场景

背景布有不同的颜色，如白色、灰色、咖色等，为避免画面色彩过于杂乱，一般选择纯色的背景布即可。产品的颜色要与背景布的色彩相协调，为保险起见可选择白色或灰色，这两个色系比较百搭。

作为拍摄背景的桌子不能太小，餐桌、书桌都可以，如果桌面花纹与商品不搭配，可以准备一些纯色或有花纹的布来搭配，如格子桌布，如图2-57所示。

图2-57 选择格子桌布作为拍摄背景

将窗帘作为室内背景，一般以白色的轻纱为背景。在白纱前面放上被拍摄的商品和道具，利用窗户光进行拍摄，如图2-58所示。

拍摄达人解说式的短视频，常用干净的墙面作为背景，在达人前方还会放置一张桌子，用于摆放商品，如图2-59所示。

图2-58 选择窗帘作为室内背景 　　　　图2-59 选择干净的墙面作为背景

2.7.3 户外场景选择

对于服装鞋包、户外运动等产品，室外是比较好的拍摄场景。室外拍摄短视频时，场所

的选择很重要。要根据产品风格来选择，以服装类产品视频为例，小清新时装风格可选择校园的足球场或篮球场、公园草地或座椅作为拍摄场景；流行服饰可选择商业街、格调门店的橱窗外等；古风服饰可选择古镇、荷花池塘或者有亭台楼阁的植物园等。

另外，在选择时还要看所处的环境是否干净简洁，不要选择太过脏乱的环境。图 2-60 所示为室外拍摄的无人机演示短视频，可以看到选择了景色优美的空旷公园，画面看起来非常空旷、优美。

图2-60 室外拍摄的无人机短视频

内容型短视频则要根据内容需求来选择户外场景，如街道、公交车上、地铁站台、小区等，这些地点都可以成为内容型短视频的拍摄场景，如图 2-61 所示。

图2-61 内容型短视频的拍摄场景

在室外拍摄时，容易受光线、天气等因素的影响。一般来说，选择早上或傍晚时分拍摄会比较好。拍摄过程中也可以结合道具来突出主题，比如，古风服饰在拍摄时可以搭配纸扇、纸伞、吊坠等道具；流行服饰可搭配手提包、墨镜等道具。

2.8　本章小结

前期拍摄是短视频创作的基础，只有出色地完成短视频素材的拍摄，才能够通过后期编辑处理创作出出色的短视频作品。本章主要对电商图片与视频前期拍摄的相关内容进行了介绍，主要包括画面的结构元素、画面的色彩、画面的构图方式、拍摄运镜方式和拍摄场景布置等内容。完成本章内容的学习后，读者需要仔细理解，并能够合理地将所学知识应用到图片与视频拍摄过程中。

第3章 使用"抖音"制作短视频

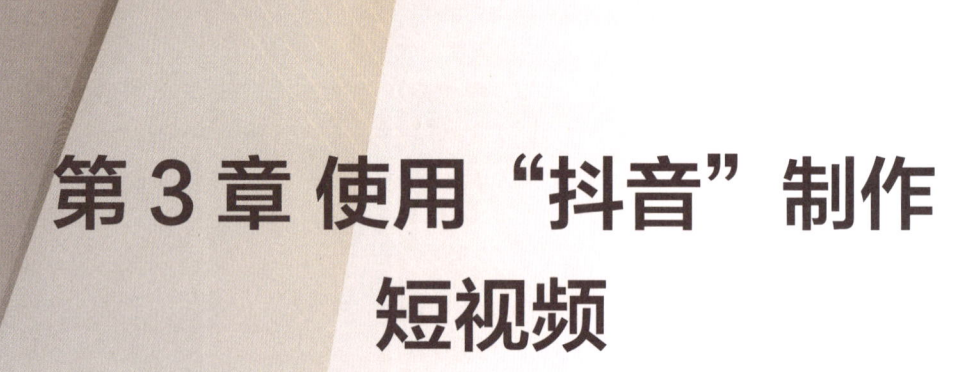

短视频行业的发展越来越迅速,各大互联网媒体对此十分重视,纷纷推出了自己的短视频平台,各大媒体迅速从图文载体过渡到了短视频。短视频的拍摄对媒体传播而言非常重要。那么,短视频要如何拍摄、如何重点突出呢?

本章将以目前最火的"抖音"短视频平台为例,讲解电商短视频的拍摄、剪辑与效果处理,以及短视频封面的设置和短视频发布等内容,使读者能够理解并掌握电商短视频拍摄与效果剪辑的方法和技巧。

3.1 使用"抖音"App 的拍摄功能

利用短视频平台，除了可以观看其他用户拍摄上传的短视频作品，还可以自己拍摄并上传短视频作品，接下来介绍如何使用"抖音"平台拍摄短视频。

3.1.1 拍摄短视频

"抖音"是一款可以拍摄短视频的音乐创意短视频移动社交应用，该应用于 2016 年 9 月上线，是一个专注于年轻人的 15 秒音乐短视频社区。用户可以通过该应用选择音乐，拍摄 15 秒的音乐短视频，形成自己的作品。"抖音"App 在 Android 各大应用商店和 App Store 均有上线。

打开"抖音"App，点击界面底部的"加号"图标，如图 3-1 所示，即可进入短视频拍摄界面，如图 3-2 所示。

图3-1 点击"加号"图标　　　图3-2 短视频拍摄界面

在界面底部提供了不同的拍摄功能，包括"发图文""分段拍""快拍""模板""开直播"等。

点击底部的"发图文"文字，即可切换到素材选择界面，可以选择手机中存储的一张或多张图片，如图 3-3 所示，快速发布图文短视频。

点击底部的"分段拍"文字，即可切换到"分段拍"模式。在该模式中允许拍摄时长为 15 秒、60 秒和 3 分钟 3 种不同时长的短视频，选择所需要的拍摄时长，按住界面底部的红色圆形图标不放，即可开始短视频的拍摄。当所拍摄的时长达到所选择的时长后，自动停止短视频的拍摄，如图 3-4 所示。

点击底部的"模板"文字，可以切换到"模板"模式，"抖音"为用户提供了多种类型的影集模板，如图 3-5 所示，通过所提供的影集模板可以快速地创作出同款短视频。

点击底部的"开直播"文字，可以切换到视频直播模式，开启"抖音"App 的直播功能，如图 3-6 所示。

图3-3 "发图文"模式 　　图3-4 "分段拍"模式 　　图3-5 "模板"模式 　　图3-6 "直播"模式

默认为"快拍"模式，在该模式中包含 4 个选项卡，选择"视频"选项卡，点击界面底部的红色圆形图标，如图 3-7 所示，可以拍摄时长为 15 秒的短视频。在"快拍"模式界面中点击"照片"文字，切换到照片拍摄状态，点击界面底部的白色圆形图标，可以拍摄照片，如图 3-8 所示；点击"时刻"文字，切换到时刻拍摄状态，可以拍摄 2 分钟以内的短视频，记录当前时刻的内容，如图 3-9 所示，短视频发布后，抖音密友会第一时间获得消息提醒；点击"文字"文字，切换到文字输入界面，可以输入文字，制作纯文字的短视频，如图 3-10 所示。

图3-7 拍摄短视频 　　图3-8 拍摄照片 　　图3-9 拍摄时刻内容 　　图3-10 文字输入界面

3.1.2　使用辅助工具拍摄

在"抖音"App 的短视频拍摄界面的右侧，为用户提供了多个拍摄辅助工具，分别是"翻转""闪光灯""设置""倒计时""美颜""滤镜""扫一扫""快慢速"等，如图 3-11 所示，通过这些工具可以有效地辅助创作者进行短视频的拍摄。

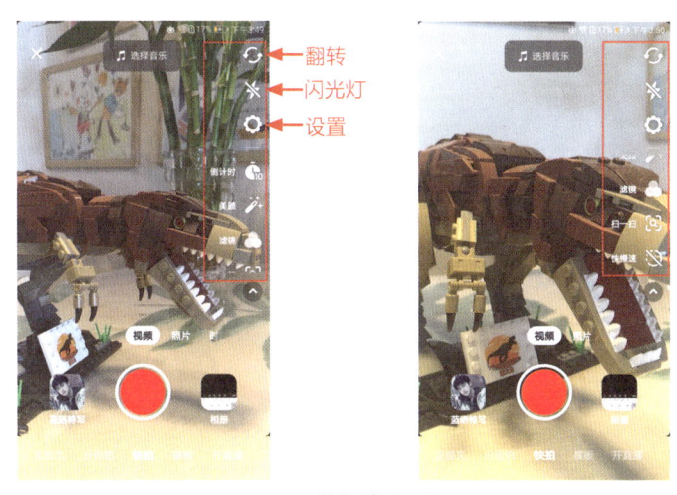

图3-11 拍摄辅助工具

1. 翻转

现在几乎所有的智能手机都具有前后双摄像头功能，前置摄像头主要是为了方便进行视频通话和自拍使用。在使用"抖音"App进行短视频拍摄时，只需要点击界面右侧的"翻转"图标，即可切换拍摄所使用的摄像头，从而方便用户进行自拍。

2. 闪光灯

在昏暗的环境中进行短视频拍摄时，需要灯光的辅助，在"抖音"App的短视频拍摄界面中为用户提供了闪光灯辅助照明的功能。

在短视频拍摄界面中点击右侧的"闪光灯"图标，即可开启手机自带的闪光灯辅助照明功能，默认情况下，该功能为关闭状态。

3. 设置

点击右侧的"设置"图标，在界面底部显示拍摄设置选项，如图3-12所示。"最大拍摄时长"用于设置"快拍"模式短视频的最大时长；开启"使用音量键拍摄"功能，可以通过按手机音量键实现短视频的拍摄；开启"网格"功能，可以在拍摄界面显示网格参考线，如图3-13所示。

图3-12 显示拍摄设置选项　　图3-13 显示网格参考线

4. 倒计时

使用"倒计时"功能可以实现自动暂停拍摄，从而方便拍摄者设计多个拍摄片段，并且可以通过设置拍摄时间来卡点音乐节拍。

点击右侧的"倒计时"图标，在界面底部显示倒计时相关选项，如图3-14所示。

在倒计时选项右上角可以选择倒计时的时长，有两种时长供用户选择，分别是3秒和10秒，拖动时间线可以调整所需要拍摄的短视频的时长，如图3-15所示。

点击"开始拍摄"按钮，开始拍摄倒计时，完成倒计时之后自动开始拍摄，到设定的时长后自动停止拍摄，如图3-16所示。

图3-14 显示倒计时选项　　图3-15 设置相关选项　　图3-16 开始拍摄倒计时

5. 美颜

许多拍摄短视频的创作者对于短视频拍摄时的美颜功能十分看重，下面介绍如何使用"抖音"App中的短视频拍摄美化功能。

点击右侧的"美颜"图标，在界面底部将显示内置的美化功能选项，包含"磨皮""瘦脸""大眼""清晰""美白""小脸""窄脸""瘦颧骨""瘦鼻""嘴形""额头""口红""腮红""立体""白牙""黑眼圈""法令纹"等多种美化选项，如图3-17所示。

点击一种美颜选项，即可为所拍摄的对象应用该种美颜效果，并且可以通过拖动滑块来调整该种美颜效果的强弱，如图3-18所示。点击"重置"选项，可以将所应用的美颜效果重置为默认设置。

图3-17 显示美颜选项　　图3-18 应用美颜效果

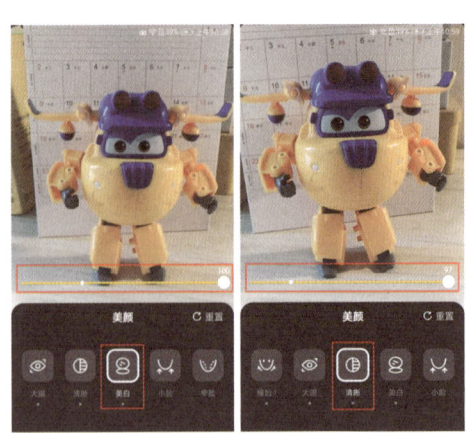

> **小贴士：** 短视频拍摄界面中所提供的美颜功能主要是针对人物脸部起作用，对于其他被摄主体几乎没有作用。

6. 滤镜

在短视频的拍摄过程中，还可以为镜头添加滤镜效果，从而使拍摄出来的短视频具有明显的风格化效果。

点击右侧的"滤镜"图标，在界面底部显示内置的滤镜选项，包含"人像""日常""复古""美食""风景""黑白"6种类型，如图3-19所示。在滤镜分类中点击任意一个滤镜选项，即可在拍摄界面中看到应用该滤镜的效果，并且可以通过拖动滑块控制滤镜效果的强弱，如图3-20所示。

点击"管理"选项，可以切换到滤镜管理界面，在这里可以设置每个分类中相关滤镜的显示与隐藏，可以将常用的滤镜显示，将不常用的滤镜隐藏，如图3-21所示。

图3-19 显示滤镜选项　　图3-20 应用滤镜效果　　图3-21 管理滤镜选项

点击滤镜分类选项左侧的"取消"图标，可以取消为镜头所应用的滤镜效果。

> **小贴士：** 在短视频拍摄界面中，可以在界面中向右滑动，按顺序切换各种滤镜效果，从而对比各种滤镜的效果，并能够快速选择合适的滤镜。

7. 扫一扫

点击右侧的"扫一扫"图标，显示扫一扫界面，如图3-22所示。可以选择使用摄像头扫描二维码，也可以从相册中选择图片扫描。

8. 快慢速

在拍摄短视频时，使用快慢镜头是经常用到的一种手法，以形成突然加速或突然减速的视频效果。在"抖音"App中也可以通过"快慢速"功能来控制拍摄视频的速度。

点击右侧的"快慢速"图标，在界面中显示快慢速选项，默认为"标准"速度，如图3-23所示。

图3-22 扫一扫界面 　　图3-23 显示快慢速选项

"抖音"App 为用户提供了 5 种拍摄速度，例如可以选择一种速度进行拍摄，在拍摄过程中可以随时暂停，再切换为另一种速度进行拍摄，这样就可以获得在一段短视频中的不同部分表现出不同速度的效果。

> **小贴士**：需要注意的是，在拍摄过程中如果随意切换快慢速速度会导致短视频出现卡顿现象。在进行快慢速拍摄时，当镜头速度调整为"极快"拍摄时，视频录制的速度却是最慢的；当镜头速度调整为"极慢"拍摄时，视频录制的速度却是最快的。其实，这里所说的速度并非是人们看到的速度快慢，而是镜头捕捉速度的快慢。

3.1.3 使用道具拍摄

使用"抖音"App 拍摄短视频时还可以使用道具。合理地使用道具能够拍摄出生动有趣、颇具创意的视频效果。

打开"抖音"App，点击界面底部的"加号"图标，进入拍摄界面，点击界面左下方的"道具"图标，如图 3-24 所示。在界面底部显示"抖音"App 中内置的热门道具，点击某个道具选项，即可预览应用该道具的效果，如图 3-25 所示。点击底部右侧的放大镜图标，可以在界面底部显示内置的多种不同类型的道具，如图 3-26 所示。

图3-24 点击"道具"图标 　　图3-25 预览应用道具效果 　　图3-26 显示不同类型的道具

第 3 章 使用"抖音"制作短视频

> **小贴士：** 许多内置道具都需要针对人物脸部才能够识别和使用，例如"头饰""扮演""美妆""变形"等分类中的道具，这种情况下，可以点击界面右上角的"翻转"图标，使用手机前置摄像头进行自拍，即可使用相应的道具。

点击选择某个自己喜欢的道具选项，点击"收藏"图标，可以将所选择的道具加入"我的"选项卡中，如图 3-27 所示，便于下次使用时能够快速找到。如果不想使用任何道具，可以点击道具选项栏最左侧的"取消"图标，如图 3-28 所示，即可取消道具的应用。

图3-27 查看收藏的道具选项 　　图3-28 取消道具的应用

3.1.4 分段拍摄

使用"抖音"App 进行短视频的拍摄时，可以一镜到底持续拍摄，也可以使用"抖音"App 中的"分段拍"模式，在拍摄过程中暂停，转换镜头再继续拍摄。例如，如果要拍摄实现瞬间换装的短视频，可以在拍摄过程中暂停拍摄，更换衣服后再继续拍摄。

打开"抖音"App，点击界面底部的"加号"图标，进入短视频拍摄界面，点击界面底部的"分段拍"文字，切换到"分段拍"模式，如图 3-29 所示。

点击界面底部的红色圆形图标，即可开始短视频的拍摄，如图 3-30 所示。

可以选择所需要拍摄短视频的时长，默认为 15 秒

显示拍摄时间进度

图3-29 切换到"分段拍"模式 　　图3-30 开始短视频拍摄

小贴士： "分段拍"模式为用户提供了3种短视频时长，分别是15秒、60秒和3分钟，点击相应的文字，即可选择所要拍摄的短视频的时长。

　　在拍摄过程中点击界面底部的红色正方形图标，即可暂停短视频的拍摄，从而获得第1段视频素材，并且在界面下方的圆形图标中显示红色的拍摄进度条，如图3-31所示。如果点击"删除"图标，可以将刚拍摄的第1段视频素材删除。

　　使用相同的操作方法，可以继续拍摄第2段视频，如图3-32所示。如果要结束短视频的拍摄，可以点击"对号"图标，或者当拍摄时长达到所选择的短视频时长时，自动停止拍摄，并自动切换到短视频编辑界面，播放刚刚拍摄的短视频，如图3-33所示。

图3-31 完成第1段短视频拍摄　　图3-32 继续拍摄短视频　　图3-33 短视频编辑界面

　　如果需要直接发布短视频或保存草稿，可以点击界面底部的"下一步"按钮，切换到"发布"界面，如图3-34所示。在该界面中可以选择将所拍摄的短视频直接发布或者保存到草稿中。

　　完成短视频的拍摄后，可以先将其保存为草稿，方便后期进行编辑处理。在"发布"界面中点击"存草稿"按钮，即可将短视频保存到草稿箱中。进入"抖音"App中的"我"界面，在"作品"选项卡中点击"草稿箱"选项，进入"草稿箱"界面，如图3-35所示。

　　在"草稿箱"界面中点击需要编辑的短视频，可以再次切换到"发布"界面，可以通过右侧的相关功能图标，对短视频进行编辑和效果处理，点击左上角的"返回"图标，在弹出的菜单中可以选择相应的操作，如图3-36所示。

图3-34 "发布"界面　　图3-35 "草稿箱"界面　　图3-36 显示相应的操作选项

3.1.5 分屏拍摄

利用"抖音"App中的合拍功能可以在一个视频界面中同时显示他人拍摄的多个视频，该功能满足了很多用户想和自己喜欢的"网红"合拍的心愿。

打开"抖音"App，找到需要合拍的视频，点击界面右侧的"分享"图标，如图3-37所示。在界面下方显示相应的分享功能图标，点击"合拍"图标，如图3-38所示。程序处理完成后自动进入分屏合拍界面，默认为上下分屏，如图3-39所示。

图3-37 点击"分享"图标　　图3-38 点击"合拍"图标　　图3-39 分屏合拍界面

点击界面右侧的"布局"图标，在界面底部显示布局选项，点击"左右布局"图标，切换到左右布局的分屏合拍方式，如图3-40所示。点击"浮动窗口布局"图标，切换到浮动窗口布局的分屏合拍方式，如图3-41所示。点击"上下布局"图标，将分屏合拍切换为上下布局方式。

完成分屏窗口的布局设置之后，在屏幕空白处点击，然后点击底部的红色圆形图标，即可开始分屏合拍，如图3-42所示。

图3-40 左右布局分屏　　图3-41 浮动窗口布局分屏　　图3-42 开始合拍视频

> **小贴士**：在浮动窗口布局的小浮动窗口中显示的是所选择的需要合拍的短视频，在该界面中可以拖动调整浮动窗口的位置。

3.1.6 使用模板制作短视频

"抖音"App 为用户提供了模板功能,在"模板"界面中为用户提供了多种不同类型的短视频模板,用户可以选择自己喜欢的短视频模板,通过提示替换模板中的素材,从而快速制作出精美的短视频。

> **实战** 使用模板制作短视频
> 最终效果:资源\第3章\3-1-6.mp4　　视频:视频\第3章\使用模板制作短视频.mp4

STEP 01 打开"抖音"App,点击界面底部的"加号"图标,进入短视频创作界面,点击界面底部的"模板"文字,切换到"模板"界面,如图 3-43 所示。切换到"经典"分类中,点击浏览不同的模板,找到自己喜欢的模板,如图 3-44 所示。

图 3-43 "模板"界面　　图 3-44 浏览喜欢的模板

STEP 02 在模板底部会显示该短视频模板需要几个素材,点击"剪同款"按钮,在显示的素材选择界面中按顺序选择所需要的图片素材,如图 3-45 所示。点击"下一步"按钮,切换到视频效果编辑界面,如图 3-46 所示。点击"下一步"按钮,切换到"发布"界面,如图 3-47 所示。

图 3-45 选择图片素材　　图 3-46 视频效果编辑界面　　图 3-47 "发布"界面

STEP 03 在"发布"界面中点击"选封面"按钮,进入短视频封面设置界面,在视频条上拖

动红色方框，选择某一帧视频画面作为短视频封面，如图3-48所示。点击界面右上角的"下一步"按钮，进入封面模板选择界面，如图3-49所示，因为所选择的视频画面中已经包含标题文字，所以这里不再选择封面模板。

STEP 04 点击界面右上角的"保存封面"按钮，完成短视频封面设置，返回"发布"界面，还可以在该界面中设置短视频的话题、位置等信息，如图3-50所示。

图3-48 选择视频封面　　图3-49 封面模板选择界面　　图3-50 "发布"界面

STEP 05 点击"发布"按钮，将使用模板制作的短视频发布到"抖音"短视频平台中，自动播放所发布的短视频，如图3-51所示。

图3-51 预览短视频效果

3.2 在"抖音"App中导入素材

在"抖音"App中不仅可以拍摄短视频，还可以导入手机中的视频素材到"抖音"App中进行处理，再发布短视频。

3.2.1 导入手机相册素材

进入"抖音"App的短视频拍摄界面，点击右下角的"相册"图标，如图3-52所示。

进入相册素材选择界面,选择"视频"选项卡,选择需要导入的视频素材,如图 3-53 所示。点击"下一步"按钮,进入视频效果编辑界面,自动播放所导入的视频,如图 3-54 所示。

图3-52 点击"相册"图标　　图3-53 选择视频素材　　图3-54 预览视频素材

点击视频效果界面右上角的"剪裁"图标,进入视频素材剪辑界面中,如图 3-55 所示。

拖动视频素材黄色边框的左侧或右侧,即可对该视频素材进行删除或恢复操作,如图 3-56 所示。在时间轴区域左右滑动,可以调整播放头的位置,如图 3-57 所示。

将播放头移至需要分割视频的位置,点击底部工具栏中的"分割"图标,可以在当前位置对视频素材进行分割操作,如图 3-58 所示。

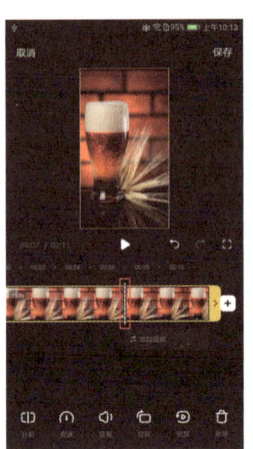

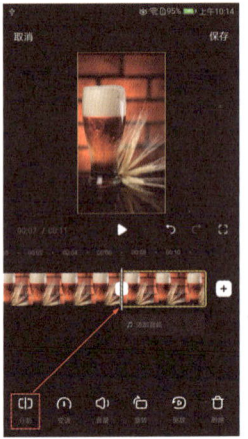

图3-55 视频剪辑界面　　图3-56 拖动黄色边框裁剪　　图3-57 调整播放头位置　　图3-58 分割视频素材

点击底部工具栏中的"变速"图标,在界面底部显示变速设置选项,如图 3-59 所示,支持最低 0.1 倍速,最高 100 倍速。

点击底部工具栏中的"音量"图标,在界面底部显示音量设置选项,如图 3-60 所示,可以拖动滑块设置视频素材中音乐(如果有)的音量大小。

点击底部工具栏中的"旋转"图标,可以将视频素材按顺时针方向旋转 90 度,如图 3-61 所示。

点击底部工具栏中的"倒放"图标,将自动对视频素材进行处理,实现视频素材的倒放效果,如图 3-62 所示。

第 3 章 使用"抖音"制作短视频

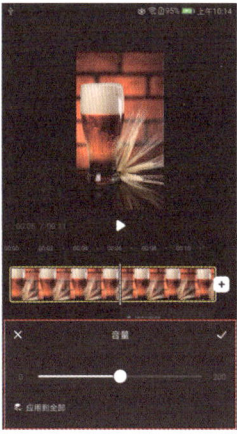

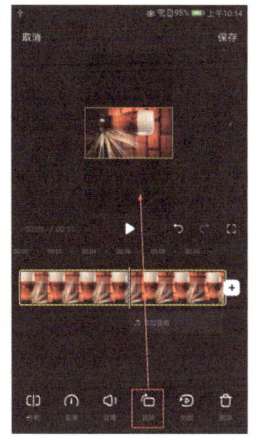

图3-59 "变速"选项　　图3-60 "音量"选项　　图3-61 旋转视频　　图3-62 倒放视频

对视频素材进行分割操作后，可以选择不需要的视频片段，点击底部工具栏中的"删除"图标，即可删除所选择的视频片段。

完成对视频素材的剪裁操作之后，点击界面右上角的"保存"文字，即可保存对视频素材的剪裁操作，并返回到视频效果编辑界面中。

3.2.2　使用"一键成片"功能制作短视频

通过使用"抖音"App 中的"一键成片"功能，能够智能地对用户所选择的素材进行分析并推荐适合的模板，用户几乎不需要特别的设置和操作，即可快速完成短视频的制作，非常方便、快捷，而且具有非常不错的视觉效果。

实战　使用"一键成片"功能制作短视频

最终效果：资源\第 3 章\3-2-2.mp4　视频：视频\第 3 章\使用"一键成片"功能制作短视频.mp4

STEP 01 打开"抖音"App，点击界面底部的"加号"图标，进入短视频创作界面，点击界面底部的"模板"文字，切换到"模板"界面，如图 3-63 所示。点击"一键成片"选项，在打开的素材选择界面中选择多张手机中的图片素材，如图 3-64 所示。

图3-63 "模板"界面　　图3-64 选择多张图片素材

71

STEP 02 完成图片素材的选择后，点击界面右下角的"一键成片"按钮，"抖音"App 会自动对所选择的图片素材进行分析和处理，并显示进度，如图 3-65 所示。分析处理完成后，显示处理后的效果，并在界面底部为用户推荐多款适合的模板，如图 3-66 所示。

图3-65 显示处理进度　　　　　图3-66 推荐多款适合的模板

STEP 03 在界面底部点击预览推荐模板的效果，选择一种合适的模板，如图 3-67 所示。点击界面右上角的"保存"文字，可以保存短视频效果并返回到视频效果编辑界面，如图 3-68 所示。

STEP 04 可以使用界面右侧所提供的功能图标，为短视频添加文字、贴纸、特效、滤镜和画质增强效果。例如，点击"画质增强"图标，使短视频的画面色彩更鲜艳一些，如图 3-69 所示。

图3-67 选择合适的模板　　图3-68 返回视频效果编辑界面　　图3-69 开启画质增强效果

STEP 05 点击"下一步"按钮，进入"发布"界面，如图 3-70 所示。点击"发布"按钮，即可完成该短视频的发布，可以看到使用"一键成片"功能快速制作的电子相册效果，如图 3-71 所示。

图3-70 "发布"界面　　图3-71 预览短视频效果

3.3 丰富短视频效果

完成短视频的拍摄后，可以直接在"抖音"App中对短视频的效果进行设置，通过为短视频添加背景音乐、文字、贴纸、特效、滤镜等效果，以美化短视频的视觉表现效果。

3.3.1 选择背景音乐

"抖音"作为一款音乐短视频App，背景音乐自然是不可缺少的重要元素之一，甚至能够影响短视频拍摄的思维与节奏。

进入"抖音"App的短视频拍摄界面，点击界面右下角的"相册"图标，进入相册素材选择界面，选择"视频"选项卡，选择需要导入的视频素材，如图3-72所示。点击"下一步"按钮，进入短视频效果编辑界面，点击界面上方的"选择音乐"按钮，如图3-73所示。在界面底部会显示一些自动推荐的背景音乐，如图3-74所示。

图3-72 选择视频素材　　图3-73 点击"选择音乐"按钮　　图3-74 显示自动推荐的背景音乐

点击"搜索"图标，显示搜索文本框和相关选项，如图3-75所示。可以直接在搜索文本框中输入音乐名称进行搜索，也可以点击"发现更多音乐"选项，显示更多推荐的音乐，如图 3-76 所示。在音乐列表中点击音乐名称，可以试听并选择该音乐，点击音乐名称右侧的"星号"图标，可以将音乐加入收藏，如图 3-77 所示。

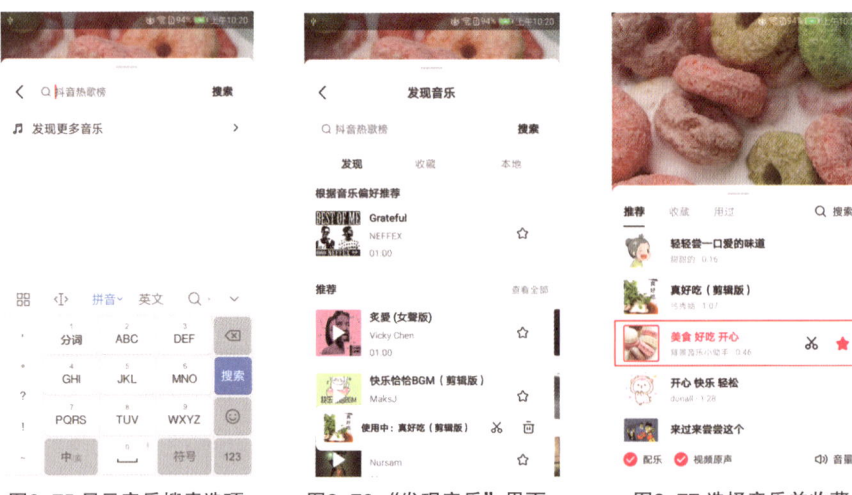

图3-75 显示音乐搜索选项　　图3-76 "发现音乐"界面　　图3-77 选择音乐并收藏

　　点击界面底部的"收藏"文字，切换到"收藏"选项卡，在该选项卡中显示用户已经加入收藏的音乐，便于快速使用，如图 3-78 所示。点击所选择音乐名称右侧的"剪刀"图标，显示音乐剪辑选项，可以通过左右拖动音乐声谱，从而剪取与短视频长度相等的一段音乐，剪取完成后点击"对号"图标，如图 3-79 所示。

　　点击界面右下角的"音量"文字，可以显示音量设置选项，如图 3-80 所示。"原声"选项用于控制视频素材原声的音量大小，"配乐"选项用于控制所选择背景音乐的音量大小，可以通过拖动滑块的方式来调整"原声"和"配乐"的音量大小。

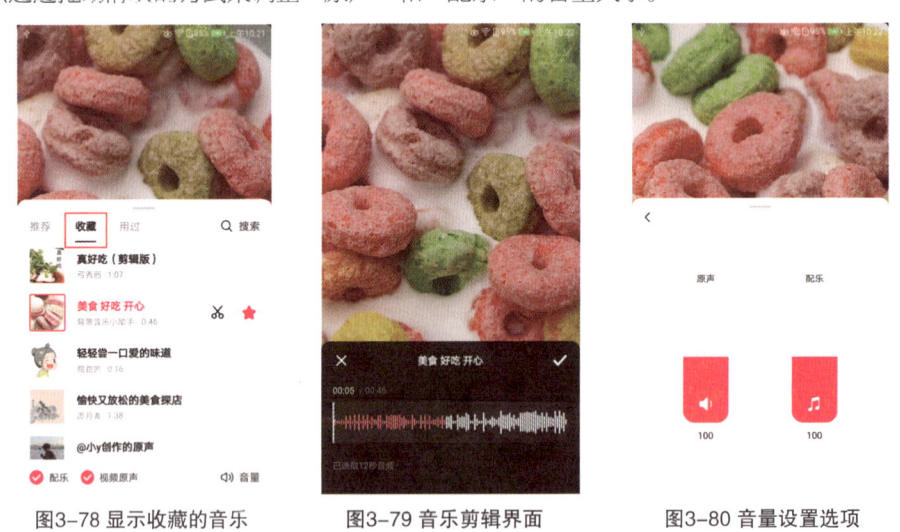

图3-78 显示收藏的音乐　　图3-79 音乐剪辑界面　　图3-80 音量设置选项

小贴士： 在截取音乐时，需要注意声谱的起伏波形并不是根据声音的高低而形成的可视化图形。如果要去除所拍摄的短视频中的声音，可以在音量设置选项中将"原声"选项滑块向下滑动，将其设置为 0，短视频中的声音就可以完全静音。

3.3.2 添加文字

进入"抖音"App 的短视频拍摄界面，点击短视频拍摄界面右下角的"相册"图标，导入一段视频素材，如图 3-81 所示。点击"下一步"按钮，进入短视频效果编辑界面，点击界面右侧的"文字"图标，或者在视频任意位置点击，如图 3-82 所示。

在界面底部显示文字输入键盘，直接输入需要的文字内容，并且可以在键盘上方选择一种字体，如图 3-83 所示。拖动界面左侧的滑块可以调整文字的大小，如图 3-84 所示。

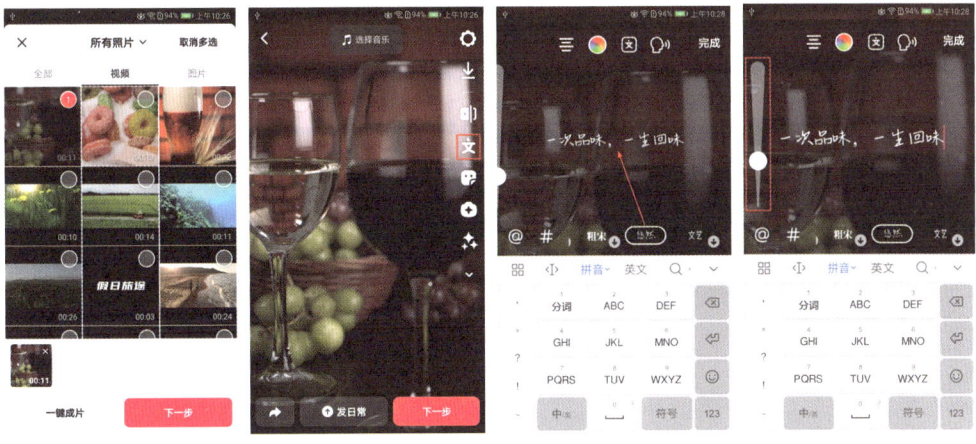

图3-81 选择视频素材　　图3-82 点击"文字"图标　　图3-83 选择字体　　图3-84 调整文字大小

点击界面顶部的"对齐方式"图标，可以在 3 种文字对齐方式之间进行切换，分别是左对齐、居中对齐和右对齐。图 3-85 所示为文字左对齐效果。

点击界面顶部的"颜色"图标，可以选择一种文字颜色，如图 3-86 所示。

点击界面顶部的"样式"图标，可以在 5 种文字样式之间进行切换，分别是深色描边、圆角纯色背景、直角纯色背景、半透明圆角背景和透明背景。图 3-87 所示为深色描边文字样式效果。

点击"文本朗读"图标，可以自动识别所添加的文字内容，在视频播放过程中加入文字内容的朗读声音，并且可以选择文本朗读的音色，如图 3-88 所示。

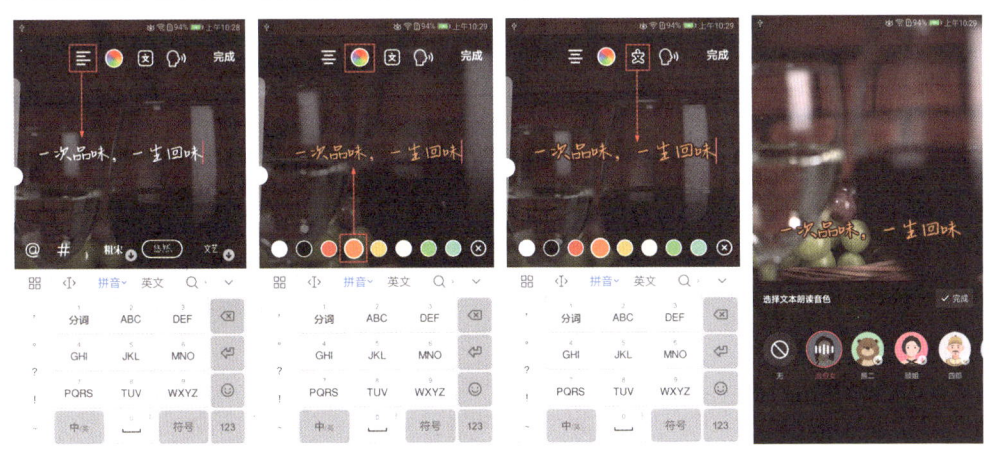

图3-85 文字左对齐　　图3-86 选择文字颜色　　图3-87 深色描边文字样式　　图3-88 文本朗读选项

点击右上角的"完成"文字，完成文字内容的输入和设置，默认文字位于视频中间位置，按住文字并拖动可以调整文字的位置。

如果需要对文字内容进行编辑，可以点击所添加的文字，在弹出的菜单中进行相应的操作，如图3-89所示。

"文本朗读"选项与输入文字界面中的"文本朗读"图标功能相同。

点击"设置时长"选项，在界面底部显示文字时长设置选项，默认所添加的文字时长与视频素材的时长相同，可以通过拖动左右两侧的红色竖线图标，调整文字内容在视频中的出现时间和结束时间，如图3-90所示。点击界面右下角的"对号"图标，完成文字时长的调整。

图3-89 文字编辑选项　　图3-90 调整文字时长

点击"编辑"选项，显示输入键盘，可以对文字内容进行修改，如修改字体、字体样式、对齐方式和文字颜色等。

如果需要删除所添加的文字内容，可以按住文字不放，在界面底部会出现"删除"图标，如图3-91所示，将文字拖入到删除图标上，即可删除文字。

> **小贴士**：还可以对添加的文字内容进行缩放和旋转操作，通过两指捏合操作，可以缩小文字；通过两指展开操作，可以放大文字；通过两指在屏幕上旋转，可以对文字进行旋转操作。

3.3.3 添加贴纸

图3-91 删除文字操作

在编辑抖音短视频时，可以为其添加有趣的贴纸，并设置贴纸的显示时长。

在视频效果编辑界面中点击右侧的"贴纸"图标，如图3-92所示。在打开的窗口中显示内置的贴纸，如图3-93所示。点击任意一个需要使用的贴纸，即可在当前视频中添加该贴纸，如图3-94所示。

图3-92 点击"贴纸"图标　　图3-93 不同类型的贴纸　　图3-94 添加贴纸

完成贴纸的添加后,按住贴纸并拖动可以调整贴纸的位置;使用两指分开操作,可以放大所添加的贴纸;使用两指捏合操作,可以缩小所添加的贴纸;点击所添加的贴纸,可以弹出贴纸设置选项;按住贴纸不放,在界面底部会出现"删除"图标,将贴纸拖入到删除图标上,即可删除贴纸。这些操作方法与文字的操作方法基本相同,这里不再赘述。

3.3.4　发起挑战

如果需要在抖音中发起挑战短视频,可以在视频效果编辑界面中点击右侧的"挑战"图标,如图3-95所示。在界面中显示挑战标题输入文本框,输入挑战标题,也可以点击"随机主题"选项,自动填写随机主题,如图3-96所示。点击选择邀请抖音好友参与挑战,如图3-97所示。点击界面右上角的"完成"文字,即可完成挑战主题的发起和邀请设置,如图3-98所示。发布短视频后,邀请的抖音好友将会收到通知。

图3-95 点击"挑战"图标　　图3-96 填写挑战主题　　图3-97 选择邀请好友　　图3-98 完成挑战设置

3.3.5　使用画笔

在抖音中对短视频的效果进行编辑和设置时,还可以使用画笔工具在短视频中进行涂鸦绘制,充分发挥自己的创意,创造出独具个性的短视频效果。

在视频效果编辑界面中点击右侧的"画笔"图标,如图3-99所示。进入短视频绘制界面，顶部显示相应的绘画工具，在底部可以选择绘制的颜色，拖动左侧的滑块可以调整笔刷的大小，如图 3-100 所示。选择默认的实心画笔，选择一种颜色，用手指在屏幕上进行涂抹绘画，可以绘制出纯色线条图形，如图 3-101 所示。

图3-99 点击"画笔"图标　　图3-100 绘画界面　　图3-101 绘制纯色线条图形

选择箭头画笔，用手指在屏幕上涂抹，可以绘制出带箭头的线条，如图 3-102 所示。选择半透明画笔，用手指在屏幕上涂抹，可以绘制出半透明的线条，如图 3-103 所示。选择橡皮擦工具，在所绘制的线条图形上进行涂抹，可以将涂抹部分擦除，如图 3-104 所示。点击界面左上角的"撤销"文字，可以撤销之前的绘制，点击界面右上角的"保存"文字，可以保存绘制的效果并返回视频效果编辑界面，如图 3-105 所示。如果需要再次编辑短视频绘画效果，可以再次在视频效果编辑界面中点击右侧的"画笔"图标。

图3-102 绘制箭头线条　　图3-103 绘画半透明线条　　图3-104 擦除不需要的线条　　图3-105 保存绘制的图形

3.3.6　添加特效

"抖音"App 为用户提供了多种内置特效，使用特效能够快速实现许多炫酷的视觉效果，使短视频的表现更加富有创意。

在视频效果编辑界面中点击右侧的"特效"图标，如图 3-106 所示。切换到特效应用界面，提供了"梦幻""转场""动感""自然""分屏""材质""装饰""时间"共 8 种类型的特效，如图 3-107 所示。

不同特效的应用方式也有所区别，可以根据界面中的应用提示进行操作。

切换到"转场"特效分类中，只需要点击相应的特效缩览图即可应用，例如点击"变清晰"缩览图，在当前位置应用该特效，如图 3-108 所示，即可在当前位置应用固定时长的特效。

切换到"自然"特效分类中，按住"星星"特效缩览图不放，将自动播放视频并应用该特效，当松开手指后结束特效应用，如图 3-109 所示，特效的持续时间与手指按住不放的时间有关。

图3-106 点击"特效"图标　　图3-107 特效应用界面　　图3-108 点击应用特效　　图3-109 长按不放应用特效

点击界面右上角的"保存"文字，可以保存特效设置，返回到视频效果编辑界面中。如果需要取消刚才应用的特效，可以点击"取消"按钮。

3.3.7 添加滤镜

在视频效果编辑界面中点击右侧的"滤镜"图标，如图 3-110 所示。在界面底部将显示内置滤镜选项，包含"精选""人像""日常""复古""美食""风景""黑白"7 种类型的滤镜，如图 3-111 所示。与短视频拍摄界面中的滤镜选项相同，点击滤镜预览选项，即可为短视频应用该滤镜，并且可以通过拖动滑块控制滤镜效果的强弱，如图 3-112 所示。

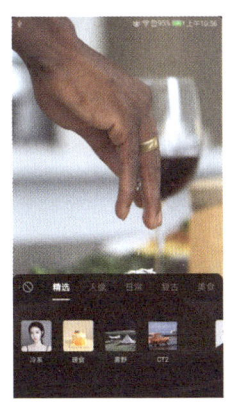

图3-110 点击"滤镜"图标　　图3-111 显示滤镜选项　　图3-112 点击应用滤镜

3.3.8 自动字幕

在视频效果编辑界面中点击右侧的"自动字幕"图标，如图 3-113 所示。将自动对短视频中的歌曲字幕进行在线识别，识别完成后将自动显示得到的字幕内容，如图 3-114 所示。

点击"编辑"图标，进入字幕编辑界面，可以对字幕进行修改，如图 3-115 所示。修改完成后点击界面右上角的"对号"图标，返回到自动识别字幕界面中。

点击"字体"图标，进入字体设置界面，可以设置字体、字体样式和文字颜色，这里的设置与输入文字的设置相同，如图 3-116 所示。修改完成后点击界面右下角的"对号"图标，返回到自动识别字幕界面中。

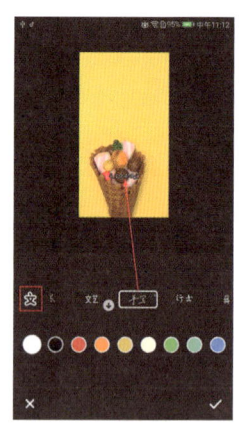

图3-113 点击"自动字幕"图标　　图3-114 得到识别字幕　　图3-115 修改字幕　　图3-116 设置文字效果

小贴士： "自动字幕"功能可以识别视频素材原音中的字幕，但尽量使用中文普通话，这样会有比较高的识别率。

3.3.9　画质增强和变声效果

在视频效果编辑界面中点击右侧的"画质增强"图标，可以自动对短视频的整体色彩和清晰度进行适当的调整，从而使短视频的画质具有很好的表现效果，如图 3-117 所示。"画质增强"功能没有设置选项，属于自动调节功能。

在视频效果编辑界面中点击右侧的"变声"图标，如图 3-118 所示。在界面底部将显示变声选项，包含多种类型的声调，如图 3-119 所示。点击相应的变声选项，即可将该短视频中的声音变成相应的音调效果，从而使短视频更具独特个性。

图3-117 应用"画质增强"效果　　图3-118 点击"变声"图标　　图3-119 显示"变声"选项

3.4 短视频封面设计与发布

完成短视频的拍摄和视频效果编辑后，可以进入"发布"界面，在该界面中可以为短视频设置封面图片和相关信息，并最终发布短视频，这样，其他用户就能够看到你所发布的短视频作品了。

3.4.1 设置短视频封面

默认情况下，将使用所制作短视频的第 1 帧画面作为短视频的封面图，用户可以根据需要更改视频封面图。例如，将短视频中关键的一帧画面或有趣的画面作为封面图。

在短视频效果设置界面中点击右下角的"下一步"按钮，进入"发布"界面，点击"选封面"文字，如图 3-120 所示。进入封面选择界面，在视频条上拖动白色方框，可以选择要作为封面图的视频帧画面，如图 3-121 所示。点击"下一步"按钮，切换到封面设置界面，提供了"模板"和"文字"两种形式，如图 3-122 所示。

图3-120 点击"选封面"文字 　　图3-121 选择封面画面 　　图3-122 封面模板和文字模板

在"模板"选项中点击任意一个封面模板缩览图，即可应用该封面模板的效果，如图 3-123 所示。在视频预览区域点击封面模板中的文字，可以对其进行编辑修改，如图 3-124 所示。并且还可以对文字的字体和颜色等样式进行重新设置，如图 3-125 所示。

点击"对号"图标，完成文字的修改和设置。切换到"文字"选项卡中，点击"添加文字"按钮，可以在封面模板中添加新的文字内容，如图 3-126 所示。

图3-123 应用封面模板 　　图3-124 修改封面文字 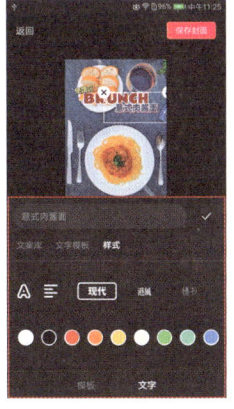　　图3-125 修改文字样式 　　图3-126 添加新的文字内容

3.4.2 发布短视频

完成短视频封面的制作后，点击界面右上角的"保存封面"按钮，返回"发布"界面，可以看到所设置的短视频封面效果，如图 3-127 所示。

可以在"发布"界面中为短视频设置话题，以便让更多的人看到，也可以点击"抖音"App 根据所制作的短视频内容自动推荐的话题，如图 3-128 所示。

点击"你在哪里"选项，可以在弹出的定位地址列表中选择相应的定位地点，如图 3-129 所示。通过设置定位信息，可以使定位附近的人更容易看到你所发布的短视频。

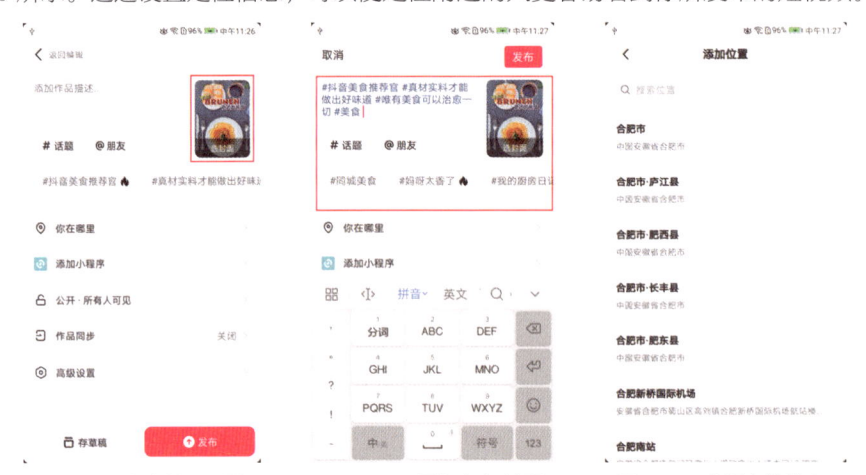

图3-127 完成封面设置　　图3-128 设置短视频话题　　图3-129 设置定位信息

点击"添加小程序"选项，可以在弹出的小程序列表中选择需要在短视频中添加的小程序，如图 3-130 所示。

点击"公开·所有人可见"选项，可以在弹出的列表框中选择将短视频发布为公开还是私密等形式，默认为公开形式，如图 3-131 所示。

点击"作品同步"选项，可以在弹出的列表框中设置是否将短视频同步到西瓜视频和今日头条，以及是否为原创短视频，如图 3-132 所示。

图3-130 添加小程序　　图3-131 设置是否公开　　图3-132 设置是否同步

点击"发布"按钮，即可将制作好的短视频发布到"抖音"短视频平台中，并自动播放所发布的短视频。点击"存草稿"按钮，可以将制作好的短视频保存到"草稿箱"中。

3.4.3 制作美食宣传音乐短视频

音乐卡点视频是短视频平台中常见和热门的一种短视频形式,短视频画面的转换与音乐中的关键节奏点相契合,使短视频表现出"音画合一"的视觉感受。

实战 制作美食宣传音乐短视频

最终效果:资源\第3章\3-4-3.mp4　　视频:视频\第3章\制作美食宣传音乐短视频.mp4

STEP 01 打开"抖音"App,点击界面底部的"加号"图标,进入短视频创作界面,点击界面右下角的"相册"图标,如图3-133所示。在弹出的素材选择界面中选择需要导入的多个素材,这里选择的是1段视频和7张图片素材,如图3-134所示。

STEP 02 点击"下一步"按钮,进入视频效果设置界面,"抖音"App会自动为所选择的素材添加音乐并自动进行音乐卡点,如图3-135所示。

图3-133 点击"相册"图标 　　图3-134 选择多个素材 　　图3-135 视频效果设置界面

STEP 03 点击界面顶部的音乐名称,在弹出的推荐音乐列表中可以选择其他推荐的音乐,如图3-136所示。选择不同的音乐,都会自动根据音乐对素材进行卡点处理。

STEP 04 点击界面右侧的"剪刀"图标,可以进入短视剪辑界面,在该界面中可以看到音乐的卡点位置,并可以手动对每段素材的时长进行调整,如图3-137所示。点击界面右侧的"文字"图标,输入标题文字,选择合适的字体并调整文字大小,如图3-138所示。

图3-136 选择合适的音乐 　　图3-137 剪辑界面 　　图3-138 输入文字并调整大小

STEP 05 点击右上角的"完成"文字，完成文字的输入，将文字拖动调整至视频底部中间位置，如图3-139所示。在文字上点击，在弹出的菜单中选择"设置时长"选项，如图3-140所示。进入文字时长设置界面，拖动白色边框左右两侧，设置文字持续时间，如图3-141所示。点击界面右下角的"对号"图标，返回视频效果设置界面。

图3-139 调整文字位置 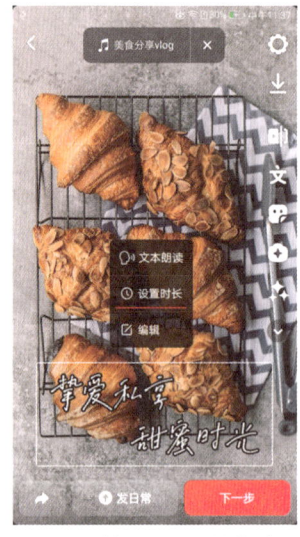　　图3-140 选择"设置时长"选项 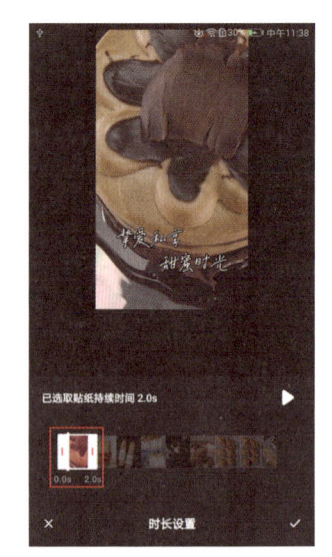　　图3-141 调整文字持续时间

STEP 06 点击界面右侧的"特效"图标，进入特效设置界面，切换到"转场"选项卡中，选择"变清晰"特效，在短视频开始位置应用该特效，如图3-142所示。拖动白色竖线至第1段素材与第2段素材衔接的位置，选择"弹性缩放"特效，为素材过渡部分应用该特效，如图3-143所示。

STEP 07 使用相同的制作方法，可以在每个素材过渡之间应用"弹性缩放"特效，如图3-144所示。

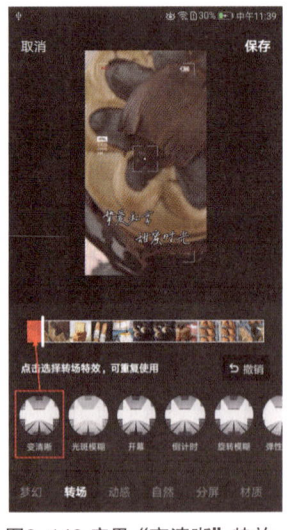

图3-142 应用"变清晰"特效 　　图3-143 应用"弹性缩放"特效 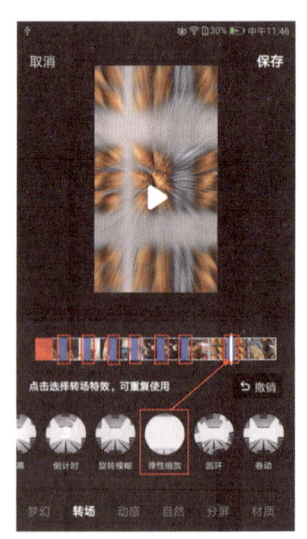　　图3-144 在其他位置应用特效

STEP 08 切换到"自然"选项卡中，拖动白色竖线至需要添加特效的位置，如图3-145所示。

按住"星星"特效选项不放,为白色竖线位置至结束全部应用"星星"特效,如图 3-146 所示。点击界面右上角的"保存"文字,保存特效设置并返回短视频效果编辑界面,可以查看应用特效的效果,如图 3-147 所示。

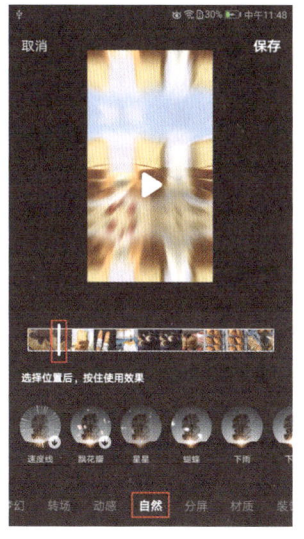

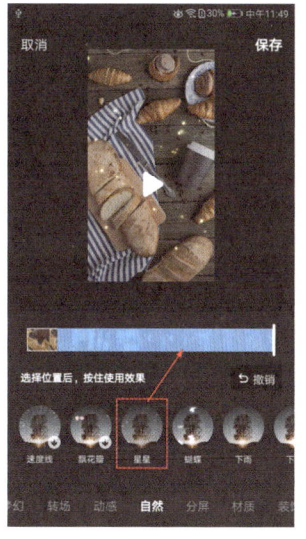

图3-145 移动白色竖线位置　　图3-146 应用"星星"特效　　图3-147 查看特效的效果

STEP 09 点击界面右侧的"滤镜"图标,进入滤镜设置界面,切换到"美食"选项卡中,选择"料理"滤镜,为短视频应用该滤镜,如图 3-148 所示。点击界面右侧的"画质增强"图标,增强短视频的画质显示效果,如图 3-149 所示。

STEP 10 完成短视频效果设置后,点击界面右下角的"下一步"按钮,切换到"发布"界面,如图 3-150 所示。

图3-148 应用"料理"滤镜　　图3-149 应用"画质增强"效果　　图3-150 "发布"界面

STEP 11 点击"选封面"文字,进入短视频封面设置界面,在视频条上拖动红色方框,选择某一帧视频画面作为短视频封面,如图 3-151 所示。点击界面右上角的"下一步"按钮,进入封面模板选择界面,选择一种封面模板,如图 3-152 所示。点击封面中默认的文字,

可以对文字内容进行修改，如图 3-153 所示。

图3-151 选择封面画面 　　　图3-152 选择封面模板 　　　图3-153 修改封面文字

STEP 12 完成封面文字的修改后，还可以对封面文字的样式进行设置，如图 3-154 所示。点击"对号"图标，完成封面文字的修改和样式设置，效果如图 3-155 所示。点击界面右上角的"保存封面"按钮，完成短视频封面设置，返回"发布"界面，还可以在该界面中设置短视频的话题、位置等信息，如图 3-156 所示。

图3-154 设置封面文字样式 　　　图3-155 完成封面设置 　　　图3-156 设置"发布"界面中的其他选项

STEP 13 点击"发布"按钮，将制作好的短视频发布到"抖音"短视频平台中，自动播放所发布的短视频，如图3-157所示。

图3-157 成功发布短视频

3.5 本章小结

　　本章向读者详细介绍了使用"抖音"App 拍摄、编辑和发布短视频的完整流程和操作方法。完成本章内容的学习后,读者需要掌握使用"抖音"拍摄与处理短视频的方法,与"抖音"类似的短视频平台的短视频拍摄与后期处理功能基本类似,读者可以举一反三,掌握其他短视频平台的使用方法。

第 4 章　使用"剪映"制作短视频

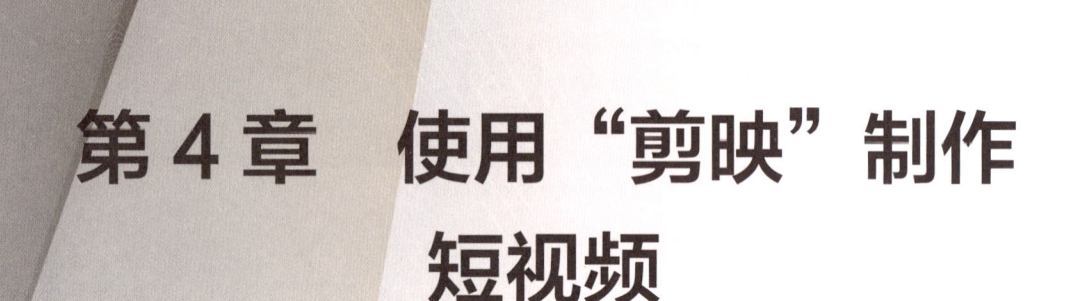

对拍摄的电商视频片段进行剪辑处理是短视频后期创作过程中非常重要的一个环节，在短视频剪辑处理过程中可以进行视频片段的剪接，为短视频添加音乐、字幕和特效等，从而使短视频表现出完整的艺术性和观赏性。

短视频剪辑软件众多，本章将向读者介绍手机中常用的短视频剪辑软件——"剪映"App，它是"抖音"官方的全免费短视频剪辑处理应用，为用户提供了强大且方便的短视频后期剪辑处理功能，并且能够直接将剪辑处理后的短视频分享到"抖音"和"西瓜"短视频平台。

4.1 认识"剪映"App

"剪映"是"抖音"短视频推出的官方短视频剪辑 App，可用于手机短视频的剪辑制作和发布，带有全面的短视频剪辑功能，支持变速、多样滤镜效果，以及丰富的曲库资源。"剪映"App 目前发布的系统平台有 iOS 版和 Android 版。图 4–1 所示为"剪映"App 图标。

4.1.1 "剪映"App 工作界面

从手机应用市场中搜索并下载安装"剪映"App。打开"剪映"App，进入默认的初始工作界面，由 3 部分构成，分别是"创作区域"、"草稿区域"和"功能操作区域"，如图 4–2 所示。

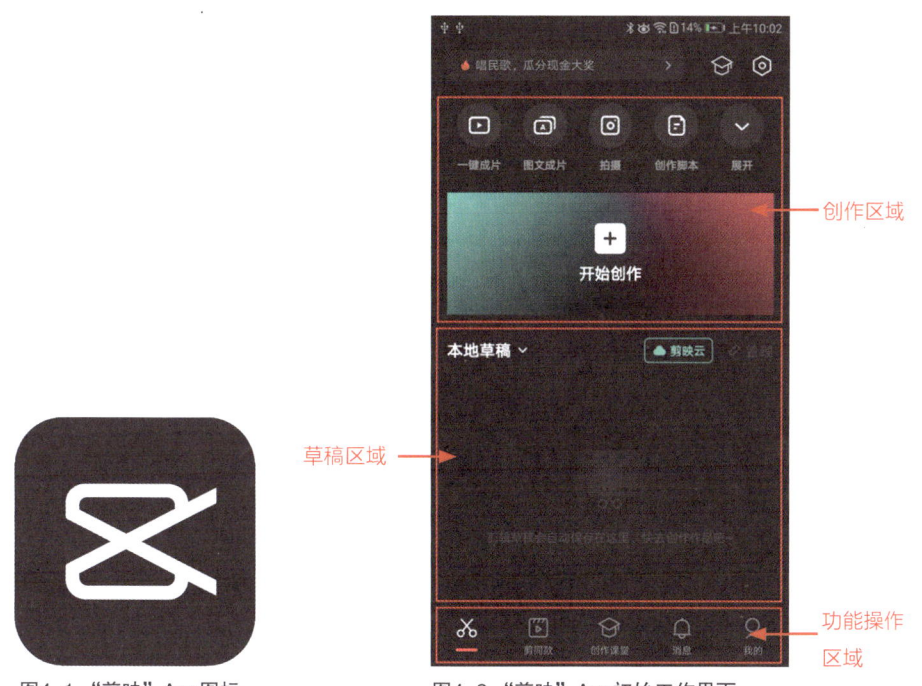

图4-1 "剪映"App图标

图4-2 "剪映"App初始工作界面

> **小贴士**："剪映"除了可以在移动端使用，在 2021 年 2 月，还推出了可以在 PC 端使用的"剪映"专业版。目前，"剪映"支持在手机移动端、Pad 端、Mac 计算机、Windows 计算机全终端使用。

1. 创作区域

在创作区域中点击"展开"按钮，可以在该区域中显示默认被隐藏的相关创作功能按钮，如图 4–3 所示。

- 开始创作：点击"开始创作"按钮，切换到素材选择界面，可以选择手机中需要编辑的视频或照片素材，如图4-4所示，或者选择"剪映"自带的"素材库"中的素材，如图4-5所示。完成素材的选择后，单击"添加"按钮，即可进入视频编辑界面，进行短视频的创作。

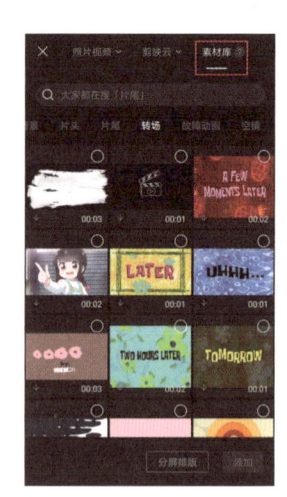

图4-3 显示隐藏的创作功能按钮　　图4-4 素材选择界面　　图4-5 素材库界面

- **一键成片**：点击"一键成片"按钮，同样切换到素材选择界面中，可以选择手机中相应的视频或照片素材，如图4-6所示。点击"下一步"按钮，"剪映"会自动对所选择的素材进行分析，从而向用户推荐相应的模板，如图4-7所示。用户只需要选择一个模板，即可快速导出短视频。

- **图文成片**：该功能是"剪映"新推出的功能，只需要输入文章标题和正文内容，或者点击"粘贴链接"文字，将"今日头条"中的文章链接地址进行粘贴，如图4-8所示。"剪映"App会自动对文字内容进行分析，为文字内容匹配相应的图片、字幕、配音和背景音乐，从而快速生成短视频。

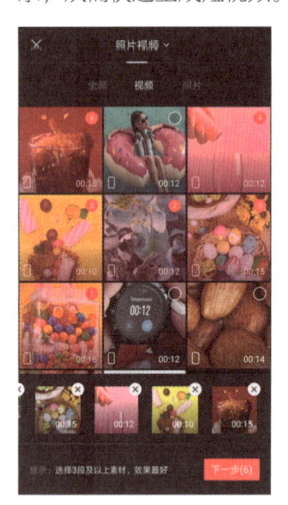

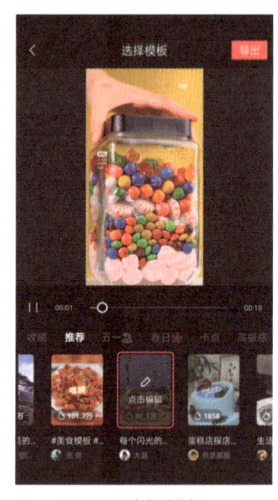

图4-6 选择素材　　图4-7 选择模板　　图4-8 "图文成片"界面

- **拍摄**：点击"拍摄"按钮，进入"剪映"App的拍摄界面，可以拍摄视频或者照片，并且在拍摄中有多种风格、滤镜、美颜效果供用户选择，如图4-9所示。在该界面中点击"模板"选项，进入模板选择界面，提供了多种不同类型的模板，如图4-10所示。选择喜欢的模板，点击"拍同款"按钮，进入模板拍摄界面。在该界面中会提示用户该模板需要多少段素材，并且每段素材的时长是多少，如图4-11所示。根据提示进行拍摄，可以快速制作出模板的同款短视频。

图4-9 拍摄界面　　　图4-10 模板选择界面　　　图4-11 模板拍摄界面

- **创作脚本**：该功能是"剪映"新推出的功能，点击该按钮，即可进入"创作脚本"界面，如图4-12所示。在该界面中为用户提供了多种不同类型短视频的不同内容脚本的拍摄方法，方便新手快速掌握不同内容短视频的拍摄方法。
- **录屏**：该功能是"剪映"新推出的功能，点击该按钮，即可进入"录屏"界面，如图4-13所示，可以设置录屏参数，并对手机屏幕进行录屏操作。
- **提词器**：该功能是"剪映"新推出的功能，点击该按钮，即可进入"编辑内容"界面，如图4-14所示，可以输入在接下的拍摄过程中所需要的台词内容。完成台词内容的输入后，点击"去拍摄"按钮，进入拍摄界面，此时在拍摄过程中屏幕上会始终显示所添加的台词，方便在短视频拍摄过程中进行讲解，如图4-15所示。

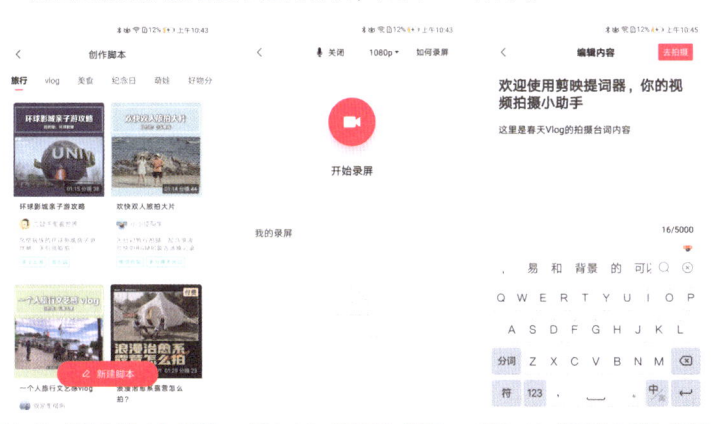

图4-12 "创作脚本"界面　　图4-13 "录屏"界面　　图4-14 "编辑内容"界面　　图4-15 拍摄界面显示台词

- **美颜**：点击"美颜"图标，切换到素材选择界面中，可以选择手机中人物的视频或照片素材，如图4-16所示。点击"添加"按钮，"剪映"会自动对所添加的人物素材的脸部进行识别，并显示相应的美颜设置选项，如图4-17所示，可以通过这些内置的美颜设置选项，对所添加的人物素材进行美颜处理。
- **超清画质**：点击"超清画质"图标，切换到素材选择界面中，可以选择手机中的视频或照片素材，如图4-18所示。点击选择需要处理的素材，"剪映"会自动对所选择的素材进行画质的处理，并显示处理后的超清画质效果，如图4-19所示。完成素材的处理后，可以将素材导入剪辑或导出为新的素材。

图4-16 选择人物素材　　图4-17 显示美颜设置选项　　图4-18 选择素材　　图4-19 素材超清画质效果

- **教程**：点击"创作区域"右上角的"教程"图标，切换到"剪映教程"界面。在该界面中为用户提供了"剪映"App中各种功能的视频教程和常见问题解答，帮助用户更快掌握"剪映"App的使用方法，如图4-20所示。
- **设置**：点击"创作区域"右上角的"设置"图标，切换到"设置"界面。在该界面中为用户提供了软件权限等相关的设置选项，以及其他一些软件说明，如图4-21所示。

图4-20 "剪映教程"界面　　图4-21 "设置"界面

2. 草稿区域

"剪映"初始工作界面的中间部分为"草稿区域"，该部分包含"剪辑"、"模板"、"图文"和"脚本"4个选项卡，另外还提供了"剪映云"功能，如图4-22所示。"剪映"App中所有未完成的视频剪辑都会显示在"剪辑"选项区中。需要注意的是，已经剪辑完成的视频在保存到本地时，同时也保存到了"草稿区域"的"剪辑"选项卡中。

点击"草稿区域"右上角的"剪映云"图标，可以进入用户的"剪映云"界面，显示云空间中存储的素材，并且可以对剪映云空间中的素材进行管理操作，如图4-23所示。

点击"草稿区域"右上角的"管理"图标，可以选择一个或多个视频剪辑草稿，点击底部的"删除"图标，即可将选中的视频剪辑草稿删除，如图4-24所示。

点击某一条视频剪辑草稿右侧的"更多"图标，在界面底部的弹出菜单中为用户提供了"上传"、"重命名"、"复制草稿"、"剪映快传"和"删除"选项，如图4-25所示，选择相应的选项，即可对当前所选择的视频剪辑草稿进行相应的操作。

图4-22 草稿区域　　图4-23 剪映云界面　　图4-24 删除剪辑草稿　　图4-25 剪辑草稿编辑选项

> **小贴士**：如果发现发布后的视频有问题，还需要进行修改，这时就可以找到视频剪辑草稿，对其进行修改，所以尽量保留视频剪辑草稿或者将其上传到"剪映云"后，再进行删除操作。

3. 功能操作区域

"剪映"初始工作界面的最底部为"功能操作区域"，该部分包含了"剪映"App的主要功能分类。

- 剪辑：该界面是"剪映"App的初始工作界面。
- 剪同款：该界面中为用户提供了多种不同风格的短视频模板，如图4-26所示，方便新用户快速上手，制作出精美的同款短视频。
- 创作课堂：该界面中为用户提供了有关短视频创作的相关在线教程，如图4-27所示，供用户进行学习。
- 消息：该界面中显示了用户收到的各种消息，包括官方的系统消息、发表的短视频评论、粉丝留言、点赞等，如图4-28所示。
- 我的：该界面是个人信息界面，显示了用户个人信息及喜欢的短视频模板等内容，如图4-29所示。

图4-26 "剪同款"界面　　图4-27 "创作课堂"界面　　图4-28 "消息"界面　　图4-29 "我的"界面

4.1.2 视频剪辑界面

在"剪映"App 初始界面的"创作区域"中点击"开始创作"按钮,在打开的界面中将显示当前手机中的视频和照片,选择需要剪辑的视频,如图 4-30 所示。点击"添加"按钮,即可进入视频剪辑界面中,该界面主要分为"预览区域"、"时间轴区域"和"工具栏区域"3 部分,如图 4-31 所示。

图4-30 选择需要剪辑的视频　　图4-31 进入视频剪辑界面

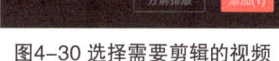

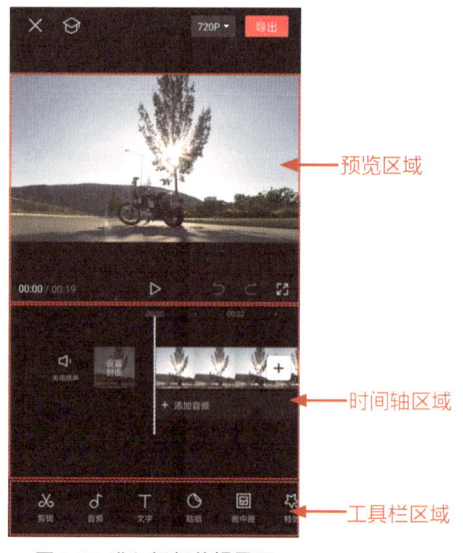

在"预览区域"的底部为用户提供了相应的视频播放图标,如图 4-32 所示。点击"播放"图标,可以在当前界面中预览视频;如果在该界面中对视频的编辑操作出现失误,可以点击"撤销"图标;如果希望恢复上一步所做的视频编辑操作,可以点击"恢复"图标;点击"全屏"图标,可以切换到全屏模式预览当前视频。

"时间轴区域"如图 4-33 所示,上方显示的是视频的时间刻度;白色竖线为时间指示器,指示当前的视频位置,可以在时间轴上任意滑动视频;点击时间轴左侧的"喇叭"图标,可以开启或关闭视频中的原声。

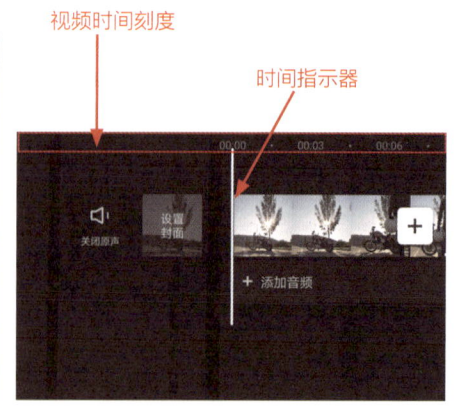

图4-32 预览区域　　图4-33 时间轴区域

在"时间轴区域"进行两指捏合操作,可以缩小轨道时间轴大小,如图 4-34 所示,适合视频的粗放剪辑；在"时间轴区域"进行两指分开操作，可以放大轨道时间轴大小，如图4-35所示，适合视频的精细剪辑。

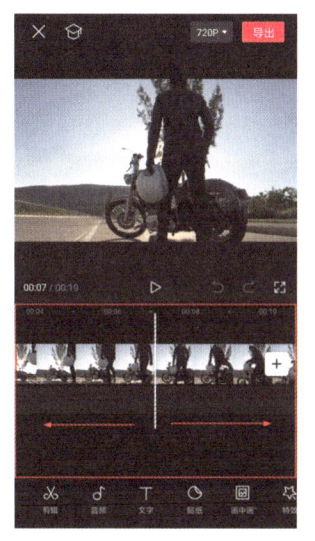

图4-34 缩小轨道时间轴大小　　图4-35 放大轨道时间轴大小

如果还希望添加其他素材，可以点击时间轴右侧的"加号"图标，在打开的界面中选择需要添加的视频或图片素材即可。

> **小贴士**：在视频轨道的下方可以添加音频轨道、文本轨道、贴纸轨道和特效轨道，音频轨道、文本轨道和贴纸轨道可能有多条，而特效轨道只能有一条。

在视频剪辑界面底部的"工具栏区域"中点击相应的图标，即可显示该工具的二级工具栏，如图4-36所示。利用二级工具栏中的工具，可以在视频中添加相应的内容。

完成视频的剪辑处理后，在界面右上角点击"分辨率"选项，可以在打开的界面中设置所需要发布视频的"分辨率"、"帧率"和"码率"，如图4-37所示。

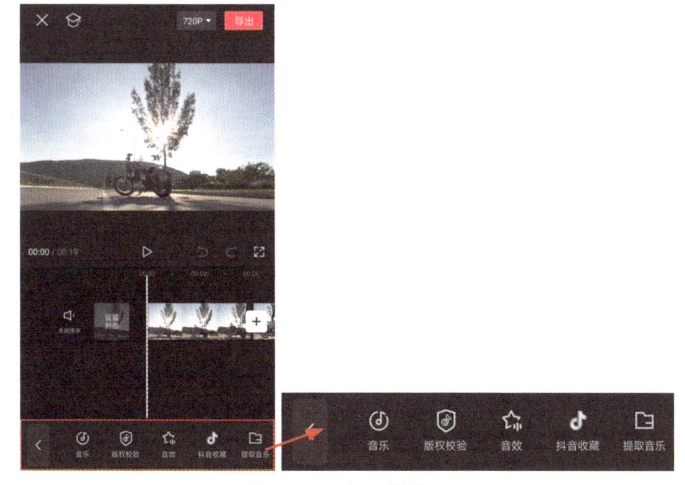

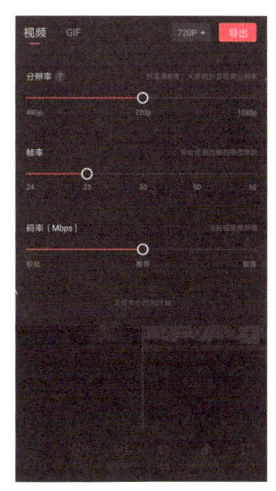

图4-36 二级工具栏　　图4-37 导出设置选项

"剪映"App为用户提供了3种视频分辨率，480p的视频分辨为640px×480px，720p的视频分辨率为1280px×720px，1080p的视频分辨率为1920px×1080px，当前国内视频平台支持的主流分辨率为1080p，所以尽量将视频设置为1080p。

"帧率"选项用于设置视频的帧频率，即每秒播放多少帧画面。"帧率"选项为用户提供了5种帧频率，通常选择默认的30即可，表示每秒播放30帧画面。

"码率"选项用于设置数据传输时单位时间内传送的数据位数，"码率"越高，视频画面越清晰，"码率"越低，导出的视频文件越小。

4.2 素材剪辑基础

在开始使用"剪辑"App对短视频进行编辑制作之前，首先需要掌握"剪辑"App中各种短视频剪辑的操作方法，这样才能起到事半功倍的效果。

4.2.1 导入素材

在进行短视频制作之前，首先需要导入相应的素材。打开"剪映"App，点击"开始创作"图标，在选择素材界面中为用户提供了3种导入素材的方法，分别是"照片视频"、"剪映云"和"素材库"。

- 照片视频：在该界面中可以选择手机中存储的视频或照片素材，如图4-38所示。
- 剪映云：在该界面中可以从用户自己的剪映云空间中选择相应的素材，如图4-39所示。
"剪映"App为每个用户提供了512MB的免费云空间，用户可以将常用的素材上传至剪映云空间中，便于导入时使用。
- 素材库："剪映"App为用户提供了丰富的短视频素材库，许多在短视频中经常看到的片段都可以从素材库中找到，丰富用户的短视频创作，如图4-40所示。

图4-38 "照片视频"界面　　图4-39 "剪映云"界面　　图4-40 "素材库"界面

在选择素材界面中点击"素材库"选项，切换到"素材库"界面。该界面中内置了丰富的素材，主要有"背景"、"片头"、"片尾"、"转场"、"故障动画"、"空镜"、"情绪爆梗"、"氛围"和"绿幕"多种类型的素材，如图4-41所示。

图4-41 "素材库"界面中的素材

小贴士： 在"素材库"界面中为用户提供的都是视频片段，所以并不支持修改素材中的文字内容。

"素材库"界面中提供的许多视频素材都是人们在短视频中经常能够看到的画面，如图4-42所示。

图4-42 短视频中常见的素材片段

1. 导入素材库中的素材

在"素材库"界面中点击需要使用的素材，可以将该素材下载到用户的手机中存储下来，下载完成后可以将其选中,点击界面底部的"添加"按钮,如图4-43所示。切换到视频剪辑界面,将所选择的视频素材添加到时间轴中,如图4-44所示,即可完成素材库中素材的导入操作。

2. 将素材库中的素材作为画中画使用

在初始界面中点击"开始创作"图标,在选择素材界面中选择手机中的素材,点击"添加"按钮,如图4-45所示。切换到视频剪辑界面,并将所选择的素材添加到时间轴中,如图4-46所示。

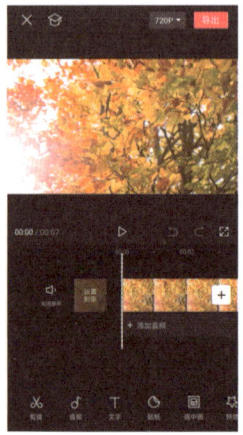

图4-43 选择需要的素材　　图4-44 导入素材　　图4-45 选择本机素材　　图4-46 将素材添加到时间轴

点击底部工具栏中的"画中画"图标,点击"新增画中画"图标,显示选择素材界面,切换到"素材库"选项卡,选择需要使用的素材,点击"添加"按钮,如图4-47所示。返回到视频剪辑界面中,在预览区域调整素材大小并将其移至合适的位置,如图4-48所示。

点击底部工具栏中的"混合模式"图标,在底部显示相应的混合模式选项,如图4-49所示。点击选择"滤色"选项,为素材应用"滤色"混合模式,在预览区域中可以看到素材的黑色背景被去除,如图4-50所示。

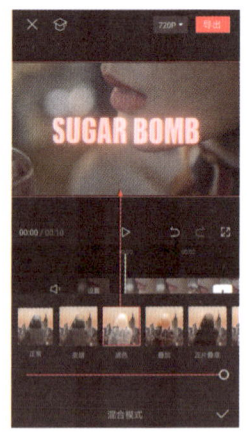

图4-47 选择需要的素材　　图4-48 调整素材大小　　图4-49 混合模式选项　　图4-50 设置"滤色"模式效果

3. 导入素材并分屏排版

在初始界面中点击"开始创作"图标,在选择素材界面中选择3个素材文件,如图4-51所示。点击"分屏排版"按钮,切换到视频排版界面,为所选择的多个素材文件提供了 6 种不同的排版布局方式，点击不同的布局方式，即可预览相应的排版布局效果，如图 4-52 所示。

图4-51 选择3个素材文件　　　图4-52 选择不同布局方式的效果

小贴士：要使用"剪映"App 中的"分屏排版"功能，必须在素材选择界面中选择两个或两个以上的素材，选择不同数量的素材，会提供不同的 6 种排版布局方式供用户选择。

在视频排版界面底部点击"比例"选项，有多种视频显示比例供用户选择，点击选择不同的视频比例，即可将分屏排版视频设置为该比例的显示效果，如图 4-53 所示。完成排版布局和显示比例的设置后，点击界面右上角的"导入"按钮，切换到视频剪辑界面，并将分屏排版后的素材添加到时间轴中，如图 4-54 所示。

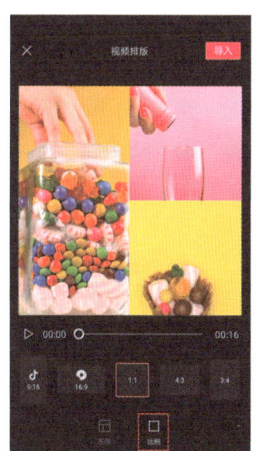

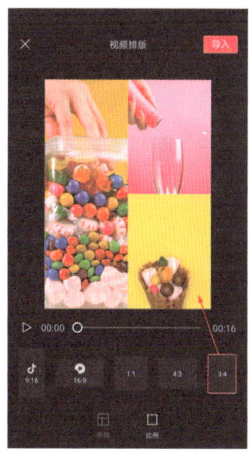

图4-53 选择不同显示比例的效果　　　图4-54 将分屏排版素材添加到时间轴

4.2.2　视频显示比例与背景设置

在手机短视频开始流行之前，人们通常都是通过计算机来观看视频的，计算机屏幕上的视频分辨率通常是 16：9，如图 4-55 所示。而随着手机短视频的流行，特别是"抖音""快手"等短视频平台的迅速崛起，手机平台上的视频分辨率通常都是 9：16，如图 4-56 所示。

图4-55 16:9的视频分辨率 　　　　　　图4-56 9:16的视频分辨率

打开"剪映"App，点击"开始创作"图标，在选择素材界面中选择手机中的视频素材，如图4-57所示。点击"添加"按钮，进入视频编辑界面，如图4-58所示。

所选择的素材中第1张素材的比例为16:9，所以所创建的视频剪辑比例为16:9。

图4-57 选择素材　　　　　图4-58 进入视频编辑界面

在界面底部点击"比例"图标，显示"比例"二级工具栏，这里为用户提供了10种视频比例，如图4-59所示。点击相应的比例选项，即可将当前视频素材的比例修改为所选择的视频比例。

图4-59 10种视频比例

第 4 章 使用"剪映"制作短视频

小贴士： 原始视频比例由第一个素材的比例决定，例如所选择的第 1 张素材的比例为 16:9，则所创建的视频的比例就是 16:9。

点击 9:16 比例选项，将当前横版视频转换为竖版效果，背景部分默认填充黑色，如图 4-60 所示。点击界面右下角的"对号"图标，返回到主工具栏中，点击"背景"图标，显示"背景"的二级工具栏，这里为用户提供了 3 种背景方式，如图 4-61 所示。

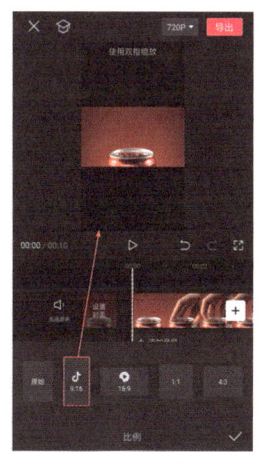

图4-60 背景部分默认填充黑色　　图4-61 3种背景方式

- 画布颜色：点击"画布颜色"选项，在界面底部显示颜色选择器，可以选择一种纯色作为视频的背景，如图4-62所示。
- 画布样式：点击"画布样式"选项，在画布样式中为用户提供了多种不同效果的背景图片，可以选择一张背景图片作为视频的背景，如图4-63所示。也可以点击"添加图片"图标，在本机中选择自己喜欢的图片作为背景。
- 画布模糊：点击"画布模糊"选项，在底部将显示4种模糊程度供用户选择，点击其中一种模糊程度选项，即可使用该模糊程度对素材进行模糊处理并作为视频的背景，如图4-64所示。

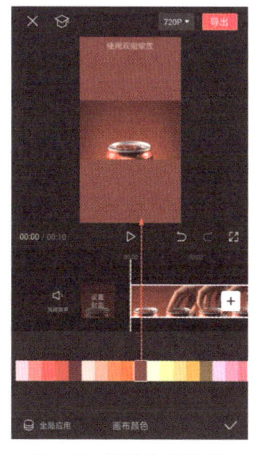

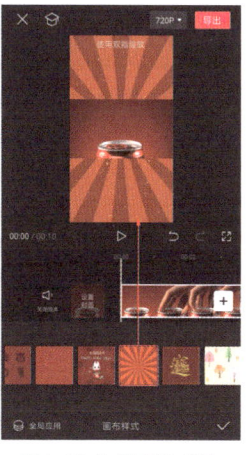

图4-62 使用纯色背景　　图4-63 使用图片背景　　图4-64 使用模糊背景

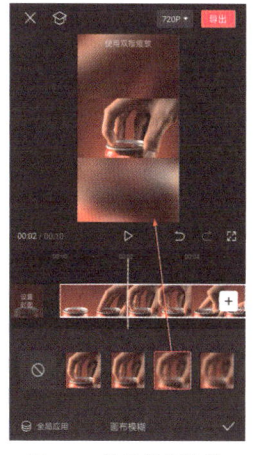

选择一种背景样式后，点击界面右下角的"对号"图标，即可为当前素材应用所选择的背景效果。点击"全部应用"选项，则可以将所选择的背景效果应用到该视频项目中的所有素材片段背景中。

4.2.3 粗剪与精剪

完成视频的拍摄后，就可以对视频进行剪辑操作。剪辑视频通常有两种方法，一种是粗剪，即对视频进行大致的剪辑处理；另一种是精剪，通常是对视频进行逐帧的细致剪辑处理。通常粗剪与精剪相结合，即可完成视频的剪辑处理。

1. 粗剪

对视频素材进行粗剪只需要使用4个基础操作，分别是"拖动"、"分割"、"删除"和"排序"。

打开"剪映"App，点击"开始创作"图标，在选择素材界面中选择需要进行剪辑的视频素材，点击"添加"按钮，如图4-65所示。

（1）"拖动"操作

进入视频剪辑界面，在时间轴中选中需要剪辑的素材，或点击底部工具栏中的"剪辑"图标，当前素材会显示白色的边框，如图4-66所示。拖动素材白色边框的左侧或右侧，即可对该视频素材进行删除或恢复操作，如图4-67所示。

图4-65 选择视频素材 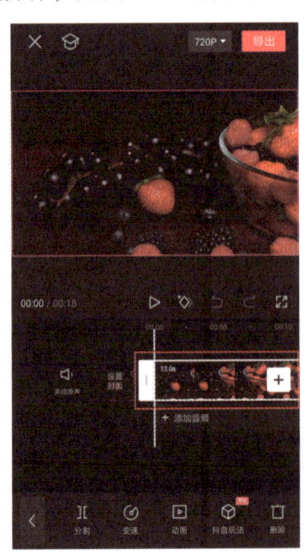　　图4-66 素材显示白色边框 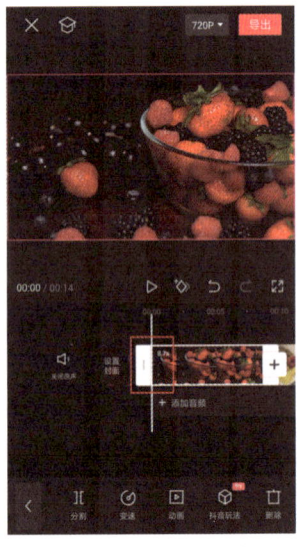　　图4-67 对视频进行删除操作

（2）"分割"操作

如果不想要视频素材的中间某一部分，可以将时间指示器移至视频相应的位置，点击底部工具栏中的"剪辑"图标，显示"剪辑"二级工具栏，点击"分割"图标，即可在时间指示器位置将视频片段分割为两段视频，如图4-68所示。

（3）"删除"操作

在时间轴中选择不需要的视频片段，点击底部工具栏中的"剪辑"图标，显示"剪辑"二级工具栏，点击"删除"图标，即可将所选择的视频片段删除，如图4-69所示。

图4-68 视频分割操作　　　　　　图4-69 删除不需要的视频片段

（4）"排序"操作

在时间轴中选中并长按素材不放，时间轴中的所有素材会变成如图4-70所示的小方块，可以通过拖动方块的方式调整视频片段的顺序，如图4-71所示。通过对时间轴中的素材进行排序操作，将素材按照脚本顺序进行排列，这样就基本完成了视频的粗剪工作。

图4-70 长按素材不放　　　　　　图4-71 调整视频片段顺序

2. 精剪

在视频剪辑界面的时间轴区域，通过两指分开操作，可以放大轨道时间轴大小，如图4-72所示，此时可以对时间轴中的素材进行精细剪辑。

"剪映"App支持的最高剪辑精度为4帧画面，4帧画面的精度已经能够满足大多数的视频剪辑需求，低于4帧画面的视频片段是无法进行分割操作的，如图4-73所示。等于或高于4帧画面的视频片段才可以进行分割操作。

图4-72 放大轨道时间轴大小　　图4-73 低于4帧的画面无法进行分割

低于4帧的画面无法进行分割

> **小贴士：**需要注意的是，在时间轴中选择视频素材，通过拖动该视频素材首尾的白色边框剪辑视频的操作方法，可以实现逐帧剪辑。

4.2.4 添加音频

本节将向大家介绍如何在短视频中添加音频素材，以及音频素材的编辑与处理方法。

1. 使用音乐库中的音乐

将素材添加到时间轴后，点击底部工具栏中的"音频"图标，显示"音频"二级工具栏，如图 4-74 所示。点击"音乐"图标，显示"添加音乐"界面，为用户提供了丰富的音乐类型分类，如图 4-75 所示。

在"添加音乐"界面的下方还为用户推荐了一些音乐，用户只需要点击相应的音乐名称，即可试听该音乐效果，如图 4-76 所示。

图4-74 "音频"二级工具栏　　图4-75 "添加音乐"界面　　图4-76 点击音乐名称试听

对于喜欢的音乐，用户只需要点击该音乐右侧的"收藏"图标，即可将该音乐加入"收藏"选项卡中，如图4-77所示，便于下次能够快速找到该音乐。

"抖音收藏"选项卡中显示的是同步用户"抖音"音乐库中所收藏的音乐，如图4-78所示。

在"导入音乐"选项卡中包含3种导入音乐的方式，点击"链接下载"图标，在文本框中可以粘贴"抖音"或其他平台分享的音频/音乐链接，如图4-79所示。

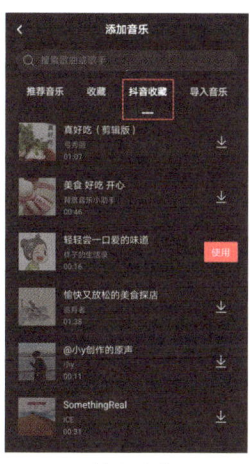

图4-77 "收藏"选项卡　　　图4-78 "抖音收藏"选项卡　　　图4-79 "链接下载"方式

小贴士：使用外部音乐时需要注意音乐的版权保护，随着人们版权意识的不断增强，在使用外部音乐时尽量使用一些无版权的音乐。

点击"提取音乐"图标，点击"去提取视频中的音乐"按钮，如图4-80所示，可以在打开的界面中选择本地存储的视频，点击界面底部的"仅导入视频的声音"按钮，如图4-81所示，即可将选中的视频中的音乐提取出来。

点击"本地音乐"图标，在界面中会显示当前手机存储的本地音乐文件列表，如图4-82所示。

图4-80 "提取音乐"方式　　　图4-81 选择需要提取音乐的视频　　　图4-82 "本地音乐"列表

2. 添加内置音效

为短视频选择合适的音效能够有效提升视频的效果。在视频剪辑界面中点击底部工具栏中的"音效"图标，在界面底部弹出音效选择列表。"剪映"App中内置了各种音效，如图4-83所示。添加音效的方法与添加音乐的方法基本相同，点击需要使用的音效名称，会自动下载并播放该音效。点击音效右侧的"使用"按钮，如图4-84所示，即可使用所下载的音效，音效会自动添加到当前所编辑的视频素材的下方，如图4-85所示。

图4-83 内置音效 　　图4-84 下载并使用音效 　　图4-85 将音效添加到时间轴

> **小贴士**：在视频剪辑界面底部的工具栏中还包含"提取音乐"和"抖音收藏"图标，这两种获取音乐的方式与之前介绍的"添加音乐"界面中的"抖音收藏"选项卡，以及"导入音乐"选项卡中的"提取音乐"选项的方式完全相同。

3. 录音

点击界面底部工具栏中的"录音"图标，在界面底部显示"录音"图标，如图4-86所示。按住红色的"录音"图标不放，即可进行录音操作，如图4-87所示，松开手指完成录音操作。点击右下角的"对号"图标，录音会直接添加到所编辑视频素材的下方，如图4-88所示。

图4-86 显示"录音"图标 　　图4-87 进行录音操作 　　图4-88 将录音添加到时间轴

4.2.5 音频素材剪辑与设置

在视频剪辑界面中为视频素材添加音频后，同样可以对所添加的音频进行剪辑操作。

在时间轴中选择需要剪辑的音频，在界面底部工具栏中会显示针对音频编辑的工具图标，如图 4-89 所示。

- 音量：点击底部工具栏中的"音量"图标，在界面底部显示音量设置选项，默认音量为 100%，最高支持10倍音量，如图4-90所示。
- 淡化：点击底部工具栏中的"淡化"图标，在界面底部显示音频淡化设置选项，包括"淡入时长"和"淡出时长"两个选项，如图4-91所示。淡化是音频编辑中常用的一个功能，通常为音频设置淡入和淡出效果，使音频的开始和结束不会显得很突兀。

图4-89 音频编辑工具　　　　图4-90 音量设置选项　　　　图4-91 音频淡化设置选项

小贴士：如果是在一段音乐中截取一部分作为视频的音频素材，截取部分的开始很突然，结尾戛然而止，这样的音频素材就可以通过"淡化"选项的设置，使音频实现淡入淡出的效果。

- 分割：点击底部工具栏中的"分割"图标，可以在当前位置将所选择的音频分割为两部分，如图4-92所示。
- 变声：点击底部工具栏中的"变声"图标，在界面底部显示内置的变声选项，可以将当前所选择的音频素材中的声音变化为特殊的声音效果，如图4-93所示。
- 踩点：点击底部工具栏中的"踩点"图标，在界面底部显示踩点的相关设置选项，如图4-94所示，点击"添加点"按钮，可以在相应的音乐位置添加点，也可以开启"自动踩点"功能，对音频素材进行自动踩点。

图4-92 分割音频素材　　图4-93 变声选项　　图4-94 踩点设置选项

- 删除：点击工具栏中的"删除"图标，可以将选中的音频素材删除。
- 变速：点击底部工具栏中的"变速"图标，在界面底部显示音频变速选项，如图4-95所示，可以加快或放慢音频的速度。
- 降噪：点击工具栏中的"降噪"图标，在界面底部显示"降噪开关"选项，如图4-96所示，开启该功能，可以自动对所选择的音频进行降噪处理。
- 复制：点击底部工具栏中的"复制"图标，可以对当前选中的音频素材进行复制操作。

图4-95 音频变速选项　　图4-96 "降噪开关"选项

4.2.6 制作电子相册

本节将在"剪映"App中完成一个视频电子相册的制作，主要是将日常生活中所拍摄的照片制作成短视频，并且搭配自己喜欢的背景音乐，从而使静态的照片转换为动态的短视频，让视觉表现效果更加突出。

第 4 章 使用"剪映"制作短视频

> **实战** 制作电子相册
> 最终效果：资源\第 4 章\4-2-6.mp4　　视频：视频\第 4 章\制作电子相册.mp4

STEP 01 在"剪映"App 初始界面中点击"开始创作"图标，在选择素材界面中选择一段视频素材，如图 4-97 所示。切换到"照片"选项中，再按顺序选择多张需要使用的照片，如图 4-98 所示，点击"添加"按钮，进入视频剪辑界面，如图 4-99 所示。

图 4-97 选择视频素材 　　图 4-98 选择多张照片素材 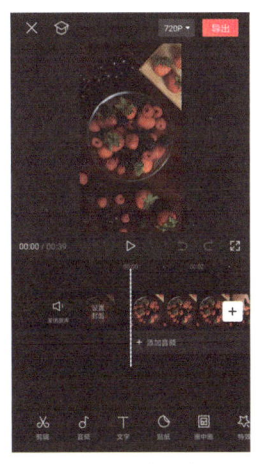　　图 4-99 进入视频剪辑界面

> **小贴士：** 当同时选择多个素材添加到视频剪辑界面中时，则选择素材的顺序就是素材在时间轴中的排列顺序。当然，添加到时间轴中的素材顺序是可以进行调整的，在时间轴中按住需要调整顺序的素材不放，当时间轴中的素材都变为小方块时，拖动即可调整素材在时间轴中的排列顺序。

STEP 02 点击选择视频轨道中的第一段视频素材，点击底部工具栏中的"调节"图标，如图 4-100 所示。在界面底部显示相关的调节选项，选择"亮度"选项，将素材适当调亮一些，如图 4-101 所示。选择"锐化"选项，对视频画面进行适当的锐化处理，如图 4-102 所示。点击"对号"图标，应用视频素材的调节操作。

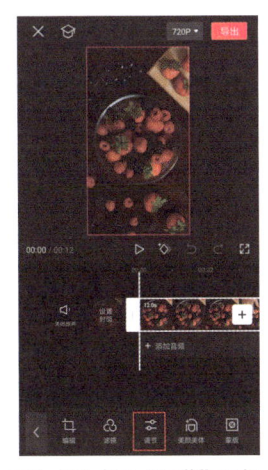

图 4-100 点击"调节"图标 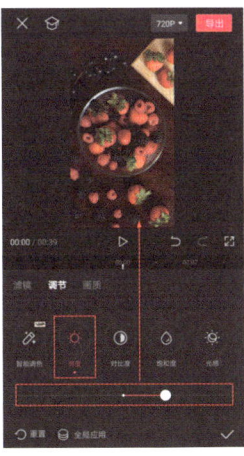　　图 4-101 调整素材亮度 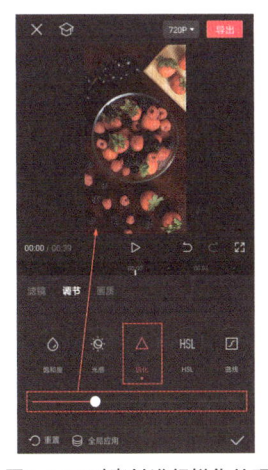　　图 4-102 对素材进行锐化处理

STEP 03 返回主工具栏，点击"音频"图标，显示"音频"二级工具栏，点击"音乐"图标，显示"添加音乐"界面，如图4-103所示。点击"美食"分类选项，进入该分类音乐列表，如图4-104所示。在音乐列表中点击音乐名称即可试听音乐，通过试听的方式找到合适的卡点音乐，点击"使用"按钮，如图4-105所示。

图4-103 "添加音乐"界面　　图4-104 显示音乐列表　　图4-105 选择合适的音乐

STEP 04 返回视频剪辑界面，将所选择的音乐添加到时间轴中，如图4-106所示。点击选择时间轴中的音乐，点击底部工具栏中的"踩点"图标，如图4-107所示。在界面下方显示"踩点"选项，可以通过点击"添加点"按钮，为音乐手动添加踩点标记，如图4-108所示。

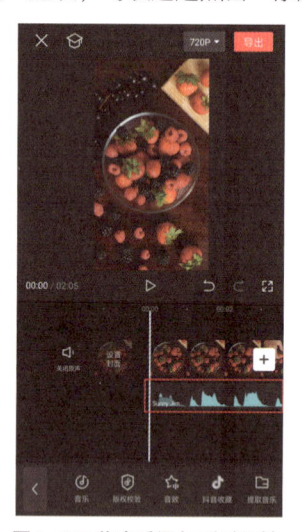

图4-106 将音乐添加到时间轴　　图4-107 点击"踩点"图标　　图4-108 手动添加踩点标记

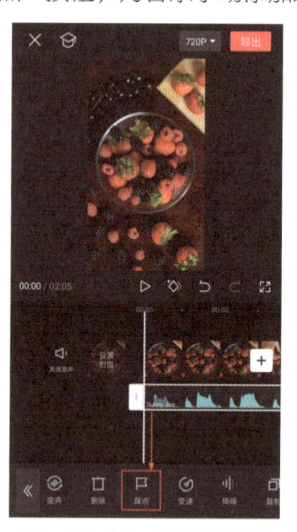

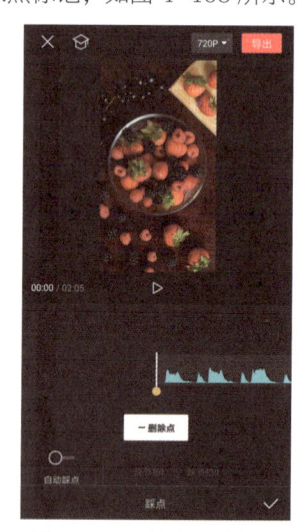

STEP 05 也可以使用自动踩点功能，将手动添加的点删除，开启"自动踩点"功能，分别试听"踩节拍Ⅰ"和"踩节拍Ⅱ"，选择一种适合的踩节拍选项，这里选择"踩节拍Ⅰ"，如图4-109所示。点击右下角的"对号"图标，完成音频的踩点标记。返回到剪辑界面中，在音频下方可以看到自动添加的踩点标记（黄色实心圆点），如图4-110所示。

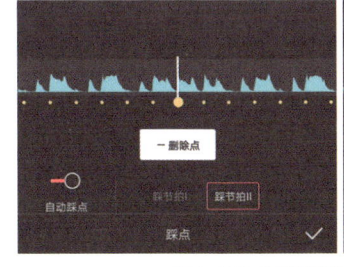

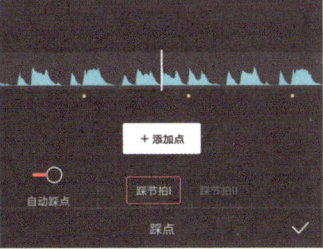

图4-109 分别试听两种自动踩点方式　　　　图4-110 添加音乐踩点标记

STEP 06 在时间轴中点击选择第1段视频素材，通过拖动其白色边框的右侧，对该段素材的持续时长进行调整，调整该素材的时长与第5个踩点标记相一致，如图4-111所示。点击选择时间轴中的第2段照片素材，拖动其白色边框的左右两侧，调整该素材的时长与相应的踩点标记相一致，如图4-112所示。

STEP 07 使用相同的制作方法，可以分别调整时间轴中其他照片素材的持续时间，使其与每一个踩点标记对齐，如图4-113所示。

图4-111 剪辑第1段素材　　图4-112 剪辑第2段素材　　图4-113 剪辑素材与踩点标记一致

STEP 08 点击底部工具栏中的"文字"图标，点击"文字"二级工具栏中的"新建文本"图标，输入标题文字，如图4-114所示。在视频预览区域将所添加的文字放大，并调整到合适的位置，如图4-115所示。在"字体"选项区中为标题文字选择一种手写字体，如图4-116所示。

图4-114 输入标题文字　　　图4-115 放大文字并调整位置　　　图4-116 选择手写字体

STEP 09 切换到"花字"选项卡中，为标题文字选择一种预设的花字效果，如图4-117所示。切换到"动画"选项卡中，选择"渐显"选项，为标题文字应用"渐显"入场动画，如图4-118所示。切换到"出场"选项卡中，选择"放大"选项，为标题文字应用"放大"出场动画，如图4-119所示。

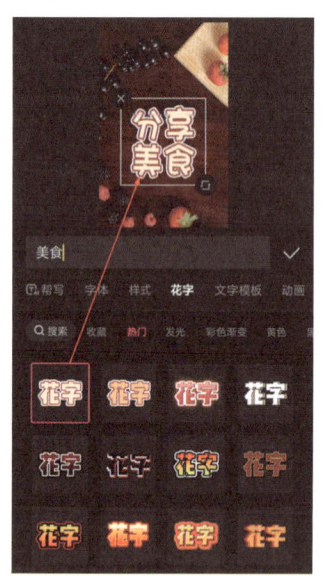

图4-117 选择花字效果　　　图4-118 选择入场动画　　　图4-119 选择出场动画

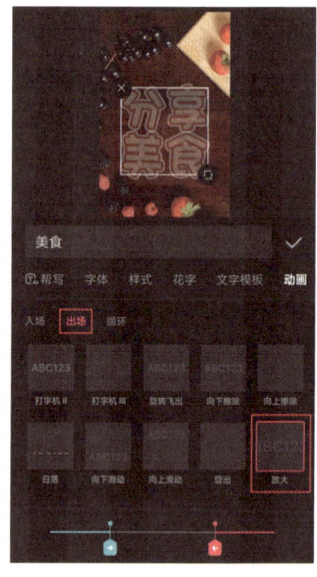

STEP 10 拖动下方的滑块，调整入场动画和出场动画的时长均为1秒，如图4-120所示。点击"对号"图标，完成标题文字的设置，调整标题文字的起始和结束位置，如图4-121所示。点击底部工具栏中的"贴纸"图标，在界面底部显示内置的贴纸选项，选择自己喜欢的贴纸，如图4-122所示。

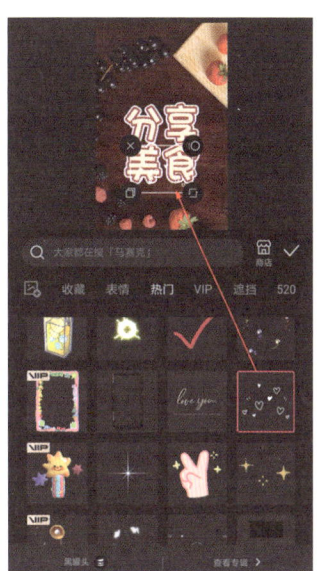

图4-120 调整动画持续时间　　图4-121 调整文字的起始和结束位置　　图4-122 添加贴纸

> **STEP 11** 点击"对号"图标，完成贴纸的添加，在预览区域中调整贴纸的大小和位置，如图4-123所示。在时间轴中调整贴纸的起始位置和终止位置与标题文字相同，如图4-124所示。选择时间轴中刚添加的贴纸，点击底部工具栏中的"动画"图标，在底部显示与入场动画相关的选项，选择"渐显"入场动画，如图4-125所示。

图4-123 调整贴纸的大小和位置　　图4-124 调整贴纸持续时间　　图4-125 选择入场动画

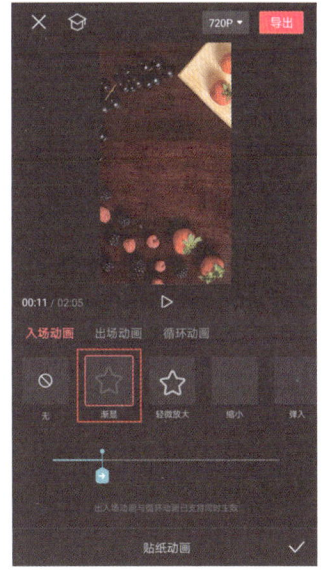

> **STEP 12** 切换到"出场动画"选项卡中，选择"放大"出场动画，如图4-126所示。拖动滑块调整入场动画和出场动画的持续时间均为1秒，如图4-127所示，点击"对号"图标，为贴纸素材应用入场和出场动画。返回到主工具栏中，点击时间轴中素材与素材之间的白色方块图标，在界面底部显示转场的相关选项，如图4-128所示。

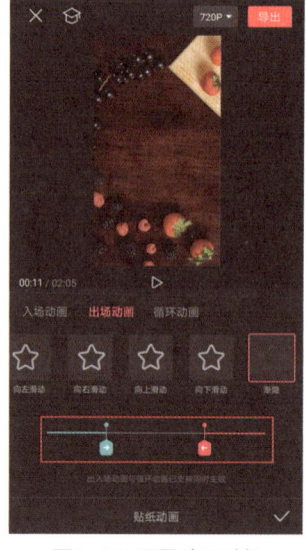

图4-126 选择出场动画　　图4-127 设置动画时长　　图4-128 显示转场选项

STEP 13 点击相应的转场，在预览区域中即可看到所选择的转场效果。这里选择"叠化"选项卡中的"闪白"转场，点击界面左下角的"全部应用"选项，将该转场效果应用到时间轴中所有的素材之间，如图4-129所示。点击右下角的"对号"图标，完成转场效果的应用，可以看到素材之间的图标效果，如图4-130所示。

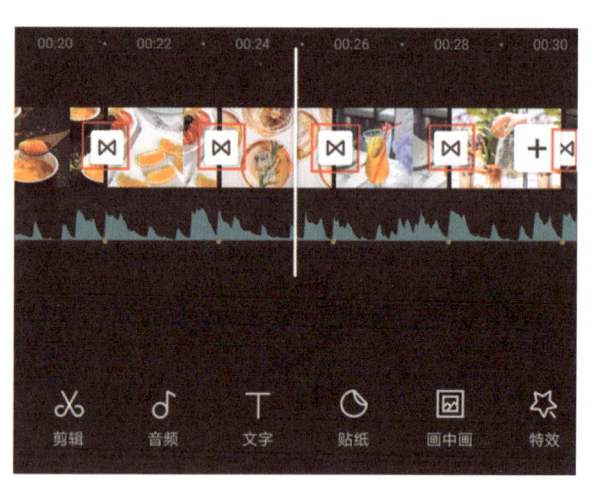

图4-129 应用转场效果　　图4-130 应用转场后素材之间的图标效果

> **小贴士**：在添加转场效果时，可以设置转场效果的时长，并且可以为每个素材与素材之间添加不同的转场效果。因为转场效果具有一定的时长，当应用一些转场效果后，有可能出现素材的转场切换与音乐踩点的位置不对齐的情况，这时就需要再次对素材的时长进行调整，从而实现素材的切换与音乐踩点位置的完美契合。

STEP 14 将时间指示器移至短视频结束的位置，选择时间轴中的音频素材，点击底部工具栏中的"分割"图标,如图4-131所示。对音频素材分割,选择分割后的后半部分音频素材,点击底部工具栏中的"删除"图标,如图4-132所示,将其删除。选择音频素材,点击底部工具栏中的"淡化"图标,设置"淡出时长"为2秒,如图4-133所示。点击"对号"图标,完成音频素材的淡化设置。

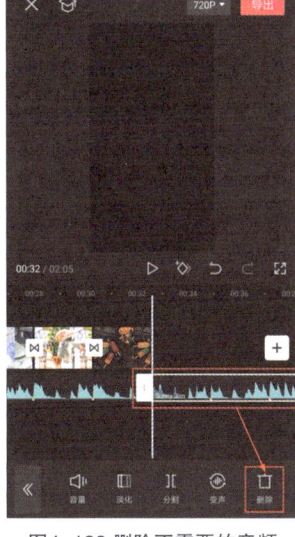

图4-131 分割音频素材　　图4-132 删除不需要的音频　　图4-133 设置"淡出时长"选项

STEP 15 点击时间轴左侧的"设置封面"选项,如图4-134所示。进入封面设置界面,如图4-135所示。向右滑动时间轴,选择视频中的某一帧画面作为封面,如图4-136所示。点击界面右上角的"保存"按钮,保存封面设置。

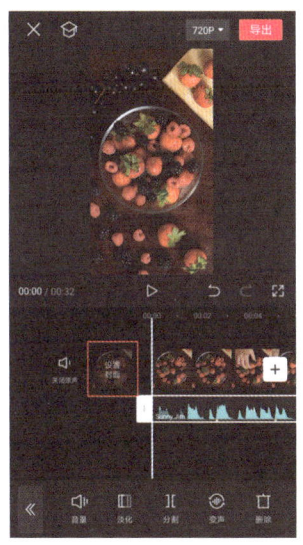

图4-134 点击"设置封面"选项　　图4-135 封面设置界面　　图4-136 选择封面视频帧

STEP 16 点击界面右上角的"分辨率"选项,在打开的窗口中设置所需要发布视频的"分辨率"为720P,如图4-137所示。点击界面右上角的"导出"按钮,显示视频导出进度,如图4-138所示。视频导出完成后,可以选择是否将所制作的短视频同步到"抖音"和"西瓜"短视频平台,如图4-139所示。

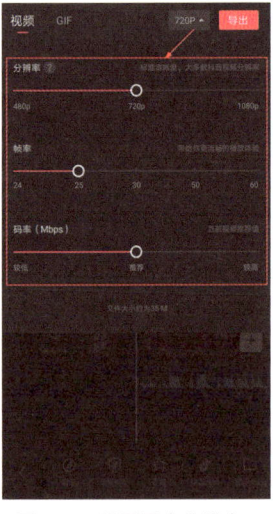

图4-137 设置导出分辨率　　图4-138 显示视频导出进度　　图4-139 导出完成界面

STEP 17 至此，完成该电子相册的制作，点击预览区域中的"播放"图标，可以看到视频电子相册的效果，如图4-140所示。

图4-140 预览电子相册效果

4.3 短视频效果的添加与设置

在"剪映"App中，除了为用户提供基础的视频剪辑和声音剪辑功能，还提供了许多短视频制作时常用的特效和功能，如变速、画中画、文本动画、滤镜、特效等，通过使用这些功能，可以创作出各种短视频效果。

4.3.1 变速效果

打开"剪映"App，点击"开始创作"图标，在选择素材界面中选择相应的视频素材，点击"添加"按钮，如图4-141所示。切换到视频剪辑界面，选择时间轴中的视频素材，点击底部工具栏中的"变速"图标，显示"变速"二级工具栏，如图4-142所示。

图4-141 选择视频素材　　图4-142 "变速"二级工具栏

在"剪映"App中为用户提供了两种变速方式，分别是"常规变速"和"曲线变速"。

1. 常规变速

常规变速和其他视频剪辑App中的变速处理相似，可以更改视频素材整体的倍速。

点击底部工具栏中的"常规变速"图标，在界面底部显示常规变速设置选项，如图4-143所示，支持最低0.1倍速，最高100倍速，点击"声音变调"文字，可以在调整视频倍速的情况下，同步对视频中的声音进行变调处理。

2. 曲线变速

点击底部工具栏中的"曲线变速"图标，显示曲线变速设置选项，如图4-144所示，内置了"蒙太奇"、"英雄时刻"、"子弹时间"、"跳接"、"闪进"和"闪出"6种曲线变速方式。

图4-143 "常规变速"选项　　图4-144 "曲线变速"选项

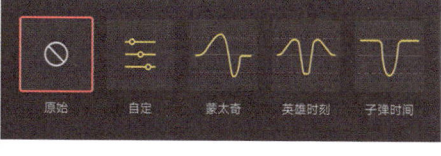

点击6种曲线变速方式中的任意一种方式图标，即可为视频素材应用该种曲线变速效果。例如点击"蒙太奇"图标，会自动在预览区域中播放应用"蒙太奇"变速方式后的视频效果，如图4-145所示。如果对变速效果不太满意，也可以点击"点击编辑"图标，在界面底部会显示"蒙太奇"变速方式的运动速度曲线，如图4-146所示。

图4-145 预览"蒙太奇"变速方式 　　　　图4-146 显示运动速度曲线

小贴士： 上升曲线表示视频播放持续加速，下降曲线表示视频播放持续减速，这种持续的曲线变速方式又被称为坡度变速，是视频剪辑过程中的一种专业操作，许多出色的视频剪辑中都会运用这一技巧，视频的忽快忽慢可以增加视频的仪式感。

点击并拖动速度曲线上的控制点，可以移动其位置，如图4-147所示。也可以点击"添加点"按钮，在速度曲线的空白位置添加速度曲线控制点，如图4-148所示。同样点击选中相应的控制点，再点击"删除点"按钮，可以将选中的控制点删除。点击"重置"选项，可以恢复默认的速度曲线设置，如图4-149所示。

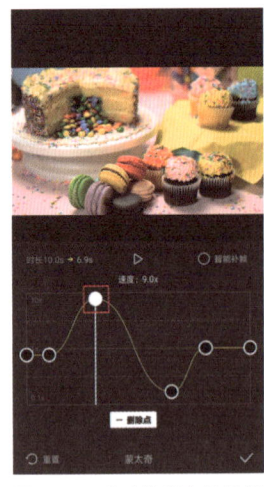

图4-147 移动控制点的位置 　　图4-148 添加控制点 　　图4-149 重置速度曲线

表示素材的原持续时间和曲线变速后的持续时间

> **小贴士：**假如想要给视频中的某一个物体特写，可以移动最低速控制点，直到预览画面中该物体出现在画面中央。

如果点击"自定"图标，再次点击"点击编辑"图标，即可进入视频速度曲线的自定义编辑模式，用户可以通过拖动、添加控制点的方式，对视频的运动速度进行编辑设置。

4.3.2 画中画

画中画是一种视频内容呈现方式，是指在一个视频全屏播放的同时，在画面的小面积区域上同时播放另一个视频。

打开"剪映"App，点击"开始创作"图标，在选择素材界面中选择相应的视频素材，点击"添加"按钮，如图4-150所示。切换到视频剪辑界面，点击底部工具栏中的"画中画"图标，显示"画中画"二级工具栏，如图4-151所示。

图4-150 选择视频素材　　图4-151 "画中画"二级工具栏

点击底部工具栏中的"新增画中画"图标，在选择素材界面中选择另一个素材，点击"添加"按钮，如图4-152所示。切换到视频剪辑界面，就可以在主轨道的下方添加所选择的视频或图片素材，如图4-153所示。

图4-152 选择另一个素材　　图4-153 在主轨道下方添加素材

在预览区域中使用两指进行捏合及分开操作,可以对刚导入的画中画素材进行缩放操作,如图4-154所示。在预览区域中使用手指按住素材,可以对其进行移动操作,如图4-155所示。

图4-154 对素材进行缩放操作　　图4-155 对素材进行移动操作

小贴士: 在"剪映"App中最多支持6个画中画,也就是1个主轨道和6个画中画轨道,总共可以同时播放7个视频。

点击底部工具栏中的"画中画"图标,再点击"新增画中画"图标,在选择素材界面中选择另一个素材,点击"添加"按钮,如图4-156所示。切换到视频剪辑界面,在主轨道的下方添加第2个画中画素材,如图4-157所示。在预览区域中调整刚添加的画中画素材到合适的大小和位置,如图4-158所示。

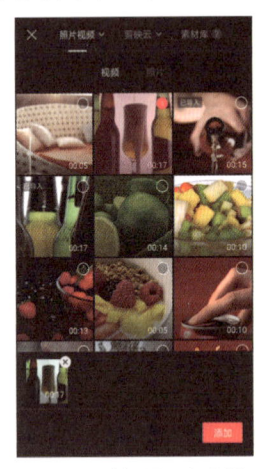

图4-156 选择另一个素材　　图4-157 添加第2个画中画素材　　图4-158 调整素材大小和位置

小贴士: 当一个视频剪辑中包含多个画中画素材时,后添加的画中画素材的层级较高,在重叠区域中,层级高的素材会覆盖层级低的素材。

在时间轴中选择任意一个画中画素材，点击底部工具栏中的"层级"图标，如图4-159所示，在底部弹出的层级选项中可以调整画中画素材的层级，如图4-160所示。按住画中画素材缩览图并拖动即可调整画中画素材层级，在预览区域中可以看到素材层级的变化，而时间轴区域中画中画素材的位置无变化，如图4-161所示。

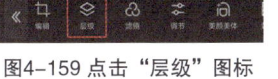

图4-159 点击"层级"图标 　　　图4-160 层级选项 　　　图4-161 调整层级效果

在时间轴中选择相应的画中画素材，点击底部工具栏中的"切主轨"图标，如图4-162所示。可以将所选择的画中画素材移动至主轨素材之前，如图4-163所示。

同样，也可以将主轨中的素材移至画中画轨道中，选择主轨道中需要移至画中画轨道的素材，点击底部工具栏中的"切画中画"图标，如图4-164所示，即可将所选择的主轨素材移至画中画轨道中。

图4-162 点击"切主轨"图标 　　　图4-163 画中画素材移至主轨之前 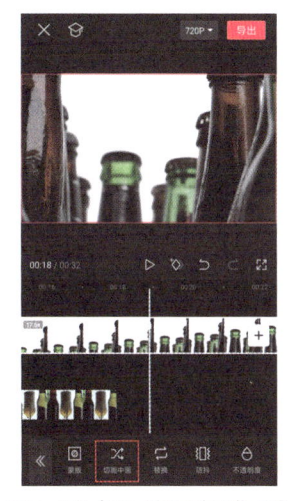　　　图4-164 点击"切画中画"图标

> **小贴士**：如果需要将主轨道中的素材切到画中画轨道中，那么主轨道中必须至少包含两段以上素材，否则无法将素材切到画中画轨道中。

4.3.3 制作短视频标题消散效果

本节制作一个短视频标题特效，该效果主要是通过为文字添加动画效果，将文字的入场和出场动画与准备好的粒子视频素材相结合，设置粒子视频素材的混合模式，从而表现出短视频标题文字的粒子消散效果。

> **实战 制作短视频标题消散效果**
> 最终效果：资源 \ 第 4 章 \4-3-3.mp4　　视频：视频 \ 第 4 章 \ 制作短视频标题消散效果 .mp4

STEP 01 打开"剪映"App，点击"开始创作"图标，在选择素材界面中选择相应的视频素材，如图 4-165 所示。点击"添加"按钮，切换到视频剪辑界面，如图 4-166 所示。点击底部工具栏中的"文字"图标，点击"文字"二级工具栏中的"新建文本"图标，输入标题文字，如图 4-167 所示。

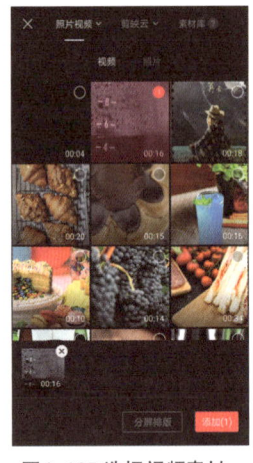

图4-165 选择视频素材　　图4-166 视频剪辑界面　　图4-167 输入标题文字

STEP 02 在"字体"选项卡中为标题文字选择一种手写字体，并且在预览区域调整文字到合适的大小和位置，如图 4-168 所示。切换到"样式"选项卡，选择"阴影"选项，为文字设置阴影效果，如图 4-169 所示。

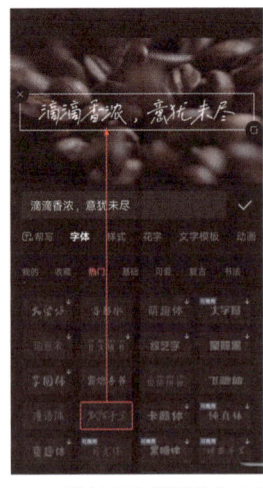

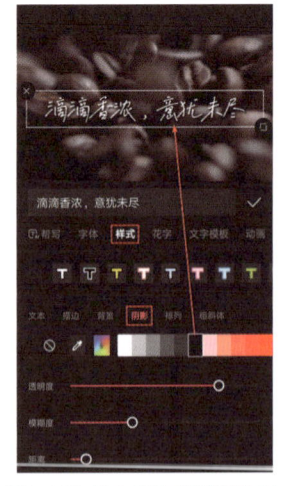

图4-168 选择字体并调整文字位置　　图4-169 为文字设置阴影效果

STEP 03 切换到"动画"选项卡，选项"渐显"选项，为标题文字应用"渐显"入场动画，如图 4-170 所示。切换到"出场"中，选择"打字机Ⅱ"选项，为标题文字应用"打字机Ⅱ"出场动画，如图 4-171 所示。拖动下方的滑块，调整入场动画和出场动画的时长均为 1 秒，如图 4-172 所示。

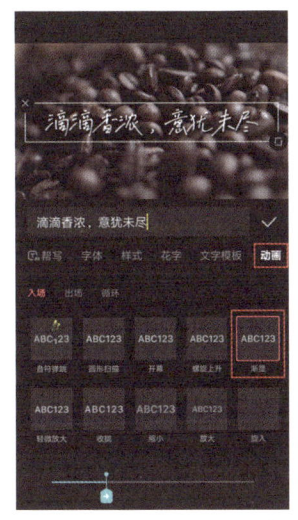

图4-170 应用"渐显"入场动画 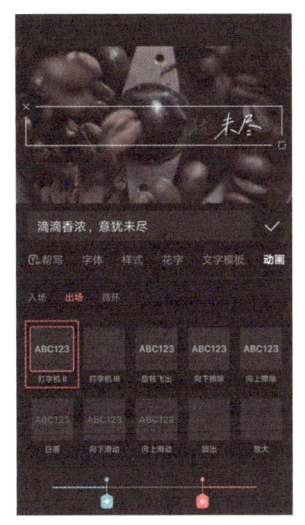　　图4-171 应用"打字机Ⅱ"出场动画 　　图4-172 调整动画时长

STEP 04 点击"对号"图标，完成标题文字的设置，可以看到自动添加的文字轨道，如图 4-173 所示。滑动时间轴区域，将时间指示器移至文字开始消失的位置，如图 4-174 所示。取消文字轨道的选中状态，返回主工具栏，点击"画中画"图标，再点击"新增画中画"图标，在选择素材界面中选择粒子消散的视频素材，点击"添加"按钮，如图 4-175 所示。

图4-173 自动添加文字轨道 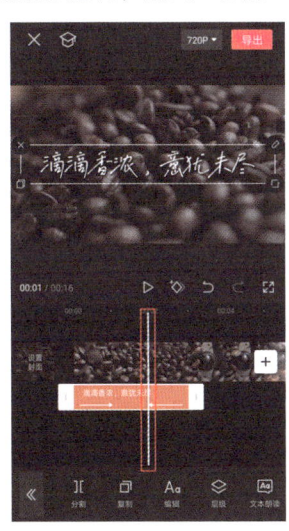　　图4-174 调整指示器位置 　　图4-175 选择画中画视频素材

STEP 05 将粒子消散视频素材添加到时间轴中，如图 4-176 所示。在预览区域放大该画中画素材，使其完全覆盖预览区域，如图 4-177 所示。点击底部工具栏中的"混合模式"图标，在弹出的选项中选择"滤色"选项，如图 4-178 所示。

图4-176 添加画中画素材 　　图4-177 放大画中画素材 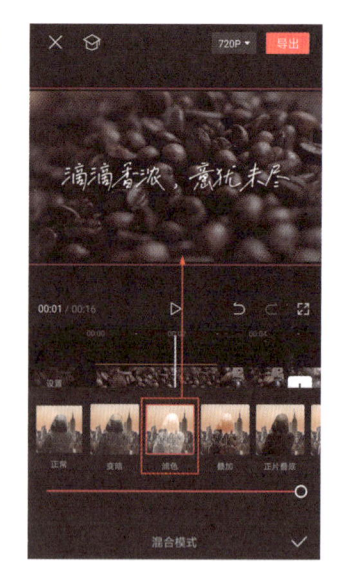　　图4-178 应用"滤色"混合模式

STEP 06 点击"对号"图标，应用混合模式设置。按住轨道中所添加的粒子消散视频素材并拖动，可以调整该视频素材的起始位置，如图4-179所示。

STEP 07 完成短视频效果的制作，点击界面右上角的"导出"按钮，显示视频导出进度，如图4-180所示。视频导出完成后，可以选择是否将所制作的短视频同步到"抖音"和"西瓜"短视频平台，如图4-181所示。

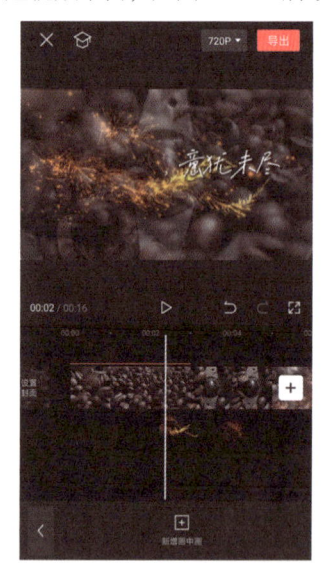

图4-179 拖动调整素材位置 　　图4-180 显示视频导出进度 　　图4-181 分享到短视频平台

STEP 08 至此，完成该短视频标题消散效果的制作，点击预览区域的"播放"图标，可以看到短视频效果，如图4-182所示。

图4-182 预览短视频效果

4.3.4 添加文本和贴纸

打开"剪映"App，点击"开始创作"图标，在选择素材界面中选择相应的视频素材，点击"添加"按钮，如图4-183所示。点击底部工具栏中的"文字"图标，显示"文字"二级工具栏，如图4-184所示。

图4-183 选择视频素材　　　　图4-184 "文字"二级工具栏

1. 新建文本

点击底部工具栏中的"新建文本"图标，即可在视频素材上显示默认文本框，可以输入需要添加的文本内容，如图4-185所示。确认文字的输入后，在界面下方可以通过多个选项卡对文本效果进行设置。

在"字体"选项卡中提供了多种不同风格的字体，可以点击下载使用，如图4-186所示。

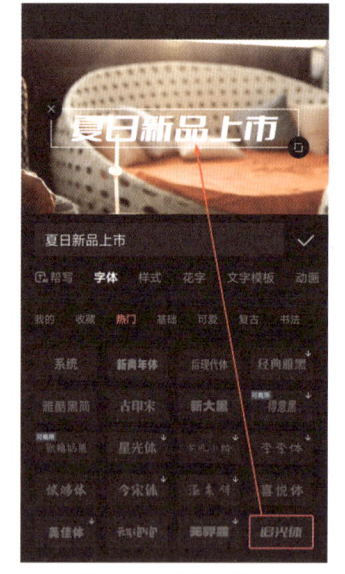

图4-185 输入文字　　　　　图4-186 选择字体

在"样式"选项卡中可以设置文字的样式效果，可以选择文字样式预设、文字颜色等，如图4-187所示。

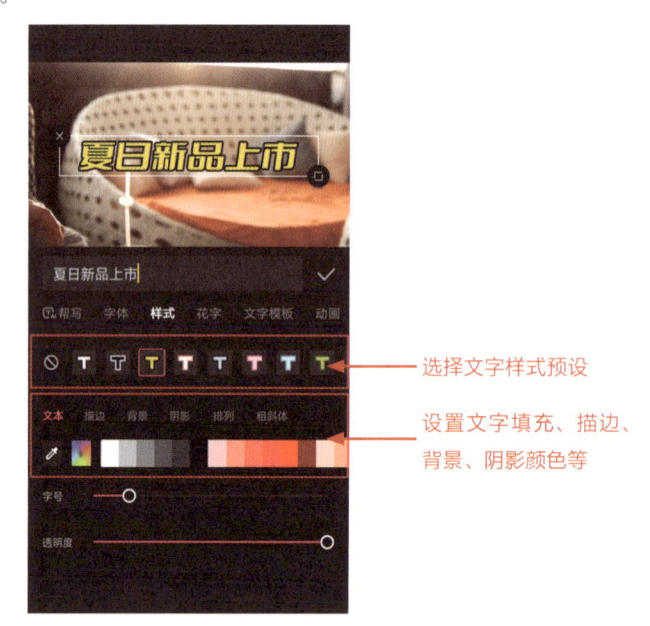

图4-187 设置"样式"选项

在预览区域可以看到文字边框中左上角和右下角的图标，点击左上角的"删除"图标，可以将文字删除，按住右下角的"缩放"图标并拖动可以缩放文字，如图4-188所示。

在"花字"选项卡中为用户提供了多种预设的综艺花字效果，点击相应的花字即可为文字应用该种花字效果，如图4-189所示。

在"文字模板"选项卡中为用户提供了多种预设的文字模板效果，点击相应的文字模板，即可为文字应用该种模板效果，如图4-190所示。

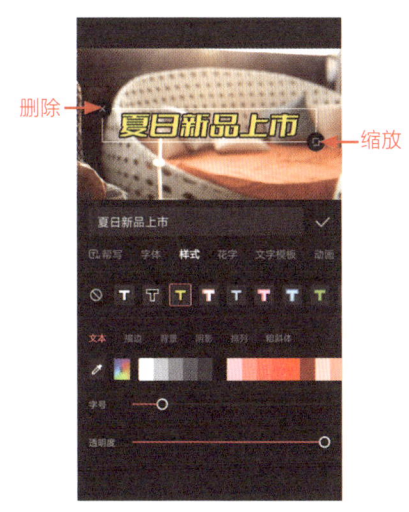

图4-188 文字缩放操作 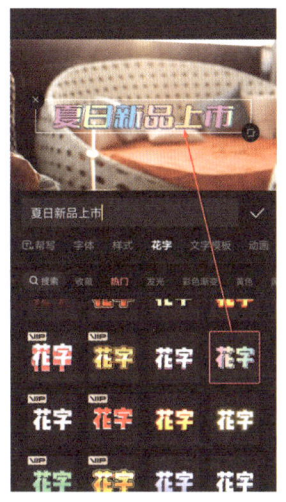　　　　图4-189 应用花字效果 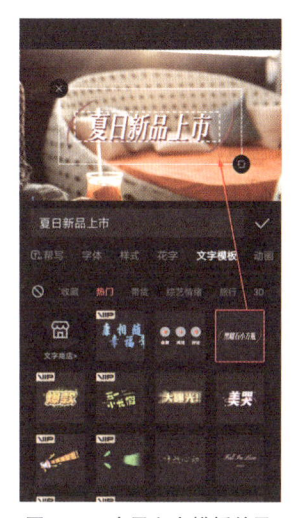　　　　图4-190 应用文字模板效果

在"动画"选项卡中为用户提供了不同类型的文字动画预设，包括入场动画、出场动画和循环动画，点击相应的动画，即可为文字应用该种动画效果，在下方会出现滑块，拖动滑块可以调整文字动画的持续时间，如图4-191所示。

点击"对号"图标，完成文字的添加和效果设置，在时间轴中自动添加文字轨道，点击底部工具栏中的"文本朗读"图标，如图4-192所示。在弹出的选项中选择一种音色，点击"对号"图标，如图4-193所示。在预览区域点击"播放"图标，可以自动朗读所添加的文字。

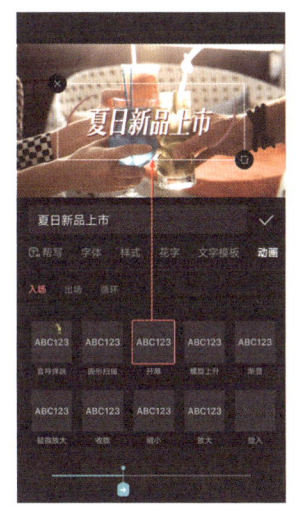

图4-191 设置"动画"选项 　　　图4-192 点击"文本朗读"图标 　　图4-193 选择朗读音色

2. **识别字幕和识别歌词**

"识别字幕"功能主要用于识别视频或声音素材中的人物说话，"识别歌词"功能主要用于识别视频或声音素材中的人物唱歌声音，从本质上来说这两个功能属于同一种功能。

点击底部工具栏中的"音频"图标，再点击"音乐"图标，如图4-194所示。显示"添加音乐"界面，在该界面中选择一首中文歌曲，如图4-195所示。点击"使用"按钮，即可将所选择的音乐添加到时间轴中，如图4-196所示。

图4-194 点击"音乐"图标　　图4-195 选择合适的中文歌曲　　图4-196 将音乐添加到时间轴

点击"返回"图标，返回主工具栏。点击"文字"图标，再点击"识别歌词"图标，在弹出的对话框中点击"开始匹配"按钮，如图4-197所示。

因为是在线识别，所以需要一点时间。识别成功后，会自动在时间轴中添加歌词文字轨道，如图4-198所示。在预览区域点击"播放"按钮预览视频，会看到自动添加的歌词字幕效果，如图4-199所示。

图4-197 点击"开始匹配"按钮　　图4-198 自动添加歌词文字轨道　　图4-199 预览默认的歌词效果

在时间轴中选择识别得到的歌词，在预览区域中可以拖动调整歌词位置，并且可以通过文字框4个角的图标对文字进行相应的操作，如图4-200所示。

点击底部工具栏中的"动画编辑"图标，可以为歌词文字选择一种预设的动画效果，例如这里选择"卡拉OK"效果，如图4-201所示。点击"对号"图标，完成动画的添加，在预览区域点击"播放"图标，可以看到为歌词文字添加的动画效果，如图4-202所示。

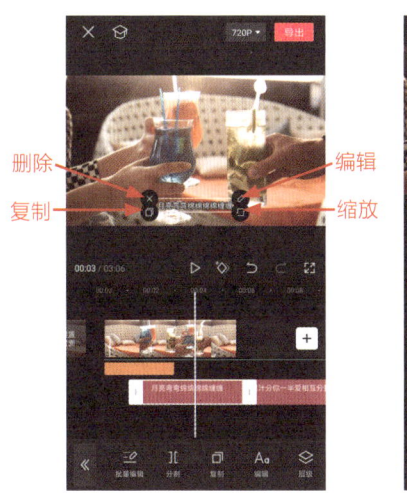

第 4 章 使用"剪映"制作短视频

图4-200 文字操作图标 　　图4-201 应用动画效果 　　图4-202 预览歌词文字动画效果

小贴士： 除了可以为识别得到的歌词文字应用动画效果，还可以对文字的样式、花字效果进行设置。为歌词文字应用动画效果，默认将应用于所有歌词文字。

3. 添加贴纸

点击底部工具栏中的"添加贴纸"图标，在界面底部将显示各种风格的内置贴纸，如图4-203 所示。选择一种贴纸，即可将其添加到视频中，如图 4-204 所示。

点击"对号"图标，在时间轴中自动添加贴纸轨道，可以在预览区域中调整贴纸到合适的大小和位置，如图 4-205 所示。

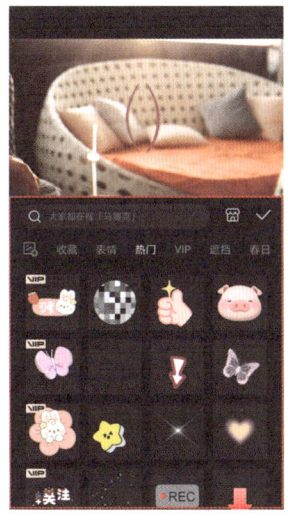

图4-203 贴纸选项 　　图4-204 选择一种贴纸 　　图4-205 调整贴纸大小和位置

选择所添加的贴纸，在底部工具栏中可以看到相应的操作图标，如图 4-206 所示。可以对贴纸进行分割、复制、镜像等操作。点击"动画"图标，在界面底部显示针对贴纸的相关动画预设，选择一种动画预设，如图 4-207 所示。点击"对号"图标，为贴纸应用相应

129

的动画效果,在预览区域点击"播放"图标,可以看到添加的贴纸动画效果,如图4-208所示。

图4-206 贴纸操作图标 　　图4-207 为贴纸添加动画 　　图4-208 预览贴纸动画效果

4.3.5 添加滤镜

本节将向读者介绍如何在"剪映"App中为视频添加滤镜。添加合适的滤镜效果,可以为所创作的短视频作品带来一种脱离现实的美感。为同一个视频添加不同的滤镜,可能会产生不同的视觉效果。

打开"剪映"App,点击"开始创作"图标,添加相应的视频素材,点击底部工具栏中的"滤镜"图标,在界面底部显示相应的滤镜选项,如图4-209所示。

"剪映"提供了多种不同类型的滤镜,点击滤镜预览图即可在预览区域查看应用该滤镜的效果,并且可以通过滑块调整滤镜效果的强弱,如图4-210所示。点击"对号"图标,返回视频剪辑界面,在时间轴中将自动添加滤镜轨道,如图4-211所示。

图4-209 滤镜选项 　　图4-210 点击应用滤镜 　　图4-211 自动添加滤镜轨道

在时间轴区域拖动滤镜白色边框的左右两端，可以调整该滤镜的应用范围，如图4-212所示。

"剪映"App支持为创作的短视频同时添加多个滤镜，在空白处点击，不要选择任何对象，点击底部工具栏中的"新增滤镜"图标，即可为短视频添加第2个滤镜，如图4-213所示。

如果需要删除某个滤镜，只需要在时间轴中选择需要删除的滤镜轨道，点击底部工具栏中的"删除"图标，如图4-214所示，即可将选中的滤镜删除。

图4-212 调整滤镜应用范围　　　图4-213 添加第2个滤镜　　　图4-214 删除滤镜

小贴士： 通常会在以下两种情形下使用滤镜。
1. 回忆片段。通过为回忆片段添加滤镜，能够很好地与其他视频素材相区别。
2. 存在瑕疵的视频素材。通过添加滤镜，可以掩盖视频中的瑕疵。

4.3.6　添加特效

通过使用"剪映"App中的特效库，可以轻松地在短视频中实现许多炫酷的短视频特效。

打开"剪映"App，添加视频素材，点击底部工具栏中的"特效"图标，在显示的二级工具栏中提供了"画面特效"、"人物特效"和"图片玩法"3种特效分类，如图4-215所示。

点击"画面特效"图标，在界面底部将显示内置的多种不同类型的画面特效，如图4-216所示，"画面特效"中的效果都将应用于整个素材画面。

图4-215 "特效"二级工具栏　　　　　图4-216 内置的画面特效

　　点击"人物特效"图标，在界面底部将显示内置的多种不同类型的人物特效，如图4-217所示，"人物特效"中的效果都将应用于素材中的人物特定部位。

　　点击"图片玩法"图标，在界面底部将显示内置的多种不同类型的图片特效，如图4-218所示，"图片特效"中的效果都只针对图片素材起作用，对视频素材不起作用。

图4-217 内置的人物特效　　　　　图4-218 内置的图片特效

　　点击相应的特效预览图，即可在视频预览区域中看到该特效的效果，例如这里选择"自然"分类中的"晴天光线"特效，如图4-219所示。

　　点击"对号"图标，返回视频剪辑界面，在时间轴中自动添加特效轨道，如图4-220所示。与添加滤镜相同，在时间轴区域拖动特效白色边框的左右两端，可以调整该特效的应用范围，如图4-221所示。

图4-219 应用特效 　　图4-220 自动添加特效轨道 　　图4-221 调整特效应用范围

同样，可以为创作的短视频同时添加多个特效，在空白处点击，不要选择任何对象，点击底部工具栏中的"画面特效"图标，即可为短视频添加第 2 个特效，如图 4-222 所示。

在时间轴中选择特效轨道，在底部工具栏中为用户提供了相应的特效工具，如图 4-223 所示。点击"调整参数"图标，可以在界面底部显示当前特效的参数设置选项，如图 4-224 所示，不同的特效可以设置的参数也有所不同；点击"替换特效"图标，可以对当前轨道中的特效进行修改替换；点击"复制"图标，可以复制当前选择的特效轨道；点击"作用对象"图标，可以在弹出的选项中选择当前轨道中的特效需要作用的对象，如图 4-225 所示，可以是主视频，也可以是其他轨道素材；点击"删除"图标，可以将选中的特效删除。

图4-222 添加第2个特效 　　图4-223 特效工具 　　图4-224 设置特效参数 　　图4-225 作用对象选项

> **小贴士**：特效在视频中的大量应用会让大众产生审美疲劳，所以在短视频的创作过程中，重点还是在于视频内容，而不是多么花哨的特效。

4.3.7　视频调节

在"剪映"App 中可以对短视频进行调色处理，好的调色处理应该符合短视频的主题，不能过度夸张，而应恰到好处。

打开"剪映"App，点击"开始创作"图标，添加相应的视频素材，点击底部工具栏中的"调节"图标，在界面底部显示相应的调节选项，如图4-226所示。

根据需要点击需要调整的选项图标，即可在底部显示相应的调节选项，例如这里点击"亮度"选项，显示"亮度"调节选项，拖动滑块调整视频的亮度，如图4-227所示。还可以继续点击其他调节选项，对其他选项进行相应的设置，如图4-228所示。

图4-226 显示调节选项　　图4-227 调整视频亮度　　图4-228 设置其他调节选项

完成调节选项的添加和设置后，点击"对号"图标，返回视频剪辑界面，在时间轴中自动添加调节轨道，如图4-229所示。与添加滤镜相同，在时间轴区域拖动调节白色边框的左右两端，可以调整该调节效果的应用范围，如图4-230所示。

图4-229 自动添加调节轨道　　图4-230 调整调节效果的应用范围

同样，可以为创作的短视频同时添加多个调节轨道，选中调节轨道后，点击工具栏中的"调节"图标，显示调节选项，可以对所添加的调节效果进行修改；点击工具栏中的"删除"图标，可以删除所选择的调节轨道。

在"剪映"App中还内置了美颜功能，打开"剪映"App，点击"开始创作"图标，添加相应的素材，点击底部工具栏中的"剪辑"图标，在"剪辑"二级工具栏中点击"美颜美体"图标，在显示的工具栏中提供了"美颜"和"美体"两种功能，如图4-231所示。

点击"美颜"图标，在界面底部显示相应的美颜选项，如图4-232所示。例如选择"美颜"选项卡中的"磨皮"选项，通过拖动滑块对人物进行磨皮处理，可以看到人物皮肤变得更光滑，斑点也明显减少，效果如图4-233所示；选择"美型"选项卡中的"瘦脸"选项，可以通过拖动滑块对人物进行瘦脸处理，效果如图4-234所示。

图4-231 显示可选功能 　　图4-232 美颜选项 　　图4-233 "磨皮"效果 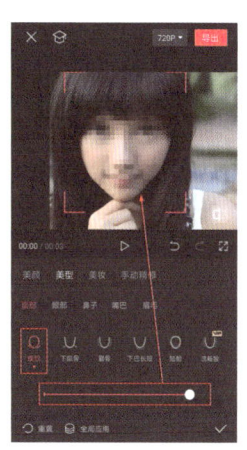　　图4-234 "瘦脸"效果

4.3.8 制作旅行短视频

制作旅行短视频时，除了要对旅途中拍摄的视频片段进行剪辑，还需要为短视频制作非常炫酷的标题文字和开场镜头，这样可以为制作的旅行短视频增色不少。在本节所制作的旅行短视频中，将使用"剪映"App中的"画中画"与"混合模式"功能，为短视频制作一个具有震撼力的镂空文字开场效果；并为短视频添加一段欢快的背景音乐，通过"自动识别"功能，识别出歌曲的歌词并添加字幕，记录下欢乐的旅行。

实战　制作旅行短视频

最终效果：资源\第4章\4-3-8.mp4　　视频：视频\第4章\制作旅行短视频.mp4

STEP 01 打开"剪映"App，在创作区域中点击"开始创作"图标，如图4-235所示。进入选择素材界面，选择需要剪辑的旅行视频素材，如图4-236所示。点击界面右下角的"添加"按钮，按选择顺序将视频素材添加到时间轴中，如图4-237所示。

图4-235 点击"开始创作"图标 　　图4-236 选择多段视频素材 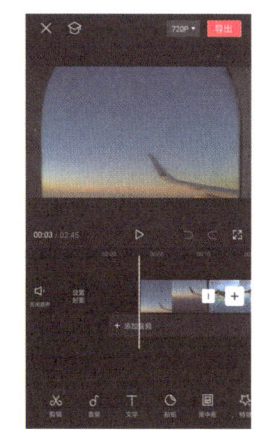　　图4-237 将素材添加到时间轴

STEP 02 点击选择时间轴中的第1段视频素材,点击界面底部工具栏中的"变速"图标,显示"变速"二级工具栏,如图4-238所示。点击"曲线变速"图标,在界面底部显示曲线变速的相关选项,点击"蒙太奇"图标,如图4-239所示。点击"对号"图标,为第1段素材应用"蒙太奇"曲线变速效果。

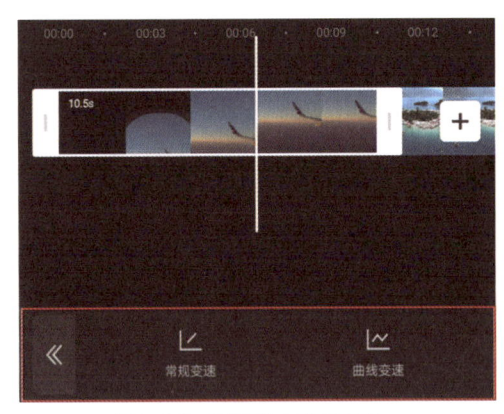

图4-238 "变速"二级工具栏 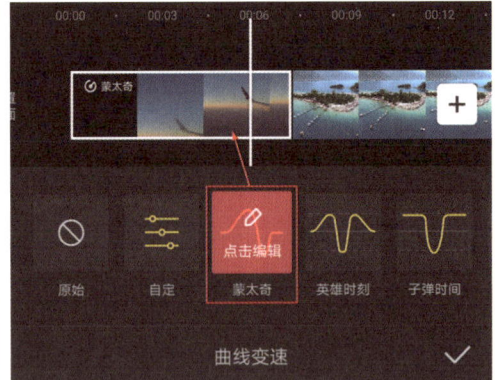　　　　图4-239 应用"蒙太奇"曲线变速效果

STEP 03 选择时间轴中的第2段视频素材,拖动其白色边框右侧的图标,将第2段视频素材的时长裁剪为20秒,如图4-240所示。点击界面底部工具栏中的"变速"图标,再点击"常规变速"图标,在界面底部显示常规变速的相关选项,调整速度为原视频素材的2.5倍,如图4-241所示。点击"对号"图标,确认对该视频素材的变速处理。

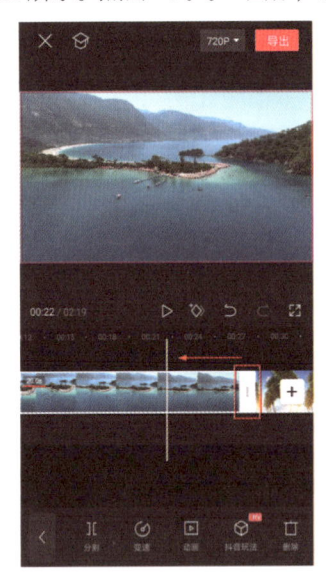

图4-240 对第2段素材进行裁剪 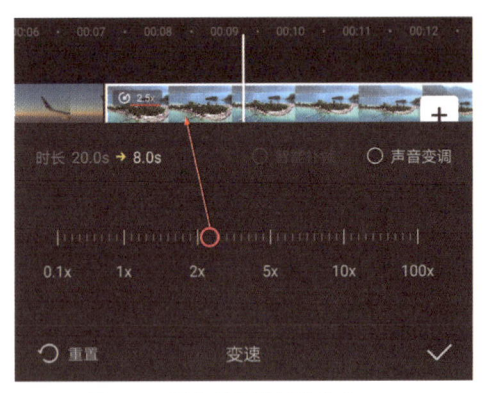　　　　图4-241 调整视频素材的速度

STEP 04 选择时间轴中的第3段视频素材,拖动其白色边框右侧的图标,将第3段视频素材的时长裁剪为12秒,如图4-242所示。点击界面底部工具栏中的"变速"图标,再点击"曲线变速"图标,在界面底部显示曲线变速的相关选项,点击"闪进"图标,如图4-243所示。点击"对号"图标,确认对该视频素材的变速处理。

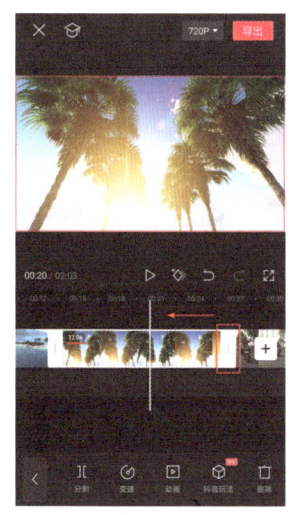

图4-242 对第3段素材进行裁剪 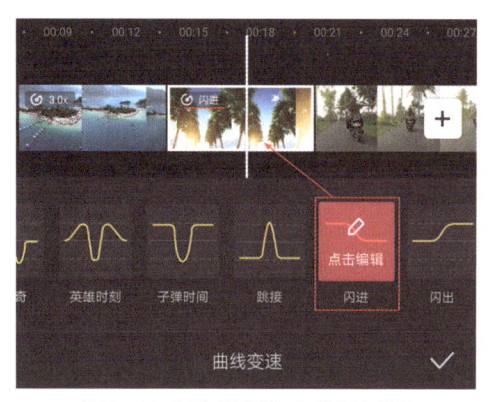　　图4-243 应用"闪进"曲线变速效果

STEP 05 使用相同的方法，分别对时间轴视频轨道中的其他视频素材进行裁剪处理和变速处理，如图4-244所示。

图4-244 分别对其他素材进行裁剪和变速处理

STEP 06 选择时间轴中的第1段素材，点击底部工具栏中的"动画"图标，在界面底部显示入场动画的相关选项，如图4-245所示。点击"出场动画"文字，切换到出场动画中，显示内置的出场动画选项，如图4-246所示。

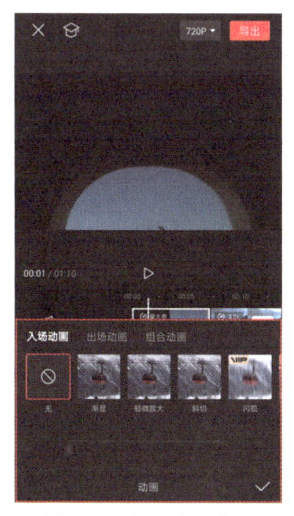

图4-245 入场动画选项 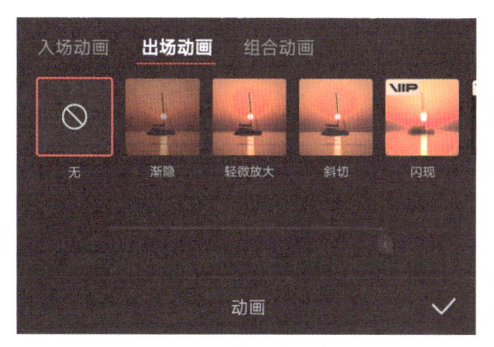　　图4-246 出场动画选项

STEP 07 点击"渐隐"图标,并设置其持续时间为 1 秒,如图 4-247 所示。点击界面右下角的"对号"图标,为选择的素材设置"渐隐"出场动画效果。选择时间轴中的第 2 段素材,点击底部工具栏中的"动画"图标,切换到"组合动画"选项卡,显示内置的组合动画选项,如图 4-248 所示。

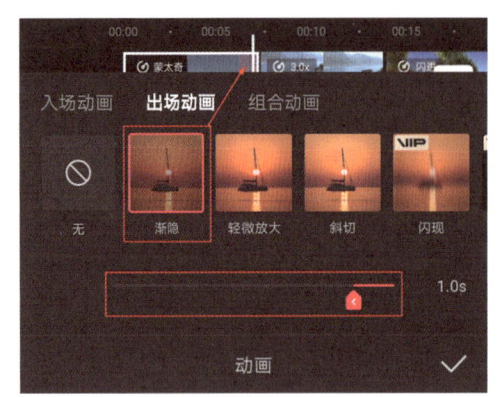

图4-247 应用"渐隐"出场动画 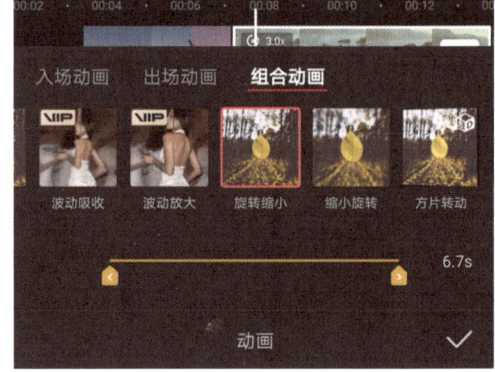　　　　图4-248 切换到"组合动画"选项卡

STEP 08 点击"缩放"图标,为选择的素材应用"缩放"组合动画,如图 4-249 所示。使用相同的制作方法,分别为时间轴中的第 3 段至第 9 段素材应用"缩放"组合动画。选择时间轴中的第 10 段素材,点击底部工具栏中的"动画"图标,切换到"出场动画"选项卡,点击"渐隐"图标,并设置其持续时间为 1 秒,如图 4-250 所示。点击界面右下角的"对号"图标,应用"渐隐"出场动画。

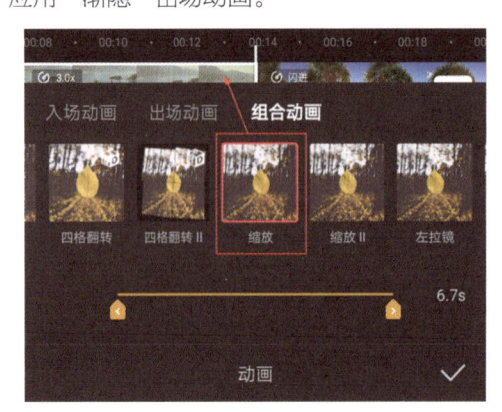

图4-249 应用"缩放"组合动画 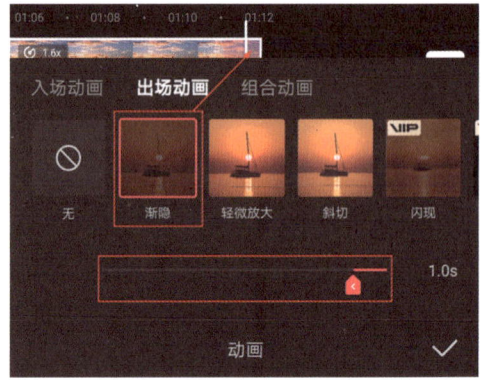　　　　图4-250 应用"渐隐"出场动画

> **小贴士:** 组合动画是指既包含入场动画也包含出场动画,例如,这里应用的"缩放"组合动画既包含"缩小"入场动画,又包含"放大"出场动画。

STEP 09 点击时间轴的空白位置,取消选择所有对象。将时间指示器移至起始位置,点击底部工具栏中的"音频"图标,显示"音频"二级工具栏,如图 4-251 所示。点击"音乐"图标,显示"添加音乐"界面,如图 4-252 所示。在界面中选择相应的分类,也可以直接在搜索文本框中输入歌曲名称进行搜索,点击音乐名称可以试听音乐,如图 4-253 所示。

图4-251 "音频"二级工具栏　　图4-252 "添加音乐"界面　　图4-253 点击试听音乐

STEP 10 选择合适的音乐，点击"使用"按钮，将所选择的音乐添加到时间轴中，如图4-254所示。点击选择添加到时间轴中的音乐，拖动其白色边框右侧的图标，对音乐进行裁剪操作，如图4-255所示。点击底部工具栏中的"淡化"图标，设置"淡出时长"为4秒，如图4-256所示。点击右下角的"对号"图标，完成音乐淡出效果的设置。

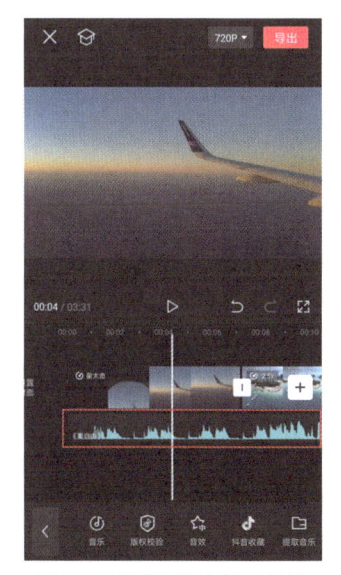

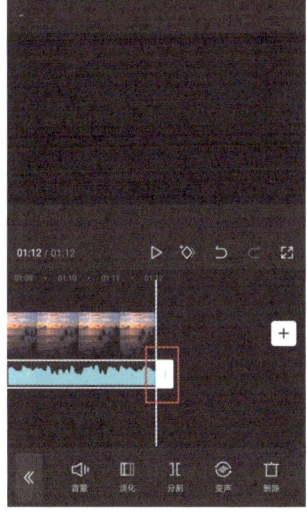

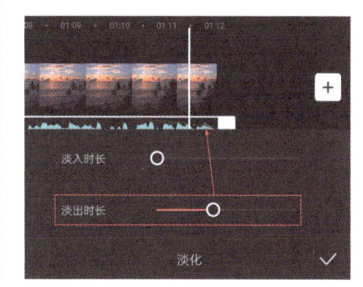

图4-254 将音乐添加到时间轴　　图4-255 对音乐进行裁剪　　图4-256 设置"淡出时长"选项

STEP 11 返回主工具栏，点击"文字"图标，在"文字"二级工具栏中点击"识别歌词"图标，如图4-257所示。在打开的界面中点击"开始匹配"按钮，如图4-258所示。歌词识别完成后，软件会自动添加相应的文字轨道，如图4-259所示。

图4-257 点击"识别歌词"图标　　图4-258 点击"开始匹配"按钮　　图4-259 自动添加文字轨道

> **小贴士**："剪映"App中的"识别歌词"功能目前只支持国语歌曲。另外，由于发音的问题，识别出来的歌词内容可能会有少量错误，可以点击文字轨道中的字幕进行修改。

STEP 12 选择文字轨道，点击底部工具栏中的"编辑"图标，如图4-260所示。在弹出的选项中选择一种字体，如图4-261所示。切换到"样式"选项卡，可以对文字的样式和字号大小进行设置，如图4-262所示。点击"对号"图标，应用文字样式设置。

图4-260 点击"编辑"图标　　图4-261 选择字体　　图4-262 设置文字样式

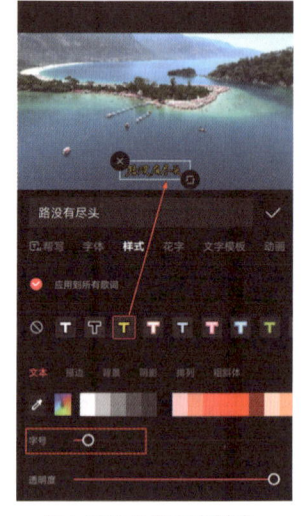

STEP 13 至此，完成相关素材的基本剪辑操作。点击视频剪辑界面左上角的"关闭"图标，退出短视频编辑状态，返回"剪映"App初始界面，软件会自动将剪辑的内容存入"本地草稿"中，如图4-263所示。点击"开始创作"图标，进入素材选择界面，切换到"素材库"选项卡，选择黑幕素材，如图4-264所示。点击"添加"按钮，将所选择的黑幕素材添加到时间轴中，如图4-265所示。

第 4 章 使用"剪映"制作短视频

图4-263 自动存入草稿 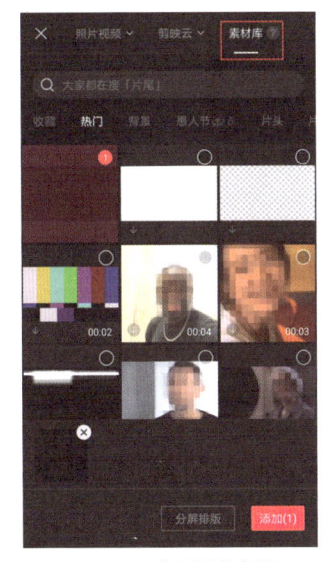　　　图4-264 选择黑幕素材 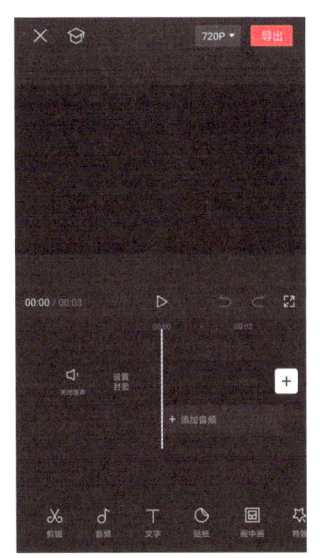　　　图4-265 将素材添加到时间轴

STEP 14 点击界面底部的"文字"图标，显示"文字"二级工具栏，点击"新建文本"图标，输入旅行短视频的标题文字，如图 4-266 所示。在界面下方为所输入的文字选择一种合适的字体，在预览区域中将标题文字适当放大，如图 4-267 所示。点击"对号"图标，完成文字的设置，软件会自动在时间轴中添加文字轨道，如图 4-268 所示。

图4-266 输入标题文字 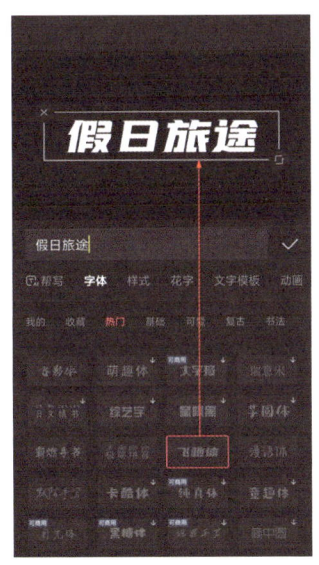　　　图4-267 选择字体并放大文字 　　　图4-268 自动添加文字轨道

STEP 15 点击界面右上角的分辨率下拉按钮，在打开的界面中设置要导出的视频的"分辨率"和"帧率"，如图 4-269 所示。点击界面右上角的"导出"按钮，将制作的旅行短视频的标题导出为一个视频文件，导出完成界面如图 4-270 所示。

141

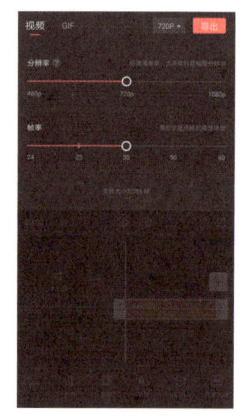

图4-269 设置"分辨率"和"帧率" 　　图4-270 导出完成界面

STEP 16 点击"完成"按钮，返回"剪映"App 初始界面，在"本地草稿"区域可以看到刚导出的标题文字视频，如图 4-271 所示。在"本地草稿"区域点击之前所制作的旅行短视频，进入视频的编辑界面，如图 4-272 所示。

图4-271 自动存入草稿 　　　　　图4-272 进入视频编辑界面

STEP 17 点击界面底部工具栏中的"画中画"图标，显示二级工具栏，点击"新增画中画"图标，如图 4-273 所示。在素材选择界面选择制作好的标题文字素材，如图 4-274 所示。点击"添加"按钮，进入视频剪辑界面，将所选择的标题文字素材添加到视频轨道的下方，如图 4-275 所示。

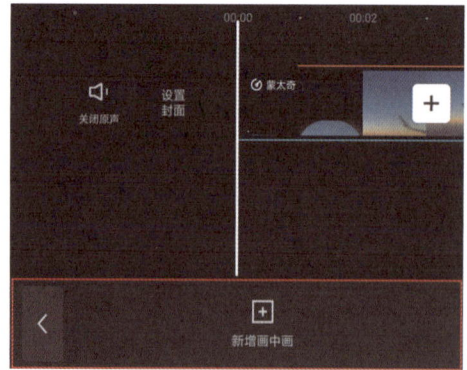

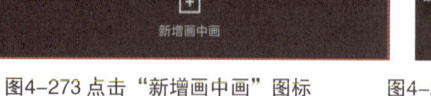

图4-273 点击"新增画中画"图标　　图4-274 选择标题文字素材　图4-275 添加标题文字素材

第 4 章 使用"剪映"制作短视频

> **STEP 18** 在预览区域中通过两指分开操作,将标题文字素材放大至与视频素材相同,如图 4-276 所示。选择时间轴中的标题文字素材,点击界面底部工具栏中的"混合模式"图标,如图 4-277 所示。选择"正片叠底"混合模式,在预览区域中可以看到该模式的效果,如图 4-278 所示。点击"对号"图标,应用"正片叠底"混合模式。

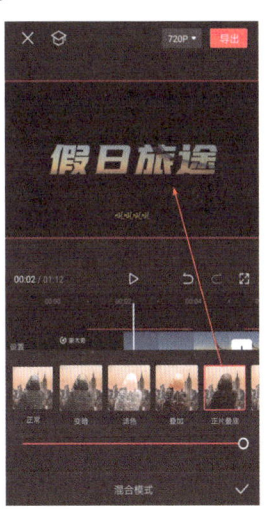

图4-276 放大标题文字　　图4-277 点击"混合模式"图标　　图4-278 应用"正片叠底"混合模式

> **STEP 19** 选择时间轴中的标题文字素材,点击底部工具栏中的"蒙版"图标,如图 4-279 所示。选择"线性"蒙版,如图 4-280 所示。在预览区域中通过两指旋转操作,可以调整线性蒙版的角度,如图 4-281 所示。

图4-279 点击"蒙版"图标　　图4-280 应用"线性"蒙版　　图4-281 调整线性蒙版角度

> **STEP 20** 点击界面右下角的"对号"图标,确认蒙版的添加。选择时间轴中的标题文字素材,点击界面底部工具栏中的"复制"图标,对该标题文字素材进行复制,如图 4-282 所示。在时间轴中将复制的标题文字素材拖至原标题文字素材的下方,并将两层标题文字素材对齐,如图 4-283 所示。

图4-282 复制标题文字素材 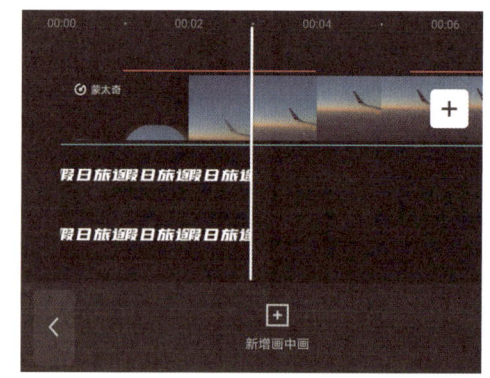　　　　　　图4-283 对齐两层标题文字

STEP 21 选择下方轨道中的标题文字素材，点击界面底部工具栏中的"蒙版"图标，在预览区域中通过两指旋转操作，调整该标题文字素材的线性蒙版的角度，以表现出完整的镂空文字，如图4-284所示。选择上方轨道中的标题文字素材，点击界面底部工具栏中的"动画"图标，切换到"出场动画"选项卡，如图4-285所示。

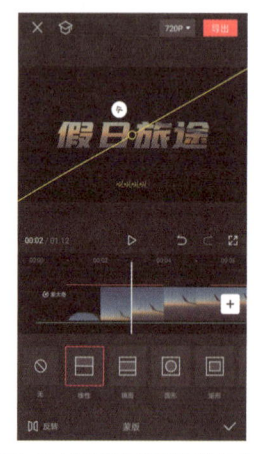

图4-284 调整线性蒙版的角度 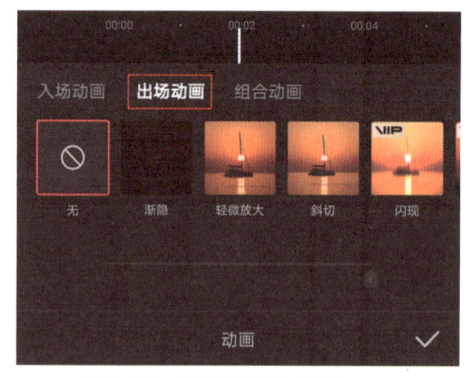　　　　图4-285 "出场动画"选项卡

STEP 22 选择"向左滑动"出场动画，并设置其持续时间为1秒，如图4-286所示，点击"对号"图标，应用该出场动画效果。选择下方轨道中的标题文字素材，点击界面底部工具栏中的"动画"图标，切换到"出场动画"选项卡，选择"向右滑动"出场动画，并设置其持续时间为1秒，如图4-287所示，点击"对号"图标，应用该出场动画效果。

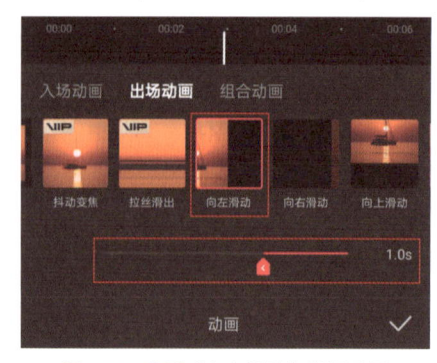

图4-286 应用"向左滑动"出场动画 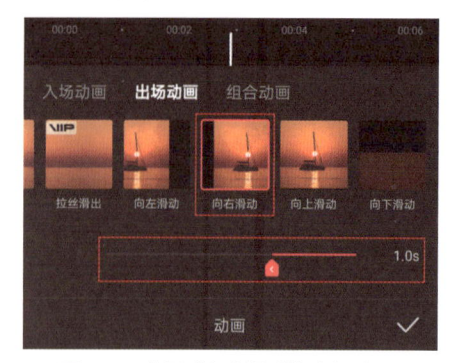　　图4-287 应用"向右滑动"出场动画

第4章 使用"剪映"制作短视频

> **STEP 23** 取消时间轴中素材的选中状态,点击界面底部工具栏中的返回图标,界面效果如图4-288所示。选择"设置封面"选项,进入封面设置界面,滑动时间轴,选择其中一帧画面作为该短视频的封面,如图4-289所示。点击"保存"按钮,完成短视频封面的设置。

> **STEP 24** 点击"设置封面"左侧的喇叭图标,将视频轨道中所有视频素材的原声关闭,如图4-290所示。

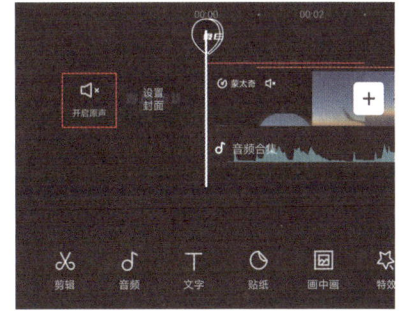

图4-288 视频剪辑界面　　图4-289 选择短视频封面　　图4-290 关闭视频素材原声

> **STEP 25** 点击界面右上角的分辨率下拉按钮,在打开的界面中设置要导出的视频的"分辨率"和"帧率",如图4-291所示。点击界面右上角的"导出"按钮,将制作完成的旅行短视频导出,视频导出界面如图4-292所示。视频导出完成后,会出现导出完成界面,在其中可以选择将该短视频分享到"抖音"和"西瓜"视频平台,如图4-293所示。

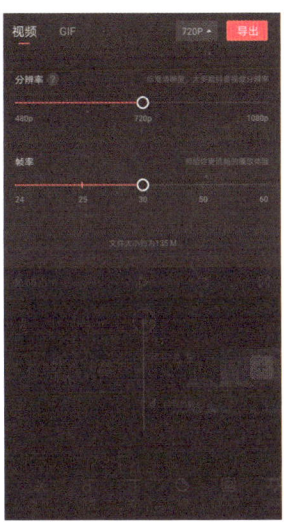

图4-291 设置"分辨率"和"帧率"　　图4-292 视频导出界面　　图4-293 导出完成界面

> **STEP 26** 至此,完成旅行短视频的制作,预览效果如图4-294所示。

145

图4-294 预览旅行短视频效果

4.4 本章小结

　　短视频的创作重点在于创意，视频剪辑软件的功能是死的，而创意是无限的，只有拥有良好的创意，才能够制作出出色的短视频作品。完成本章内容的学习后，读者需要掌握使用"剪映"App 对短视频进行后期剪辑处理的方法和技巧，通过不断练习，逐步提高自己的短视频后期剪辑制作水平。

第 5 章 使用 Premiere 制作短视频

　　Premiere 是 Adobe 公司推出的一款基于 PC 平台的视频后期编辑处理软件，广泛应用于短视频编辑、电视节目制作和影视后期处理等方面。使用 Premiere 软件可以精确控制视频作品的每个帧，视频画面编辑质量优良，具有良好的兼容性，是目前视频后期处理中使用广泛的软件之一。

　　本章将向读者介绍 Premiere 软件的基本操作方法及各项重要功能，重点使读者掌握使用 Premiere 对短视频进行后期编辑处理及特效制作的方法。

5.1　Premiere 基础操作

在使用 Premiere 进行视频剪辑处理之前，首先需要认识 Premiere 的工作界面，掌握软件的基本操作，以便更顺利地学习和使用该软件。

5.1.1　Premiere 工作界面

完成 Adobe Premiere Pro 软件的安装后，双击启动图标，即可启动 Premiere Pro，启动界面如图 5-1 所示。完成 Premiere Pro 的启动后，在界面中显示"开始"窗口，在该窗口中为用户提供了项目的基本操作按钮，如图 5-2 所示，包括"新建项目""打开项目"等，单击相应的按钮，可以快速进行相应的项目操作。

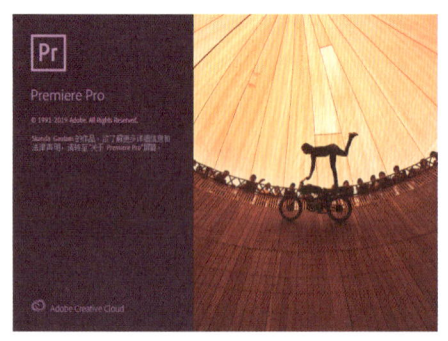

图5-1 Premiere启动界面　　　　　图5-2 "开始"窗口

Premiere 采用了面板式的操作环境，整个工作界面由多个活动面板组成，视频的后期编辑处理就是在各种面板中进行的。Premiere 的工作界面主要是由菜单栏、工作界面布局、"源"监视器窗口、"节目"监视器窗口、"项目"面板、"工具"面板、"时间轴"面板和"音频仪表"面板等组成，如图 5-3 所示。

图5-3 Premiere工作界面

1. 菜单栏

Premiere 的菜单栏中包含 9 个主菜单选项，分别是文件、编辑、剪辑、序列、标记、图形、视图、窗口和帮助，如图 5-4 所示。只有当选中可操作的相关素材元素后，菜单中的相关命令才能被激活，否则是灰色不可用的状态。

图5-4 Premiere的菜单栏

2. 工作界面布局

Premiere 为用户提供了 9 种工作界面布局方式，包括学习、组件、编辑、颜色、效果、音频、图形、库和 Editing，默认的工作界面布局方式为"编辑"，如图 5-5 所示。单击相应的名称，即可将工作界面切换到相应的布局方式。

图5-5 工作界面布局方式

3. 监视器窗口

Premiere 中包含两个监视器窗口，分别是"源"监视器窗口和"节目"监视器窗口。"节目"监视器窗口主要用来显示视频剪辑处理后的最终效果，如图 5-6 所示。"源"监视器窗口主要用来预览和修剪素材，如图 5-7 所示。

图5-6 "节目"监视器窗口　　　　图5-7 "源"监视器窗口

4."项目"面板

"项目"面板用于对素材进行导入和管理，如图 5-8 所示。在该面板中可以显示素材的属性信息，包括素材缩略图、类型、名称、颜色标签、出入点等操作，也可以对素材进行新建、分类、重命名等操作。

5."工具"面板

"工具"面板中提供了多种工具，可以对素材进行添加、分割、增加或删除关键帧等操作，如图 5-9 所示。

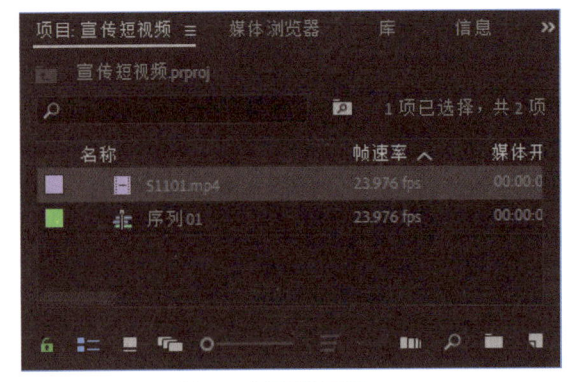

图5-8 "项目"面板　　　　图5-9 "工具"面板

6. "时间轴"面板

"时间轴"面板是 Premiere 的核心部分，如图 5-10 所示。在该面板中，用户可以按照时间顺序排列和连接各种素材，实现对素材的剪辑、插入、复制、粘贴等操作，也可以叠加图层、设置动画的关键帧及合成效果等。

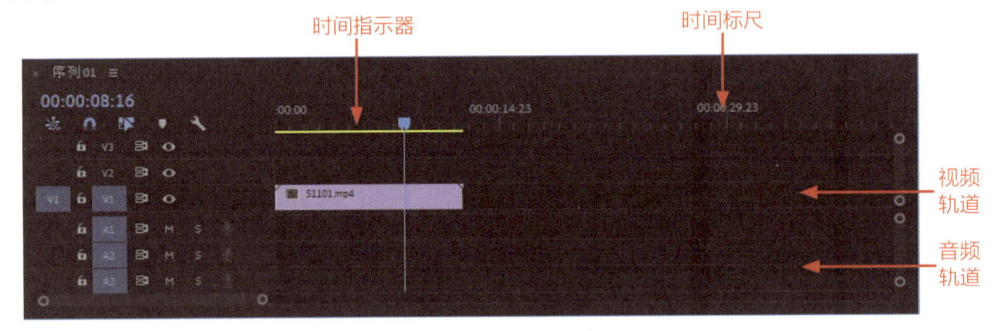

图5-10 "时间轴"面板

7. "音频仪表"面板

在"音频仪表"面板中，可以对"时间轴"面板的音频轨道中的音频素材进行相应的设置，如音频的高低、左右声道等。

5.1.2 创建项目和序列

项目是一种单独的 Premiere 文件，包含序列及组成序列的素材，如视频、图片、音频、字幕等。项目文件还存储着一些图像采集设置、切换和音频混合、编辑结果等信息。在 Premiere 中，所有的编辑任务都是通过项目的形式存在和呈现的。

Premiere 的一个项目文件是由一个或多个序列组成的，最终输出的影片包含了项目中的序列。序列对项目极其重要，因此熟练掌握序列的操作至关重要。下面介绍如何在 Premiere 中创建项目文件和序列。

1. 创建项目文件

启动 Premiere 软件，可以在"开始"窗口中单击"新建项目"按钮，也可以执行"文件 > 新建 > 项目"命令，弹出"新建项目"对话框，如图 5-11 所示。在"名称"文本框中输入项目名称，单击"位置"选项后的"浏览"按钮，选择项目文件的保存位置，其他选项可以采用默认设置，如图 5-12 所示。

单击"确定"按钮，即可创建一个新的项目文件，在项目文件的保存位置可以看到自动创建的 Premiere 项目文件，如图 5-13 所示。

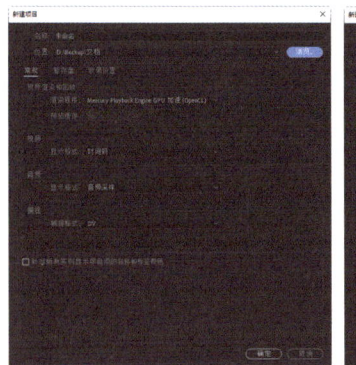

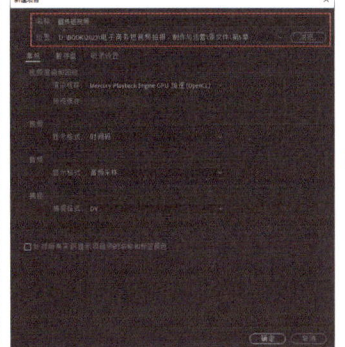

图5-11 "新建项目"对话框　　图5-12 设置项目名称和保存位置　　图5-13 创建的项目文件

小贴士： 要打开项目文件，可以执行"文件 > 打开"命令，或者执行"文件 > 打开最近使用的内容"命令。在"打开最近使用的内容"命令的子菜单中，会显示用户最近一段时间编辑过的项目文件。

2. 创建序列

完成项目文件的创建后，接下来需要在该项目文件中创建序列。执行"文件 > 新建 > 序列"命令，或者单击"项目"面板中的"新建项"图标 ，在打开的下拉列表框中选择"序列"选项，如图 5-14 所示。弹出"新建序列"对话框，如图 5-15 所示。

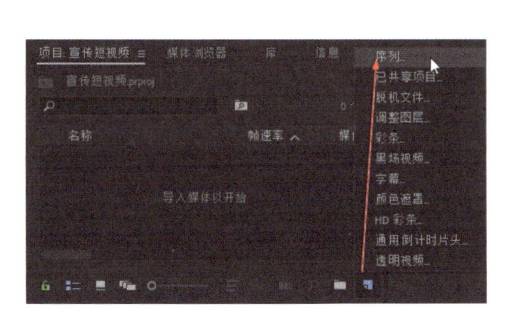

图5-14 选择"序列"选项　　图5-15 "新建序列"对话框

在"新建序列"对话框中，默认显示的是"序列预设"选项卡，其中罗列了诸多预设方案，选择某一方案后，在对话框右侧的列表框中可以查看相对应的方案描述及详细参数。

选择"设置"选项卡，可以在预设方案的基础上，进一步修改相关设置和参数，如图 5-16 所示。单击"确定"按钮，完成"新建序列"对话框的设置，在"项目"面板中可以看到所创建的序列，如图 5-17 所示。

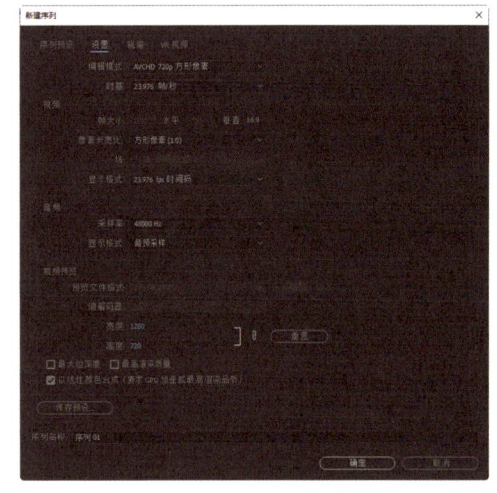

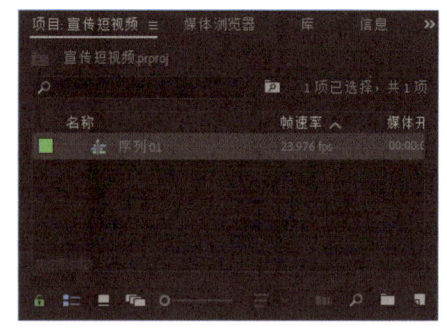

图5-16 "设置"选项卡　　　　图5-17 "项目"面板中创建的序列

5.1.3　导入素材

在Premiere中进行视频编辑处理时，首先需要将视频、图片、音频等素材导入到"项目"面板中，然后再进行编辑处理。

如果需要将素材导入到Premiere中，可以执行"文件 > 导入"命令，或者在"项目"面板的空白位置双击，弹出"导入"对话框，选择需要导入的素材文件，如图5-18所示。单击"打开"按钮，即可将所选择的素材文件导入到"项目"面板中。

双击"项目"面板中的素材，可以在"源"监视器窗口中查看该素材的效果，如图5-19所示。

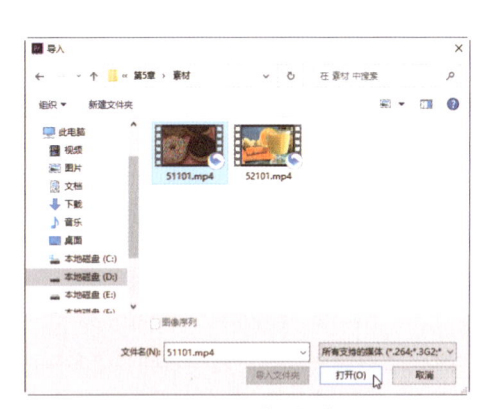

图5-18 "导入"对话框　　　　图5-19 导入素材并在"源"监视器窗口中查看

小贴士： 在"导入"对话框中可以同时选中多个需要导入的素材，将选中的多个素材同时导入到"项目"面板中。也可以单击"导入"对话框中的"导入文件夹"按钮，实现整个文件夹素材的导入。

5.1.4 保存与输出操作

在 Premiere 中完成项目文件的编辑操作之后，需要将其保存。

执行"文件 > 保存"命令，或按【Ctrl+S】组合键，可以对项目文件进行覆盖保存。

执行"文件 > 另存为"命令，弹出"保存项目"对话框，可以通过设置新的存储路径和项目文件名称进行保存。

执行"文件 > 保存副本"命令，弹出"保存项目"对话框，可以将项目文件以副本的形式进行保存。

完成项目文件的编辑处理后，还需要将项目文件导出为视频。当然，在 Premiere 中还可以将项目文件导出为其他文件形式。

执行"文件 > 导出 > 媒体"命令，弹出"导出设置"对话框，如图 5-20 所示。在该对话框的右侧可以设置导出媒体的格式、文件名称、输出位置、模式预设、效果、视频、音频、字幕、发布等信息。

图5-20 "导出设置"对话框

设置完毕后，单击"导出"按钮，即可将制作好的项目文件导出为视频文件。

完成项目文件的编辑制作后，执行"文件 > 关闭项目"命令，可以关闭当前所制作的项目文件。

5.2 掌握 Premiere 中的素材剪辑操作

Premiere 是一款非线性编辑软件，非线性编辑软件的主要功能就是对素材进行剪辑操作，通过各种剪辑技术对素材进行分割、拼接和重组，最终形成完整的视频。

5.2.1 监视器窗口

监视器窗口包括"源"监视器窗口和"节目"监视器窗口，这两个窗口是视频后期剪辑处理的主要"阵地"。为了提高工作效率，本节将对这两个监视器窗口进行简单介绍。

双击"项目"面板中需要编辑的视频素材，可以在"源"监视器窗口中显示该素材，如图 5-21 所示。

![图5-21 "源"监视器窗口标注：仅拖动视频、缩放级别、时间指示器位置、时间指示器、仅拖动音频、回放分辨率、设置工具、入点/出点持续时间]

图5-21 "源"监视器窗口

"源"监视器窗口底部的功能操作按钮从左至右依次是"添加标记" ▼、"标记入点" ▸、"标记出点" ▹、"转到入点" ◂、"后退一帧" ◃、"播放 – 停止切换" ▶、"前进一帧" ▸、"转到出点" ▹、"插入" ▤、"覆盖" ▥ 和"导出帧" ◉ 。

"节目"监视器窗口与"源"监视器窗口非常相似，如图5-22所示。当序列上没有素材时，"节目"监视器窗口中显示黑色，只有在序列上放置了素材，在该窗口中才会显示素材的内容，这个内容就是最终导出的节目内容。

图5-22 "节目"监视器窗口

"节目"监视器窗口底部的功能操作按钮与"源"监视器窗口基本相同，但有3个例外，分别是"提升" ▤、"提取" ▥ 和"比较视图" ▣ 。

"节目"监视器窗口中的"提升"是指在"节目"监视器窗口中选取的素材片段在"时间轴"面板中的轨道上被删除，原位置内容空缺，等待新内容的填充，如图5-23所示。

"节目"监视器窗口中的"提取"是指在"节目"监视器窗口中选取的素材片段在"时间轴"面板中的轨道上被删除，后面的素材前移及时填补空缺，如图5-24所示。

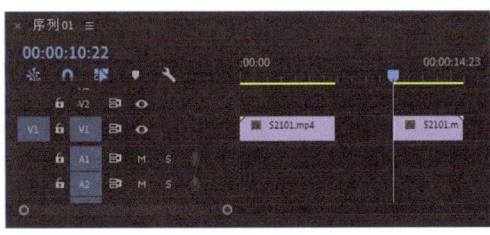

图5-23 单击"提升"按钮的效果 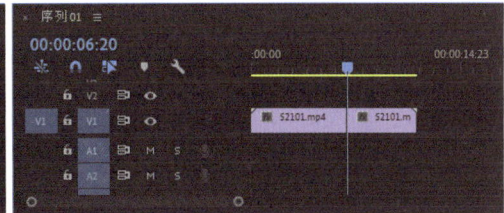　　　　图5-24 单击"提取"按钮的效果

"节目"监视器窗口中的"比较视图"是指在"节目"监视器窗口中将当前位置的画面与"源"监视器窗口素材的原始画面进行对比。

"源"监视器窗口中的"插入"是指在"时间轴"面板中的当前时间位置之后插入选取的素材片段，当前时间位置之后的源素材自动向后移动，节目总时间变长。

"源"监视器窗口中的"覆盖"是指在"时间轴"面板中的当前时间位置使用选取的素材片段替换原有素材。如果选取的素材片段时长没有超过当前时间位置之后的原素材的时长，节目总时长不变；反之，节目总时长为当前时长加上选取的素材片段时长。

通过以上对比可以了解到，"源"监视器窗口是对"项目"面板中的素材进行剪辑的，并将剪辑得到的素材插入到"时间轴"面板中；而"节目"监视器窗口是对"时间轴"面板中的素材直接进行剪辑的。"时间轴"面板中的内容通过"节目"监视器窗口显示出来，也是最终导出的视频内容。

5.2.2　素材剪辑操作

单击"源"监视器窗口底部的"播放"按钮▶，可以观看视频素材。拖动时间指示器至需要的起始位置，单击"标记入点"按钮，如图5-25所示，即可完成素材入点的设置。拖动时间指示器至需要的结束位置，单击"标记出点"按钮，如图5-26所示，即可完成素材出点的设置。

图5-25 设置视频素材入点位置 　　　　图5-26 设置视频素材出点位置

小贴士： 使用鼠标拖动时间指示器时，不能拖动得很精确，可以借助"前进一帧"按钮或"后退一帧"按钮，进行精确的调整。

单击"源"监视器窗口底部的"插入"按钮，即可将入点与出点之间的视频素材插入到"时间轴"面板的V1轨道中，如图5-27所示。在"源"监视器窗口中拖动时间指示器至需要的起始位置，单击"标记入点"按钮 ![] ，如图 5-28 所示。

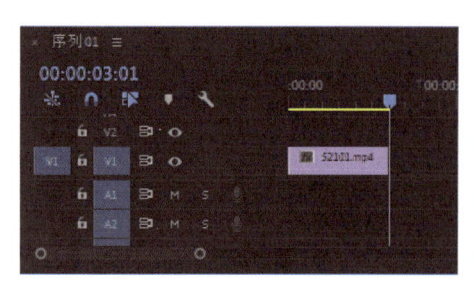

图5-27 插入截取的视频素材 　　　　　图5-28 设置视频素材入点位置

拖动时间指示器至需要结束的位置，单击"标记出点"按钮 ![] ，如图 5-29 所示，完成视频素材中需要部分的截取。在"时间轴"面板中确认时间指示器位于第 1 段视频素材结束位置，单击"源"监视器窗口底部的"插入"按钮 ![] ，即可将入点与出点之间的视频素材插入到"时间轴"面板中的 V1 轨道中，如图 5-30 所示，完成第 2 段视频素材的插入。

图5-29 设置视频素材出点位置 　　　　　图5-30 插入截取的第2段视频素材

小贴士：在"源"监视器窗口中设置素材的入点和出点，在"时间轴"面板中确定需要插入素材的位置，然后单击"源"监视器窗口中的"插入"按钮，将选取的素材插入到时间轴中，这种方法通常称为"三点编辑"。

5.2.3 视频剪辑工具

默认情况下，"工具"面板位于"项目"面板与"时间轴"面板之间，用户可以根据自己的操作习惯调整"工具"面板的位置。在"工具"面板中包含了多个可用于视频编辑操作的工具，介绍如下。

- "选择工具" ![] ：使用该工具可以选择素材，将选择的素材拖曳至其他轨道等操作。
- "向前选择轨道工具" ![] ：当"时间轴"面板中的某一条轨道中包含多个素材时，单击该按钮，可以选中当前所选择素材右侧的所有素材片段。
- "向后选择轨道工具" ![] ：当"时间轴"面板中的某一条轨道中包含多个素材时，单击该按钮，可以选中当前所选择素材左侧的所有素材片段。

- "波纹编辑工具" ：使用该工具，将光标移至单个视频素材的开始或结束位置时，可以拖动调整选中的视频长度，前方或后方的素材片段在编辑后会自动吸附（注意：修改的范围不能超出原视频的范围）。
- "滚动编辑工具" ：使用该工具，可以在不影响轨道总长度的情况下，调整其中某个视频的长度（缩短其中一个视频的长度，其他视频变长；拖长其中一个视频的长度，其他视频变短）。需要注意的是，使用该工具时视频必须已经修改过长度，有足够剩余的时间来进行调整。
- "比例拉伸工具" ：使用该工具，可以将原有的视频长度拉长，视频播放就变成了慢动作。将视频长度变短，视频效果就类似于快速播放的效果。
- "剃刀工具" ：使用该工具，在素材上合适的位置单击，可以在单击的位置分割素材。
- "外滑工具" ：对已经调整过长度的视频，在不改变视频长度的情况下，使用该工具在视频上进行拖动，可以变换视频区间。
- "内滑工具" ：使用该工具在视频素材上拖动，选中的视频长度不变，变换剩余的视频长度。
- "钢笔工具" ：使用该工具，可以在"节目"监视器窗口中绘制自由形状图形，在该工具中还包含两个隐藏工具："矩形工具"和"椭圆工具"，分别用于绘制矩形和椭圆形。
- "手形工具" ：使用该工具，可以在"时间轴"面板和监视器窗口中进行拖曳预览。
- "缩放工具" ：使用该工具，在"时间轴"面板中单击可以放大时间轴，按住【Alt】键并单击可以缩小时间轴。
- "文字工具" ：使用该工具，在"节目"监视器窗口中单击可以输入文字。在该工具中还包含"垂直文字工具"，可以输入竖排文字。

5.2.4 修改视频素材的播放速率

执行"剪辑>速度/持续时间"命令，可以在弹出的对话框中设置视频剪辑播放的时长或比率，而使用"比例拉伸工具"比它更直观、更简便。使用"比例拉伸工具"将原有的视频长度拉长，视频播放速度就会变慢，实现慢动作效果；把视频长度压缩变短，视频播放速度就会变快，实现快速播放效果。

例如，将"项目"面板中的视频素材拖入到"时间轴"面板的视频轨道中，该视频素材的总时长为 15 秒 24 帧，如图 5-31 所示。

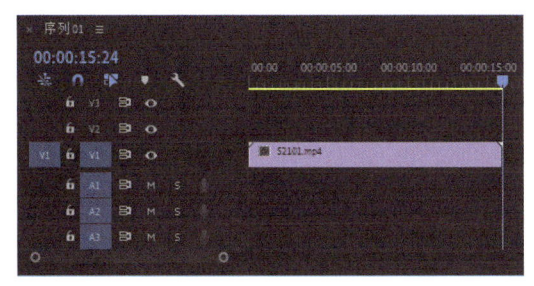

图5-31 将视频素材拖入视频轨道

使用"比例拉伸工具" ，将鼠标指针移至视频素材结束位置，按住鼠标左键并向左拖动，如图 5-32 所示。

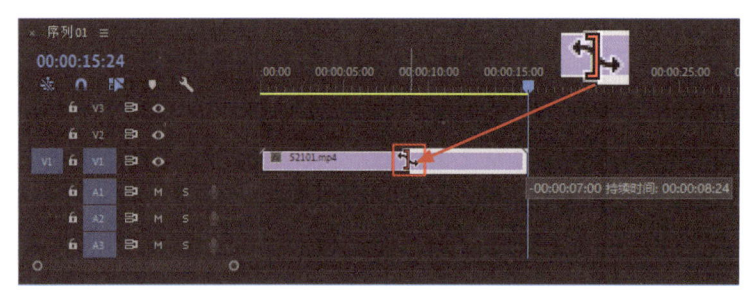

图5-32 使用"比例拉伸工具"进行拖动调整1

将视频素材时长压缩至8秒24帧,释放鼠标左键,完成视频素材的调整,如图5-33所示。在"节目"监视器窗口中单击"播放"按钮,预览视频效果,可以发现视频的播放速度明显加快,如图5-34所示。

图5-33 完成视频素材的调整　　　　图5-34 预览视频效果

使用"比例拉伸工具"，将鼠标指针移至视频素材结束位置,按住鼠标左键向右拖动鼠标,将视频素材时长延长至45秒,释放鼠标左键,如图5-35所示。在"节目"监视器窗口中单击"播放"按钮,预览视频效果,可以发现视频的播放速度明显变慢。

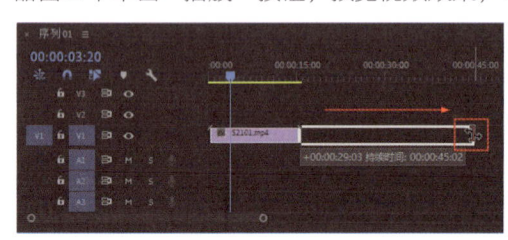

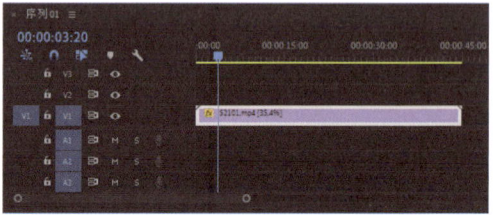

图5-35 使用"比例拉伸工具"进行拖动调整2

使用"选择工具",选择视频轨道中的视频素材,执行"剪辑>速度/持续时间"命令,弹出"剪辑速度/持续时间"对话框,如图5-36所示。

在该对话框中可以精确地设置视频素材播放速度的百分比和持续时间,从而实现快放和慢放的效果。在"剪辑速度/持续时间"对话框中还可以设置视频素材的倒放速度,只需要选择"倒放速度"复选框即可。

除了以上方法,还可以使用效果控件中的"时间重映射"功能来改变视频的播放速度,实现快慢镜头效果。

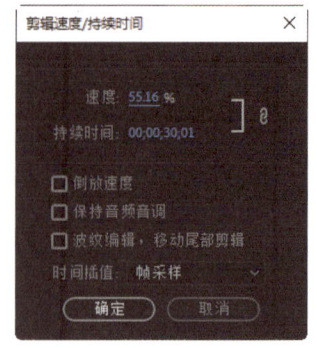

图5-36 "剪辑速度/持续时间"对话框

5.2.5 创建其他常用的视频元素

Premiere中置入了许多在视频剪辑过程中经常会用到的视频元素，包括黑场、彩条视频、颜色遮罩、通用倒计时片头等，只需要通过简单的设置即可创建，非常方便。

1. 黑场

黑场视频可以加在片头或两个素材中间，目的是预留编辑位置，片头制作完成后替换掉黑场视频或增加转场效果时，不至于太突然。

执行"文件 > 新建 > 黑场视频"命令，或者单击"项目"面板右下角的"新建项"图标，在打开的下拉列表框中选择"黑场视频"选项，如图5-37所示。弹出"新建黑场视频"对话框，对相关参数进行设置，一般默认保持当前序列的各个参数设置，如图5-38所示。

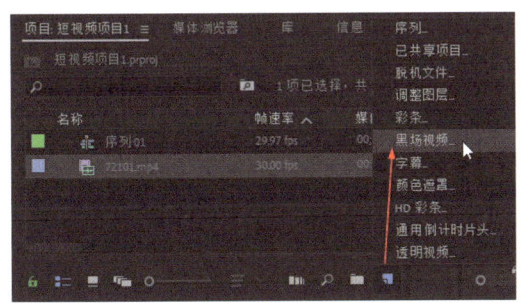

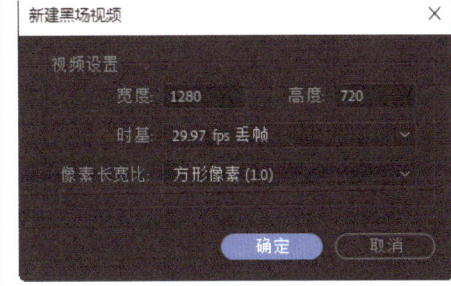

图5-37 选择"黑场视频"选项　　　　图5-38 "新建黑场视频"对话框

单击"确定"按钮，即可创建一个黑场视频并出现在"项目"面板中，可以将所创建的黑场视频拖入到"时间轴"面板的视频轨道中，后面接其他视频素材，放置在两个视频剪辑之间，实现镜头的过渡。

2. 彩条视频

彩条视频一般添加在片头，用来测试显示设备的颜色、色度、亮度、声音等是否符合标准。Premiere中包含彩条和HD彩条两种，其中，HD彩条是高清格式的，用户可以根据需要自行选择使用。

执行"文件 > 新建 >HD 彩条"命令，或者单击"项目"面板右下角的"新建项"图标，在打开的下拉列表框中选择"HD 彩条"选项，如图5-39所示。弹出"新建HD 彩条"对话框，对相关参数进行设置，一般默认保持当前序列的各个参数设置，如图5-40所示。

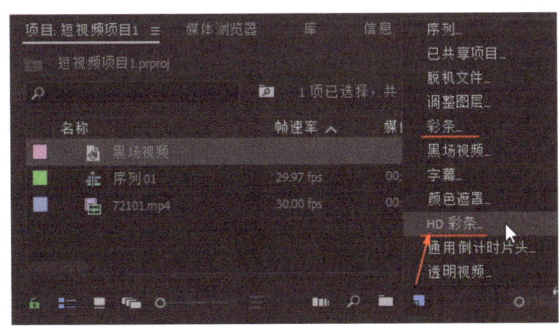

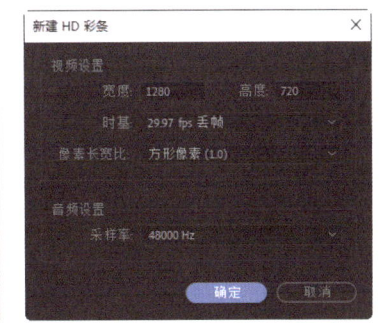

图5-39 选择"HD彩条"选项　　　　图5-40 "新建HD彩条"对话框

单击"确定"按钮，即可创建一个HD 彩条并出现在"项目"面板中，如图5-41所示。可以将所创建的HD 彩条拖入到"时间轴"面板的视频轨道中，后面接其他视频素材。在"节目"监视器窗口中可以看到HD 彩条的效果，如图5-42所示。

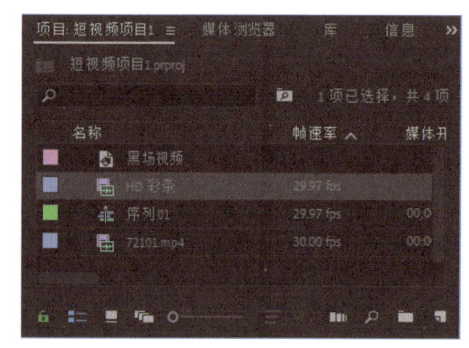

图5-41 "项目"面板的HD彩条　　　　图5-42 预览HD彩条效果

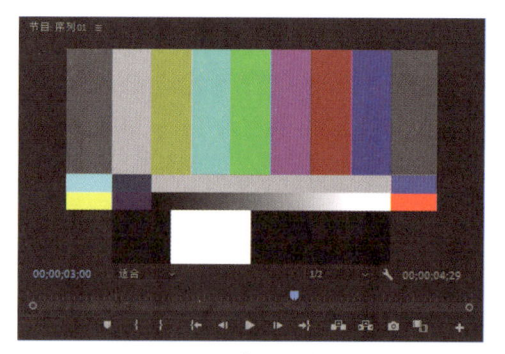

3. 颜色遮罩

颜色遮罩主要用来制作影片背景，结合视频特效可以制作出漂亮的背景图案。

执行"文件 > 新建 > 颜色遮罩"命令，或者单击"项目"面板右下角的"新建项"图标，在打开的下拉列表框中选择"颜色遮罩"选项，如图5-43所示。弹出"新建颜色遮罩"对话框，对相关参数进行设置，一般默认保持当前序列的各个参数设置，如图5-44所示。

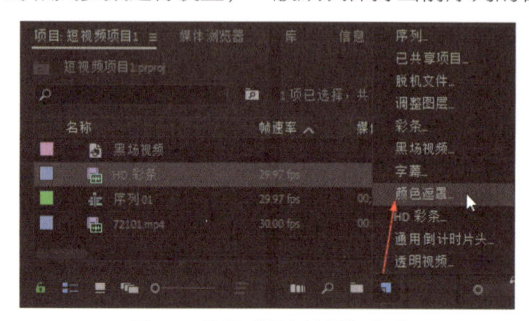

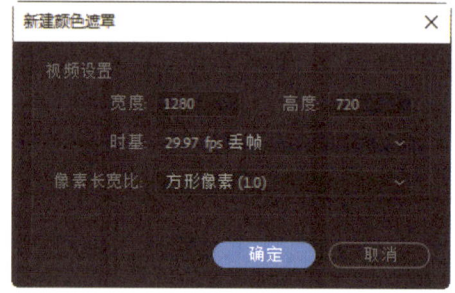

图5-43 选择"颜色遮罩"选项　　　　图5-44 "新建颜色遮罩"对话框

单击"确定"按钮，弹出"拾色器"对话框，选择一种颜色，如图5-45所示。单击"确定"按钮，弹出"选择名称"对话框，设置一个颜色遮罩名称，如图5-46所示。单击"确定"按钮，即可创建一个颜色遮罩素材并出现在"项目"面板中，如图5-47所示。可以将所创建的颜色遮罩素材拖入到时间轴的视频轨道中使用。

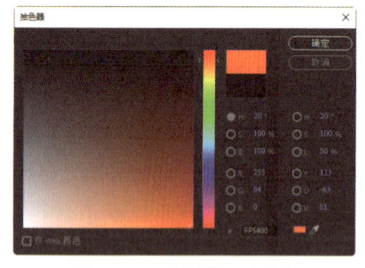

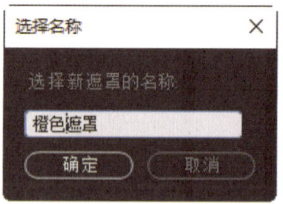

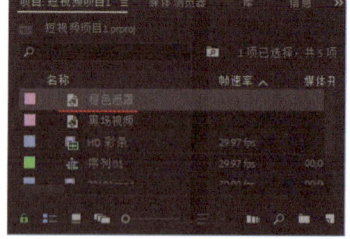

图5-45 "拾色器"对话框　　图5-46 "选择名称"对话框　　图5-47 "项目"面板中的颜色遮罩

4. 通用倒计时片头

执行"文件 > 新建 > 通用倒计时片头"命令，或者单击"项目"面板右下角的"新建项"图标，在打开的下拉列表框中选择"通用倒计时片头"选项，如图5-48所示。弹出"新建通用倒计时片头"对话框，根据所导入的视频素材对相关选项进行设置，如图5-49所示。

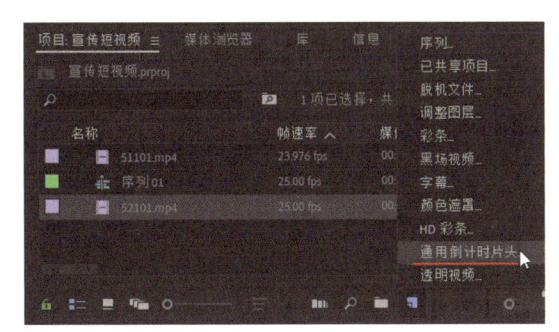

图5-48 选择"通用倒计时片头"选项 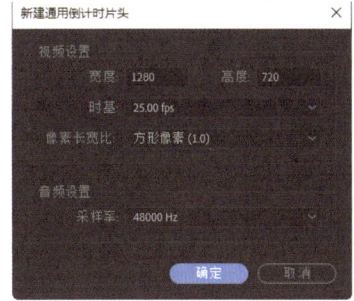　　图5-49 "新建通用倒计时片头"对话框

单击"确定"按钮，弹出"通用倒计时设置"对话框，可以对倒计时片头的相关背景颜色、文字颜色和提示音选项进行设置，如图5-50所示。单击"确定"按钮，完成通用倒计时片头的创建，"项目"面板如图5-51所示。

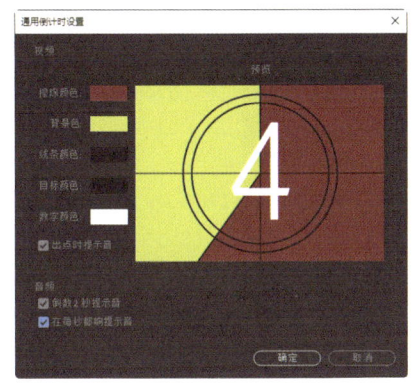

图5-50 "通用倒计时设置"对话框 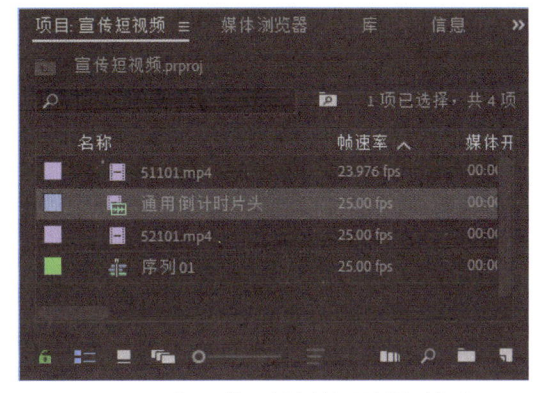　　图5-51 "项目"面板中的通用倒计时片头

可以将所创建的通用倒计时片头素材拖入到"时间轴"面板的视频轨道中，如图5-52所示，后面接其他视频素材。在"节目"监视器窗口中可以看到通用倒计时片头素材的效果，如图5-53所示。

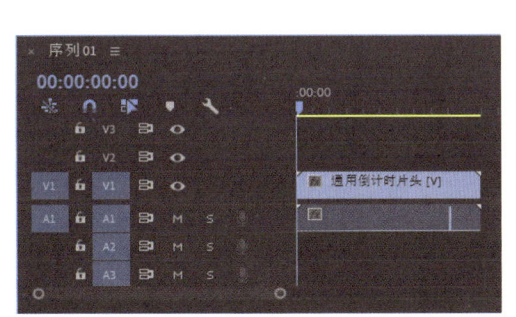

图5-52 将通用倒时计片头素材拖入视频轨道 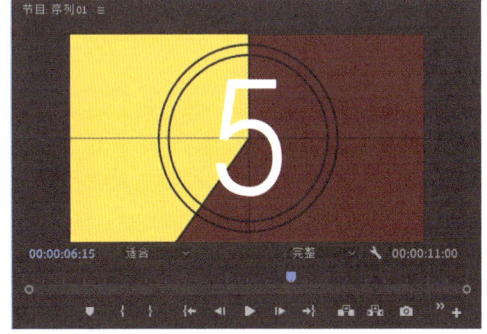　　图5-53 预览通用倒时计片头素材效果

小贴士： 在Premiere中除了可以创建黑场视频、彩条、颜色遮罩等元素，还可以创建调整图层、透明视频、字幕、脱机文件头等元素，创建方法与前面介绍的方法相似。

5.3 掌握效果设置

Premiere 拥有强大的运动效果生成功能，通过简单的设置，可以使静态的素材画面产生运动效果。

5.3.1 "效果控件"面板

将素材拖入到"时间轴"面板中的视频轨道后，选中素材，切换到"效果控件"面板，视频效果可以分为"运动"、"不透明度"和"时间重映射"3 个效果，单击左侧的展开按钮，可以看到每个效果的设置选项，如图 5–54 所示。

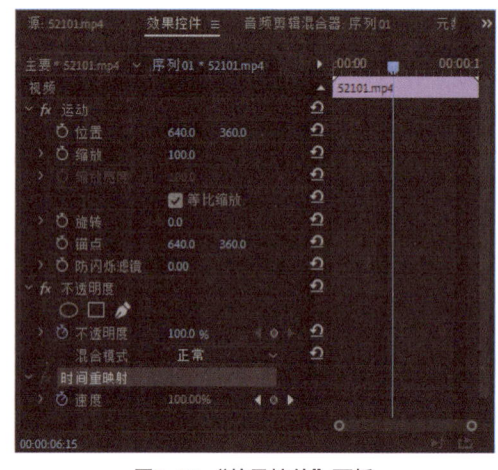

图5–54 "效果控件"面板

1. "运动"效果

- 位置：可以设置素材对象在屏幕中的坐标位置。
- 缩放：可以设置素材对象等比例缩放程度，如果取消选择"等比缩放"复选框，则该选项用于单独调整素材对象高度的缩放，宽度不变。
- 缩放宽度：默认为不可用状态，取消选择"等比缩放"复选框后，可以通过该选项调整素材对象宽度的缩放。
- 等比缩放：默认为选中状态，素材对象将等比例缩放。
- 旋转：可以设置素材对象在屏幕中的旋转角度。
- 锚点：可以设置对象的移动、缩放和旋转的锚点位置。
- 防闪烁滤镜：消除视频素材中的闪烁现象。

2. "不透明度"效果

- 创建蒙版工具：创建椭圆形、矩形和绘制不规则形状的蒙版效果。
- 不透明度：设置素材对象的半透明效果。
- 混合模式：设置各素材之间的混合效果。

3. "时间重映射"效果

- 速度：可以对素材进行变速处理。

> **小贴士：** 如果在"时间轴"面板中所选择的素材是一个包含音频的视频素材，那么在"效果控件"面板中还会显示"音频效果"选项，用于对音频效果进行设置。

5.3.2 制作分屏显示效果

认识了 Premiere 软件的工作界面，并且学习了 Premiere 的基本操作后，接下来通过一个简单的分屏显示视频效果的制作，使读者进一步熟悉在 Premiere 软件中进行视频后期编辑处理的基本操作流程。

实战 制作分屏显示效果
源文件：资源 \ 第 5 章 \5-3-2.prproj　　视频：视频 \ 第 5 章 \ 制作分屏显示效果 .mp4

STEP 01 执行"文件 > 新建 > 项目"命令，弹出"新建项目"对话框，设置项目文件的名称和位置，如图 5-55 所示。单击"确定"按钮，新建项目文件。执行"文件 > 新建 > 序列"命令，弹出"新建序列"对话框，在预设列表中选择"AVCHD"选项中的"AVCHD 720p30"选项，如图 5-56 所示。

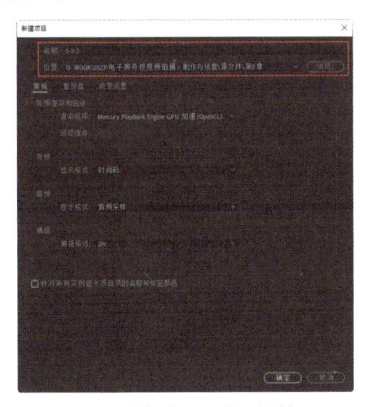

图5-55 "新建项目"对话框　　图5-56 "新建序列"对话框

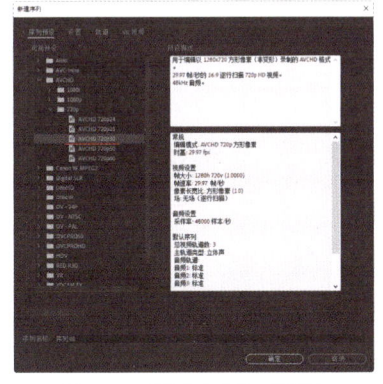

STEP 02 切换到"轨道"选项卡，将"音频2"至"音频6"轨道删除，只保留"音频1"轨道，如图 5-57 所示。单击"确定"按钮，新建序列。双击"项目"面板的空白位置，弹出"导入"对话框，同时选中需要导入的多个不同类型的素材文件，如图 5-58 所示。

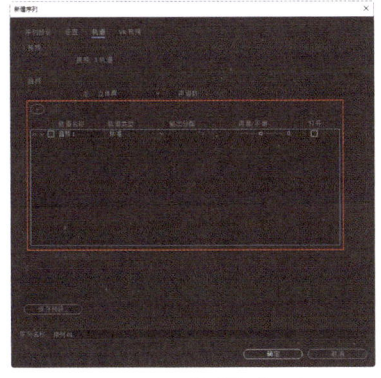

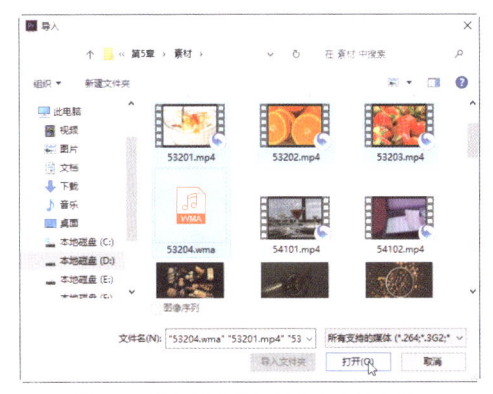

图5-57 设置"轨道"选项卡　　图5-58 选择需要导入的多个素材文件

STEP 03 单击"打开"按钮,将选中的多个素材导入到"项目"面板中,如图5-59所示。在"项目"面板中将"53201.mp4"视频素材拖曳到"时间轴"面板的V1轨道上,如图5-60所示。

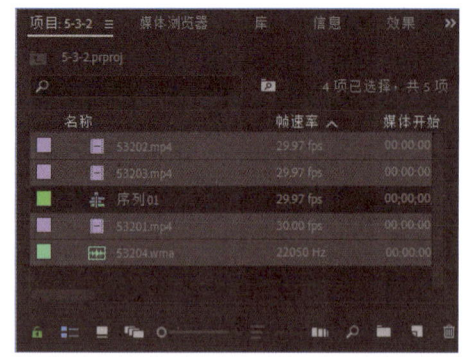

图5-59 将素材导入"项目"面板

图5-60 将视频素材拖入V1轨道

小贴士: 如果向Premiere中导入的是.mov格式的视频素材,需要在系统中安装QuickTime,否则将无法导入.mov格式的视频素材。

STEP 04 分别将"53202.mp4"和"53203.mp4"视频素材拖曳到"时间轴"面板中的V2和V3轨道上,如图5-61所示。分别对V2和V3轨道中的视频素材的时长进行调整,使3段视频素材的时长相同,如图5-62所示。

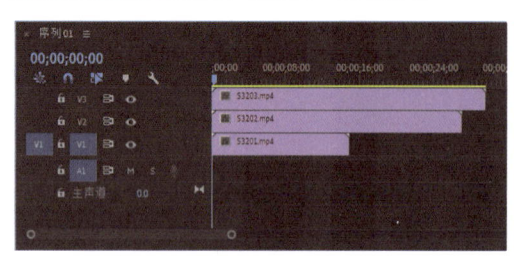

图5-61 拖入其他素材分别放置在V2和V3轨道

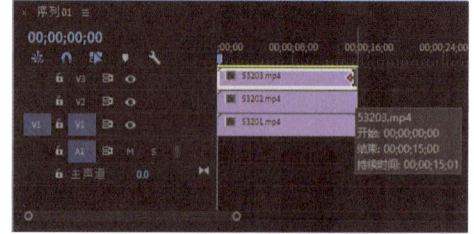

图5-62 调整3段视频素材的时长相同

STEP 05 选择V3轨道中的视频素材,在"效果控件"面板中设置"缩放"属性值为85%,并拖动"位置"属性值,如图5-63所示,调整V3轨道中的视频素材到视频窗口右下角的位置,如图5-64所示。

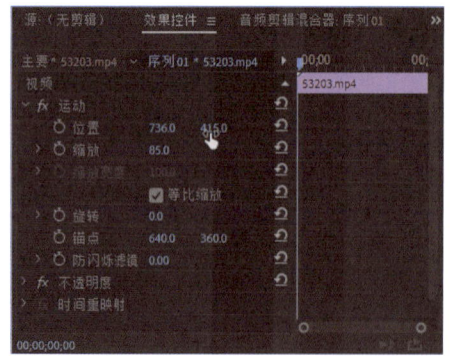

图5-63 设置"缩放"和"位置"属性

图5-64 调整后的V3轨道视频素材效果

164

第 5 章 使用 Premiere 制作短视频

STEP 06 打开"效果"面板，在该面板的搜索框中输入"线性擦除"，搜索该效果，如图 5-65 所示。将搜索到的"线性擦除"视频效果拖至"时间轴"面板中 V3 轨道的视频素材上，为其应用该效果，如图 5-66 所示。

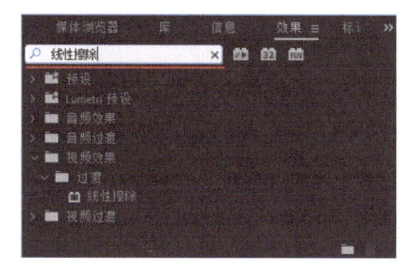

图5-65 搜索视频效果 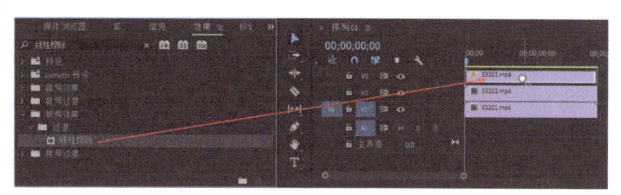　　　　　　　　图5-66 为素材应用"线性擦除"效果

STEP 07 在"效果控件"面板中对"线性擦除"效果的"过渡完成"和"擦除角度"选项进行设置，如图 5-67 所示。在"节目"监视器窗口中可以看到 V3 轨道中视频素材的效果，如图 5-68 所示。

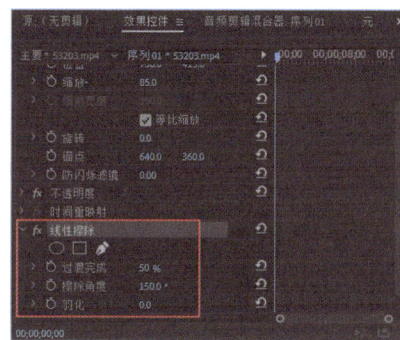

图5-67 设置"线性擦除"效果的相关选项 　　　　　图5-68 V3轨道视频素材效果

STEP 08 选择 V2 轨道中的视频素材，在"效果控件"面板中设置"缩放"属性值为 85%，并拖动"位置"属性值，如图 5-69 所示，调整 V2 轨道中的视频素材到视频窗口左下角的位置，如图 5-70 所示。

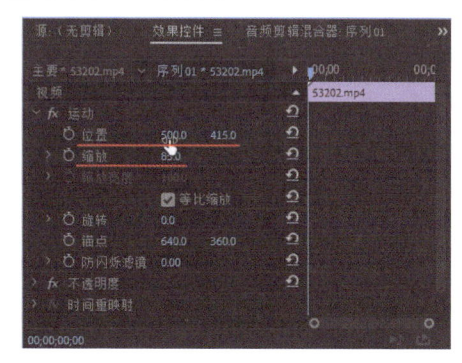

图5-69 设置"缩放"和"位置"属性 　　　　　图5-70 调整后的V2轨道视频素材效果

STEP 09 在"效果"面板中将"线性擦除"效果拖至"时间轴"面板中 V2 轨道的视频素材上，为其应用该效果。在"效果控件"面板中对"线性擦除"效果的"过渡完成"和"擦除角度"选项进行设置，如图 5-71 所示。在"节目"监视器窗口中可以看到 V2 轨道中视频素材的效果，如图 5-72 所示。

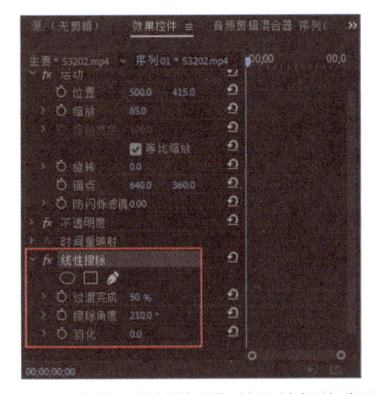

图5-71 设置"线性擦除"效果的相关选项　　　　图5-72 V2轨道视频素材效果

STEP 10 选择 V1 轨道中的视频素材，在"效果控件"面板中拖动"位置"属性值，如图 5-73 所示，适当调整 V1 轨道中视频素材在"节目"监视器窗口中的位置，如图 5-74 所示。

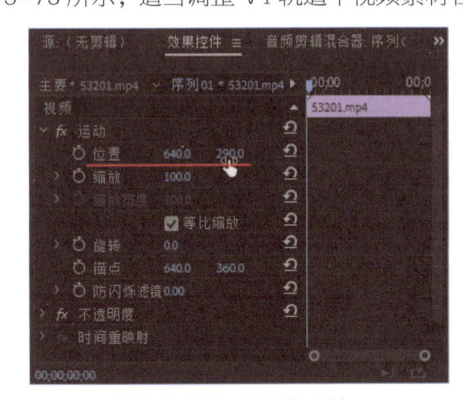

图5-73 设置"位置"属性　　　　图5-74 适当调整V1轨道素材位置

STEP 11 执行"文件＞新建＞旧版标题"命令，弹出"新建字幕"对话框，参数设置如图 5-75 所示。单击"确定"按钮，弹出旧版标题字幕设计窗口，使用"矩形工具"在窗口中绘制白色矩形，如图 5-76 所示。

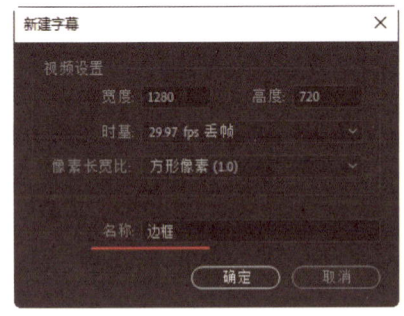

图5-75 设置"新建字幕"对话框　　　　图5-76 绘制白色矩形

STEP 12 将光标移至所绘制矩形的某一个角上拖动鼠标可以旋转矩形，拖动调整矩形到合适的位置，如图 5-77 所示。使用相同的制作方法，绘制其他矩形并分别调整到相应的位置，如图 5-78 所示。

图5-77 旋转并移动矩形位置 　　　　　图5-78 绘制其他矩形并分别调整位置

STEP 13 关闭旧版标题字幕设计窗口,在"项目"面板中可以看到刚创建的名为"边框"的素材,如图5-79所示。在"时间轴"面板的V3轨道上单击鼠标右键,在弹出的快捷菜单中选择"添加单个轨道"命令,如图5-80所示,在V3轨道的上方添加V4轨道。

图5-79 刚创建的"边框"素材 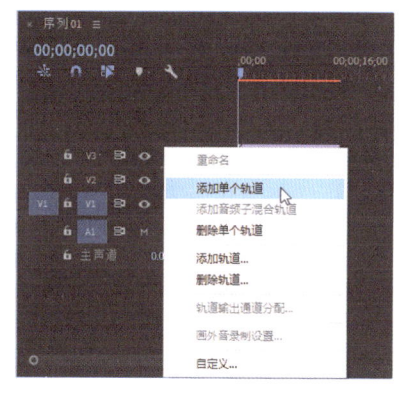　　　　　图5-80 选择"添加单个轨道"命令

STEP 14 在"项目"面板中将"边框"素材拖入到V4轨道中,并调整其时长与其他视频轨道中的素材时长相同,如图5-81所示。在"项目"面板中将"54404.wma"音频素材拖入到A1轨道中,并调整其时长与其他视频轨道中的素材时长相同,如图5-82所示。

图5-81 拖入"边框"素材并调整时长 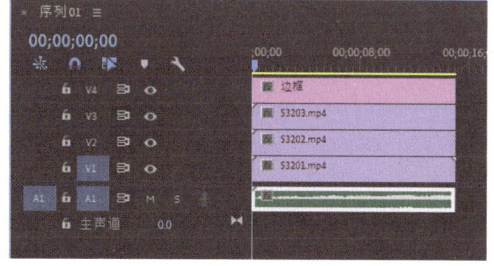　　　　　图5-82 拖入音频素材并调整时长

STEP 15 完成分屏显示效果的制作,在"节目"监视器窗口中单击"播放"按钮,预览视频效果,如图5-83所示。

图5-83 预览分屏显示效果

5.4 应用视频效果

在使用 Premiere 编辑视频时，系统内置了许多视频效果，通过这些视频效果可以对原始素材进行调整，如调整画面的对比度、为画面添加粒子或者光照效果等，从而为视频作品增加艺术效果，为观众带来丰富多彩、精美绝伦的视觉盛宴。

5.4.1 添加视频效果

应用视频效果的方法非常简单，只需要将相应的视频效果拖动至"时间轴"面板中的素材上，然后根据需要在"效果控件"面板中对该视频效果的参数进行设置，就可以在"节目"监视器窗口中看到所应用的效果。

1. 为素材应用视频效果

打开"效果"面板，展开"视频效果"选项，在该选项中包含了"变换""图像控制""实用程序""扭曲""时间""杂色与颗粒""模糊与锐化""沉浸式视频""生成""视频""调整""过时""过渡""透视""通道""键控""颜色校正""风格化"共 18 个视频效果组，如图 5-84 所示。

如果需要为"时间轴"面板中的素材应用视频效果，可以直接将需要应用的视频效果拖动至相应的素材上，如图 5-85 所示。

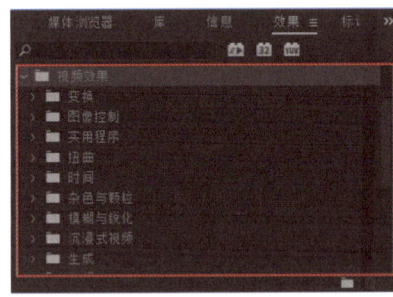

图5-84 "视频效果"选项中的视频效果组 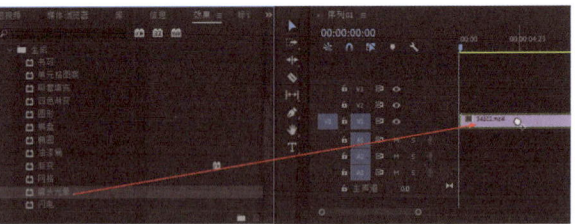　　图5-85 拖动视频效果至"时间轴"面板中的素材上应用

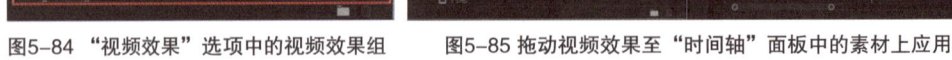

为素材应用视频效果后，会自动显示"效果控件"面板，在该面板中可以对所应用的视频效果的参数进行设置，如图 5-86 所示。完成视频效果参数的设置后，在"节目"监视器窗口中可以看到应用该视频效果后的效果，如图 5-87 所示。对视频效果参数进行不同的设置，能够产生不同的效果。

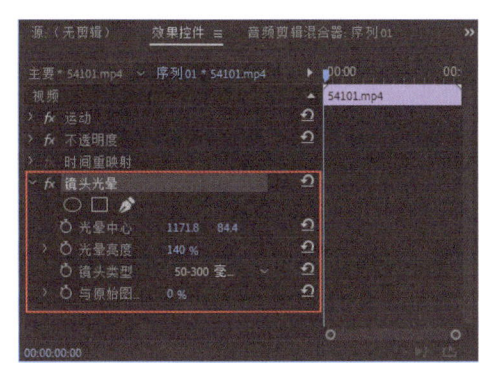

图5-86 设置视频效果参数 　　　　　　　　图5-87 应用"镜头光晕"视频效果后的效果

2. 添加视频效果的顺序

在使用 Premiere 的视频效果调整素材时，有时只使用一个视频效果即可达到调整的目的，但很多时候需要为素材添加多个视频效果。在 Premiere 中，系统按照素材在"效果控件"面板中的视频效果的顺序从上至下进行应用，如果为素材应用了多个视频效果，需要注意视频效果在"效果控件"面板中的排列顺序，视频效果顺序不同，所产生的效果也会有所不同。

例如，为素材同时应用了"颜色平衡（HLS）"和"色彩"视频效果，如图5-88所示。在"节目"监视频器窗口中可以看到素材调整后的效果，如图5-89所示。

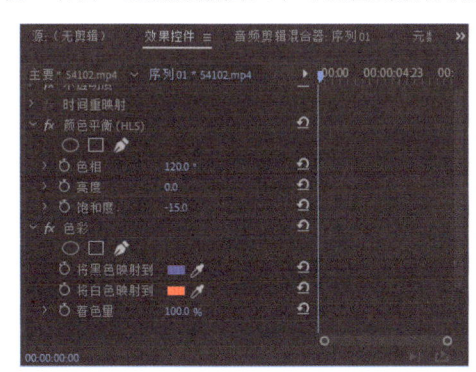

图5-88 同时应用两个视频效果　　　　　　图5-89 查看应用视频效果后的效果

在"效果控件"面板中选中"颜色平衡（HLS）"视频效果，将其拖曳至"色彩"视频效果的下方，调整应用顺序，如图5-90所示。在"节目"监视频器窗口中可以看到素材的效果明显与刚刚不同，如图5-91所示。

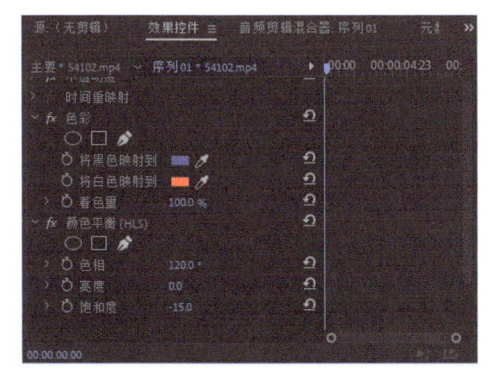

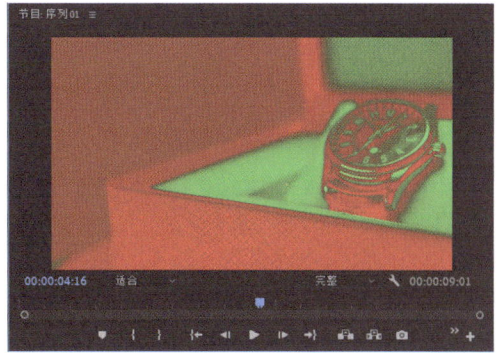

图5-90 调整视频效果的应用顺序　　　　　图5-91 查看得到的效果

5.4.2 编辑视频效果

为素材应用视频效果后,用户还可以对视频效果进行编辑。可以通过隐藏视频效果来观察应用视频效果前后的效果变化。如果对所应用的视频效果不满意,也可以将其删除。

1. 隐藏视频效果

在"时间轴"面板中选择应用了视频效果的素材,打开"效果控件"面板,单击需要隐藏的视频效果名称左侧的"切换效果开关"图标 fx,如图5-92所示,即可将该视频效果隐藏,再次单击该图标,即可恢复该视频效果的显示。

2. 删除视频效果

如果需要删除所应用的视频效果,可以在"效果控件"面板中的视频效果名称上单击鼠标右键,在弹出的快捷菜单中选择"清除"命令,如图5-93所示,即可将该视频效果删除。或者在"效果控件"面板中选择需要删除的视频效果,按键盘上的【Delete】键,同样可以删除选中的视频效果。

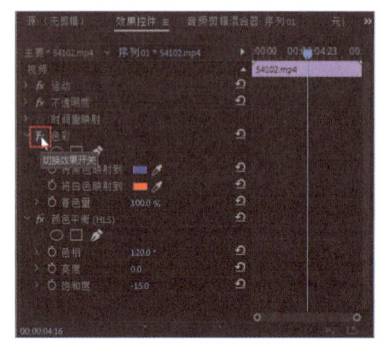

图5-92 隐藏视频效果　　　　图5-93 选择"清除"命令

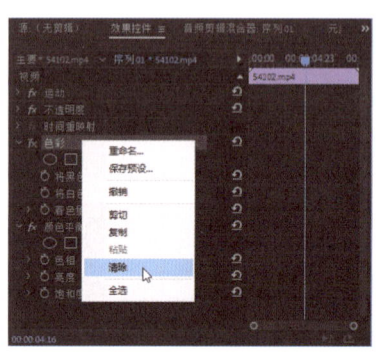

5.4.3 认识常用的视频效果组

Premiere中内置的视频效果非常多,而有些视频效果在短视频编辑处理过程中很少用到,这里简单介绍一些常用的视频效果组。

1. "变换"视频效果组

"变换"视频效果组中的视频效果主要用于实现素材画面的变换操作。在该效果组中包含"垂直翻转""水平翻转""自动重新构图""羽化边缘""裁剪"共5个视频效果。

图5-94所示为应用"水平翻转"视频效果后的画面效果,图5-95所示为应用"裁剪"视频效果后的画面效果。

图5-94 应用"水平翻转"视频效果　　　　图5-95 应用"裁剪"视频效果

2. "扭曲"视频效果组

"扭曲"视频效果组中的视频效果主要是通过对素材进行几何扭曲变形来制作出各种各样的画面变形效果。在该效果组中包含"偏移""变形稳定器""变换""放大""旋转扭曲""果冻效应修复""波形变形""湍流置换""球面化""边角定位""镜像""镜头扭曲"共 12 个视频效果。

图 5-96 所示为应用"边角定位"视频效果后的画面效果,图 5-97 所示为应用"镜像"视频效果后的画面效果。

图5-96 应用"边角定位"视频效果　　图5-97 应用"镜像"视频效果

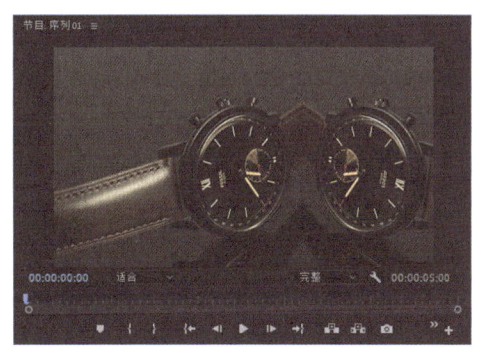

3. "杂色与颗粒"视频效果组

"杂色与颗粒"视频效果组中的视频效果主要用于去除画面中的噪点或者在画面中添加杂色与颗粒感效果。在该效果组中包含"中间值(旧版)""杂色""杂色 Alpha""杂色 HLS""杂色 HLS 自动""蒙尘与划痕"共 6 个视频效果。

图 5-98 所示为应用"杂色"视频效果后的画面效果,图 5-99 所示为应用"中间值(旧版)"视频效果后的画面效果。

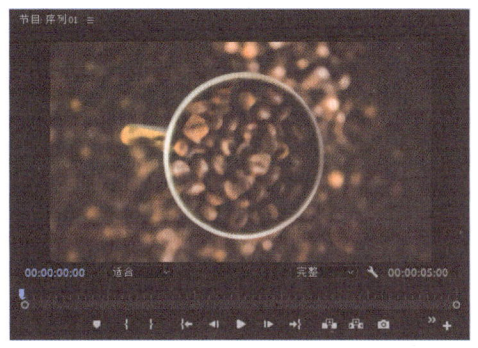

图5-98 应用"杂色"视频效果　　图5-99 应用"中间值(旧版)"视频效果

4. "模糊与锐化"视频效果组

"模糊与锐化"视频效果组中的视频效果主要用于柔化或者锐化素材画面,不仅可以柔化边缘过于清晰或者对比度过强的画面区域,还可以将原来并不太清晰的画面进行锐化处理,使其表现更清晰。在该效果组中包含"减少交错闪烁""复合模糊""方向模糊""相机模糊""通道模糊""钝化蒙版""锐化""高斯模糊"共 8 个视频效果。

图 5-100 所示为应用"复合模糊"视频效果后的画面效果,图 5-101 所示为应用"锐化"视频效果后的画面效果。

图5-100 应用"复合模糊"视频效果 　　　　　图5-101 应用"锐化"视频效果

5. "生成"视频效果组

"生成"视频效果组中的视频效果主要用来实现一些素材画面的滤镜效果，使画面的表现效果更加生动。在该效果组中包含"书写""单元格图案""吸管填充""四色渐变""圆形""棋盘""椭圆""油漆桶""渐变""网格""镜头光晕""闪电"共 12 个视频效果。

图 5-102 所示为应用"四色渐变"视频效果后的画面效果，图 5-103 所示为应用"镜头光晕"视频效果后的画面效果。

图5-102 应用"四色渐变"视频效果 　　　　图5-103 应用"镜头光晕"视频效果

6. "透视"视频效果组

"透视"视频效果组中的视频效果主要用于制作三维立体效果和空间效果。在该效果组中包含"基本 3D""径向阴影""投影""斜面 Alpha""边缘斜面"共 5 个视频效果。

图 5-104 所示为应用"基本 3D"视频效果后的画面效果，图 5-105 所示为应用"边缘斜面"视频效果后的画面效果。

图5-104 应用"基本3D"视频效果 　　　　　图5-105 应用"边缘斜面"视频效果

7. "键控"视频效果组

在"键控"视频效果组中为用户提供了多种不同功能的抠像视频效果,通过使用这些视频效果可以方便实现抠像处理。在"键控"效果组中包含"Alpha调整""亮度键""图像遮罩键""差值遮罩""移除遮罩""超级键""轨道遮罩键""非红色键""颜色键"共9个视频效果。

图5-106所示为绿幕素材的效果,图5-107所示为应用"非红色键"视频效果抠除绿幕背景的效果。

图5-106 绿幕素材效果 　　图5-107 应用"非红色键"视频效果抠除绿幕背景的效果

小贴士: 影视后期制作中的抠像,也就是蓝屏和绿屏技术,一直被运用在影视特效中。其原理就是利用蓝屏和绿屏的背景色和人物主体的颜色差异,首先让演员在蓝屏或者绿屏面前表演,然后利用抠像技术,将人物从纯色的背景中剥离出来,最后将他们和复杂情况下需要表现的场景结合在一起。

8. "颜色校正"视频效果组

"颜色校正"视频效果组中的视频效果主要用于对素材画面的色彩进行调整,包括色彩的亮度、对比度、色相等,从而校正素材的色彩效果。在该效果组中包含"ASC CDL""Lumetri颜色""亮度与对比度""保留颜色""均衡""更改为颜色""更改颜色""色彩""视频限制器""通道混合器""颜色平衡""颜色平衡(HLS)"共12个视觉效果。

图5-108所示为应用"更改颜色"视频效果后的画面效果,图5-109所示为应用"颜色平衡"视频效果后的画面效果。

图5-108 应用"更改颜色"视频效果 　　图5-109 应用"颜色平衡"视频效果

9. "风格化"视频效果组

"风格化"视频效果组中的视频效果主要用于创建一些风格化的画面效果。在该效果组中包含"Alpha 发光""复制""彩色浮雕""曝光过度""查找边缘""浮雕""画笔描边""粗糙边缘""纹理""色调分离""闪光灯""阈值""马赛克"共 13 个视频效果。

图 5-110 所示为应用"粗糙边缘"视频效果后的画面效果,图 5-111 所示为应用"复制"视频效果后的画面效果。

图5-110 应用"粗糙边缘"视频效果 　　图5-111 应用"复制"视频效果

5.4.4 为视频局部添加马赛克

在 Premiere 中,可以直接使用功能强大的蒙版与跟踪工作流。蒙版能够在视频剪辑过程中定义要模糊、覆盖、高光显示、应用效果或校正颜色的特定区域。可以创建和修改不同形状的蒙版,如椭圆形或矩形,或者使用"钢笔工具"绘制自由形式的贝赛尔曲线形状。

本节将通过一个案例讲解将视频效果与蒙版相结合,实现为视频局部添加马赛克的效果。

实战　为视频局部添加马赛克

源文件:资源\第 5 章\5-4-4.prproj　　视频:视频\第 5 章\为视频局部添加马赛克.mp4

STEP 01 执行"文件>新建>项目"命令,弹出"新建项目"对话框,设置项目文件的名称和位置,如图 5-112 所示。单击"确定"按钮,新建项目文件。执行"文件>新建>序列"命令,弹出"新建序列"对话框,在预设列表中选择"AVCHD"选项中的"AVCHD 720p30"选项,如图 5-113 所示。单击"确定"按钮,新建序列。

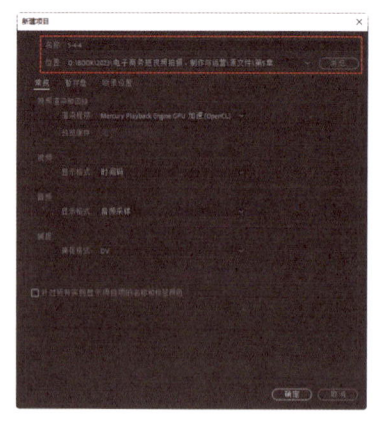

图5-112 "新建项目"对话框 　　图5-113 "新建序列"对话框

第5章 使用Premiere制作短视频

STEP 02 将视频素材"54401.mp4"导入到"项目"面板中，如图5-114所示。将"项目"面板中的"54401.mp4"视频素材拖入到"时间轴"面板的V1轨道中，在"节目"监视器窗口中可以看到该视频素材的效果，如图5-115所示。

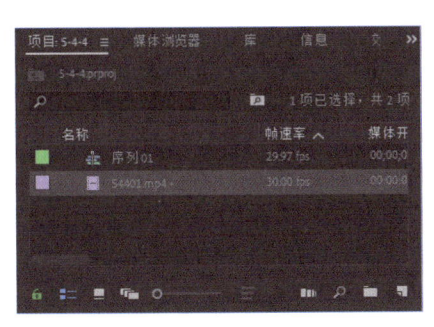

图5-114 导入视频素材 　　　　　　　　　图5-115 查看视频素材效果

STEP 03 选择V1轨道中的视频素材，打开"效果"面板，展开"视频效果"选项中的"风格化"选项组，将"马赛克"视频效果拖曳至V1轨道的视频素材上，如图5-116所示，为其应用该视频效果。打开"效果控件"面板，对"马赛克"视频效果的相关参数进行设置，如图5-117所示。

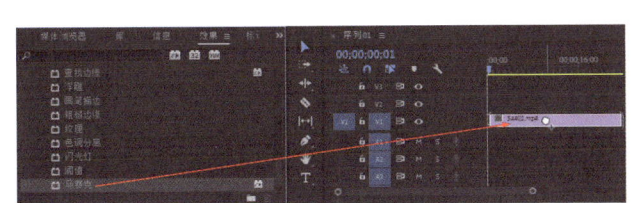

图5-116 应用"马赛克"视频效果 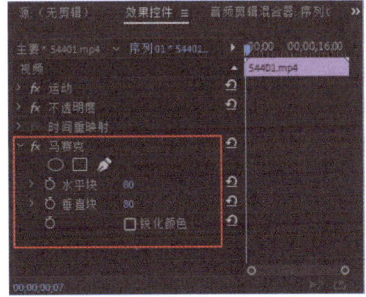　　　　　图5-117 设置"马赛克"视频效果的参数

STEP 04 完成"马赛克"视频效果参数的设置后，在"节目"监视器窗口中可以看到应用"马赛克"视频效果后的画面效果，如图5-118所示。在"效果控件"面板中单击所应用的"马赛克"视频效果选项下方的"创建椭圆形蒙版"按钮◯，自动为当前素材添加椭圆形蒙版路径，如图5-119所示。

图5-118 应用"马赛克"视频效果后的画面效果 　　　图5-119 添加椭圆形蒙版路径

STEP 05 在"节目"监视器窗口中,将光标移至椭圆形蒙版路径的内容上单击并拖动,可以调整蒙版路径的位置,如图 5-120 所示。单击并拖动蒙版路径上的控制点,可以调整蒙版路径的大小和形状,如图 5-121 所示。

图5-120 移动蒙版路径位置　　　　　　图5-121 调整蒙版路径的大小和形状

STEP 06 在"效果控件"面板的"马赛克"视频效果选项的下方会自动添加蒙版相关的设置选项,单击"蒙版路径"选项右侧的"向前跟踪所选蒙版"图标,如图 5-122 所示。系统自动播放视频素材并进行蒙版路径的跟踪处理,显示跟踪进度,如图 5-123 所示。

图5-122 单击"向前跟踪所选蒙版"图标　　　　　　图5-123 显示跟踪进度

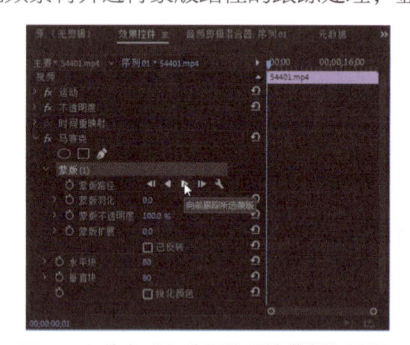

STEP 07 完成蒙版路径的跟踪处理后,即可完成视频局部马赛克的添加。在"节目"监视器窗口中单击"播放"按钮,预览视频效果,如图 5-124 所示。

图5-124 预览视频效果

第 5 章 使用 Premiere 制作短视频

> **小贴士：** 完成蒙版路径的自动跟踪处理后，可以拖动时间指示器来观察蒙版路径的位置是否正确。如果局部不正确，可以对局部的蒙版路径进行手动调整。

5.5 应用视频过渡效果

在 Premiere 中，用户可以利用一些视频过渡效果在视频素材或图像素材之间创建丰富多彩的转场过渡特效，从而使素材之间的切换变得更加平滑流畅。

5.5.1 添加视频过渡效果

对于视频的后期编辑处理来说，合理地为素材添加一些视频过渡效果，可以使两个或多个原本不相关联的素材在过渡时显得更加平滑、流畅，使编辑画面更加生动和谐，也能够大大提高视频剪辑的效率。

如果需要为"时间轴"面板中两个相邻的素材添加视频过渡效果，可以在"效果"面板中展开"视频过渡"选项，如图 5-125 所示。在相应的过渡效果中选择需要添加的视频过渡效果，按住鼠标左键并拖曳至"时间轴"面板中的两个目标素材之间即可，如图 5-126 所示。

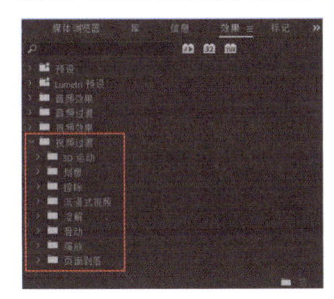

图5-125 展开"视频过渡"选项 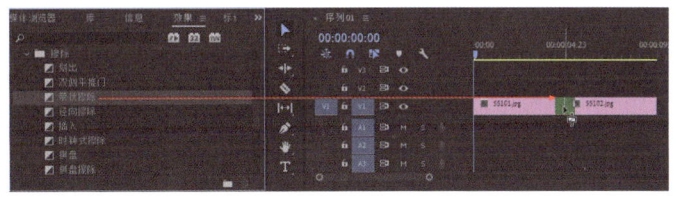　　图5-126 将需要应用的过渡效果拖动至两个素材之间

5.5.2 编辑视频过渡效果

将视频过渡效果添加到两个素材之间的连接处后，在"时间轴"面板中单击选择刚添加的视频过渡效果，如图 5-127 所示。即可在"效果控件"面板中对选中的视频过渡效果进行参数设置，如图 5-128 所示。

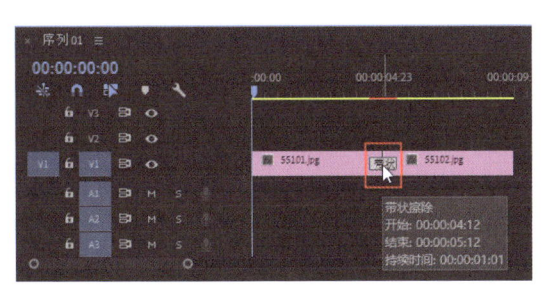

图5-127 选择视频过渡效果 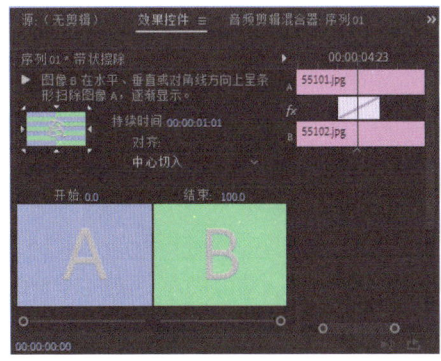　　图5-128 "效果控件"面板中的参数设置选项

1. 设置持续时间

在"效果控件"面板中，可以通过设置"持续时间"选项来控制视频过渡效果的持续时间。数值越大，视频过渡持续时间越长，反之则持续时间越短。图5-129所示为修改"持续时间"选项，图5-130所示为过渡效果在"时间轴"面板上的表现效果。

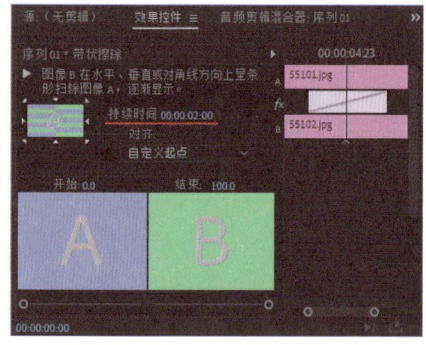

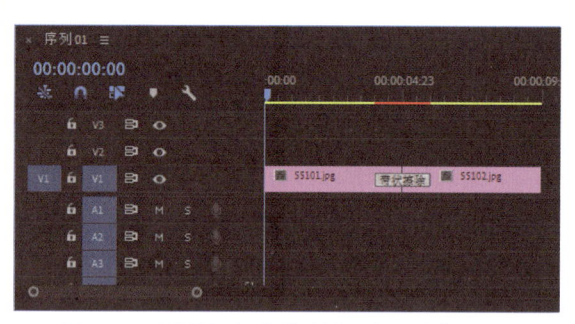

图5-129 修改"持续时间"选项　　　　图5-130 过渡效果在"时间轴"面板上的表现效果

2. 编辑过渡效果方向

不同的视频过渡效果具有不同的过渡方向设置，在"效果控件"面板中的效果方向示意图四周提供了多个三角形箭头，单击相应的三角形箭头，即可设置该视频过渡效果的方向。例如，单击"自西北向东南"三角形箭头，如图5-131所示，即可在"节目"监视器窗口中看到改变方向后的视频过渡效果，如图5-132所示。

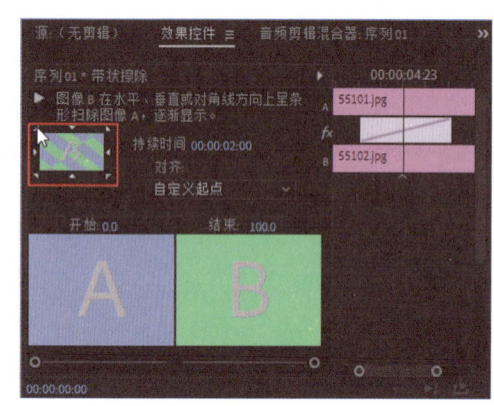

图5-131 单击三角形箭头　　　　图5-132 "节目"监视器窗口效果

3. 编辑对齐参数

在"效果控件"面板中，"对齐"选项用于控制视频过渡效果的切割对齐方式，包括"中心切入"、"起点切入"、"终点切入"和"自定义起点"4种方式。

- 中心切入：设置"对齐"选项为"中心切入"，视频过渡效果位于两个素材的中心位置，如图5-133所示。
- 起点切入：设置"对齐"选项为"起点切入"，则视频过渡效果位于第2个素材的起始位置，如图5-134所示。

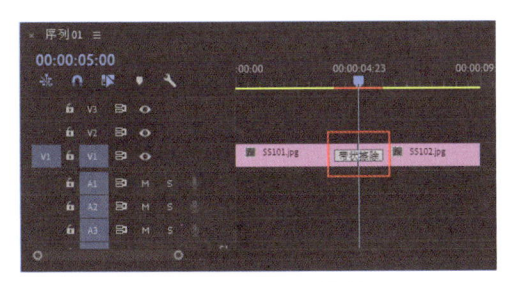

图5-133 "中心切入"效果 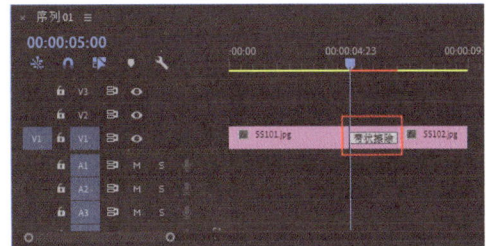　　图5-134 "起点切入"效果

- 终点切入：设置"对齐"选项为"终点切入"，则视频过渡效果位于第1个素材的结束位置，如图5-135所示。
- 自定义起点：在"时间轴"面板中还可以通过单击并拖动鼠标调整所添加的视频过渡效果的位置，从而自定义视频过渡效果的起点位置，如图5-136所示。

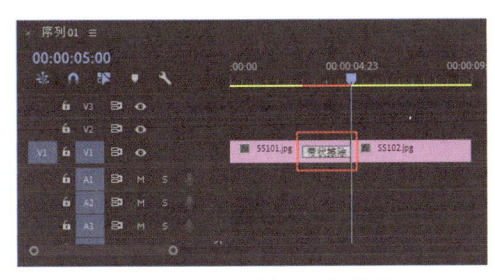

图5-135 "终点切入"效果 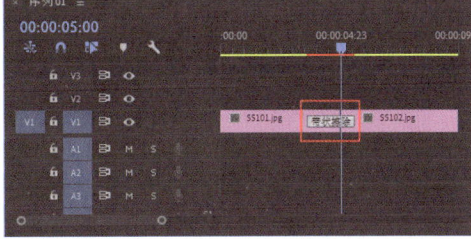　　图5-136 拖动调整起点位置

4. 设置开始、结束位置

在视频过渡效果预览区域的顶部有两个控制视频过渡效果开始、结束的选项。

- 开始：该选项用于设置视频过渡效果的开始位置，默认值为0，表示过渡效果将从整个视频过渡过程的开始位置开始视频过渡。如果将"开始"选项设置为20，如图5-137所示，则表示视频过渡效果在整个视频过渡效果的20%的位置开始过渡。
- 结束：该选项用于设置视频过渡效果的结束位置，默认值为100，表示过渡效果将从整个视频过渡过程的结束位置结束视频过渡。如果将"结束"选项设置为90，如图5-138所示，则表示视频过渡效果在整个视频过渡效果的90%的位置结束过渡。

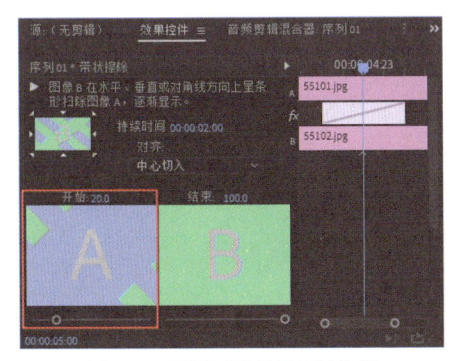

图5-137 设置过渡效果开始位置 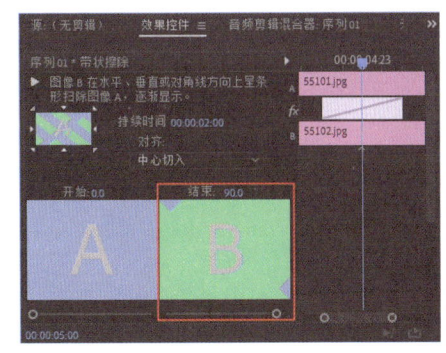　　图5-138 设置过渡效果结束位置

5. 显示素材实际效果

在"效果控件"面板中，视频过渡的预览区域分别以A和B表示，如果需要在"效果控件"

面板的视频过渡预览区域中显示素材的实际过渡效果，可以选择"显示实际源"复选框。

> **小贴士：** 有一些视频过渡效果，在过渡过程中可以设置边框的效果。在"效果控件"面板中提供了边框设置选项，如"边框宽度"和"边框颜色"等，用户可以根据需要进行设置。

5.5.3 认识视频过渡效果

作为一款优秀的视频后期编辑软件，Premiere 内置了许多视频过渡效果供用户使用，熟练并恰当地运用这些效果，可以使视频素材之间的衔接转场更加自然流畅，并且能够增加视频的艺术性。下面对 Premiere 内置的视频过渡效果进行简单介绍。

1. "3D 运动"效果组

"3D 运动"效果组中的视频效果可以模拟三维空间的运动效果。在该效果组中包含"立方体旋转"和"翻转"两种过渡效果。图 5-139 所示为应用"立方体旋转"过渡效果后的画面效果，图 5-140 所示为应用"翻转"过渡效果后的画面效果。

图5-139 应用"立方体旋转"过渡效果 　　　　图5-140 应用"翻转"过渡效果

2. "内滑"效果组

"内滑"效果组中的视频过渡效果主要是通过运动画面的方式完成场景的切换。在该效果组中包含"中心拆分""内滑""带状内滑""拆分""推"共 5 种视频过渡效果。

图 5-141 所示为应用"拆分"过渡效果后的画面效果，图 5-142 所示为应用"推"过渡效果后的画面效果。

图5-141 应用"拆分"过渡效果 　　　　图5-142 应用"推"过渡效果

3. "划像"效果组

"划像"效果组中的过渡效果可以通过分割画面来完成素材的切换。在该效果组中包含"交叉划像""圆划像""盒形划像""菱形划像"4种视频过渡效果。

图5-143所示为应用"交叉划像"过渡效果后的画面效果,图5-144所示为应用"菱形划像"过渡效果后的画面效果。

图5-143 应用"交叉划像"过渡效果    图5-144 应用"菱形划像"过渡效果

4. "擦除"效果组

"擦除"效果组中的视频过渡效果主要是以各种方式将素材擦除来完成场景的切换。在该效果组中包含"划出""双侧平推门""带状擦除""径向擦除""插入""时钟式擦除""棋盘""棋盘擦除""楔形擦除""水波块""油漆飞溅""渐变擦除""百叶窗""螺旋框""随机块""随机擦除""风车"共17种视频过渡效果。

图5-145所示为应用"棋盘擦除"过渡效果后的画面效果,图5-146所示为应用"风车"过渡效果后的画面效果。

图5-145 应用"棋盘擦除"过渡效果    图5-146 应用"风车"过渡效果

5. "溶解"效果组

"溶解"效果组中的视频过渡效果主要是以淡化、渗透等方式产生过渡效果。在该效果组中包括"MorphCut""交叉溶解""叠加溶解""白场过渡""胶片溶解""非叠加溶解""黑场过渡"共7种视频过渡效果。

图5-147所示为应用"交叉溶解"过渡效果后的画面效果,图5-148所示为应用"黑场过渡"过渡效果后的画面效果。

图5-147 应用"交叉溶解"过渡效果 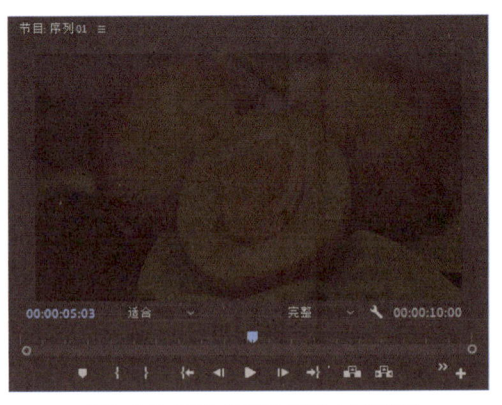　　　　图5-148 应用"黑场过渡"过渡效果

6. "缩放"效果组

"缩放"效果组中的视频过渡效果主要是通过对素材进行缩放来完成场景的切换。在该效果组中只包含一种"交叉缩放"效果。图5-149所示为应用"交叉缩放"过渡效果后的画面效果。

7. "页面剥落"效果组

"页面剥落"效果组中的视频过渡效果主要是使第1段素材以各种卷页动作形式消失，最终显示出第2段素材。在该效果组中包含"翻页"和"页面剥落"两种视频过渡效果。图5-150所示为应用"翻页"过渡效果后的画面效果。

图5-149 应用"交叉缩放"过渡效果 　　　　图5-150 应用"翻页"过渡效果

5.5.4 视频过渡效果插件

除了可以使用Premiere中内置的视频过渡效果，还可以使用外部的视频过渡效果插件，从而轻松实现更加丰富的视频过渡转场效果。本节以FilmImpact插件为例，讲解插件的安装和使用方法。

打开FilmImpact插件文件夹，双击该插件的安装程序文件Transition Packs V3.5.4.exe，如图5-151所示。弹出FilmImpact插件安装提示对话框，如图5-152所示，单击默认的安装按钮，即可进行插件的安装。

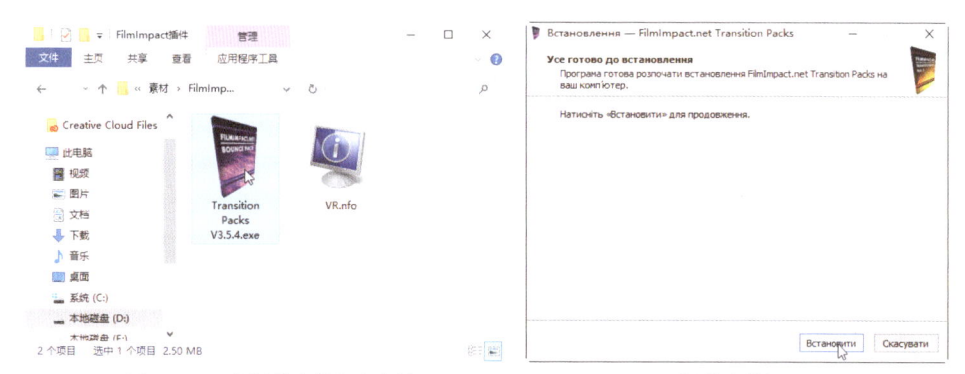

图5-151 双击插件安装程序文件　　　　　图5-152 插件安装提示对话框

完成插件的安装后，重新启动 Premiere 软件，在"效果"面板中可以看到 FilmImpact 插件所提供的多种不同类型的视频过渡效果，如图 5–153 所示。展开 FlimImpact.net TP2 选项组，将 Impact Zoom Blur 视频过渡效果拖曳至 V1 轨道中的两个素材之间，如图 5–154 所示。

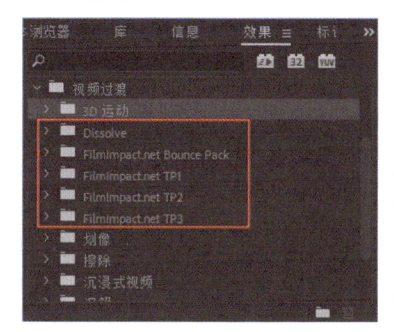

图5-153 FlimImpact插件的相关效果 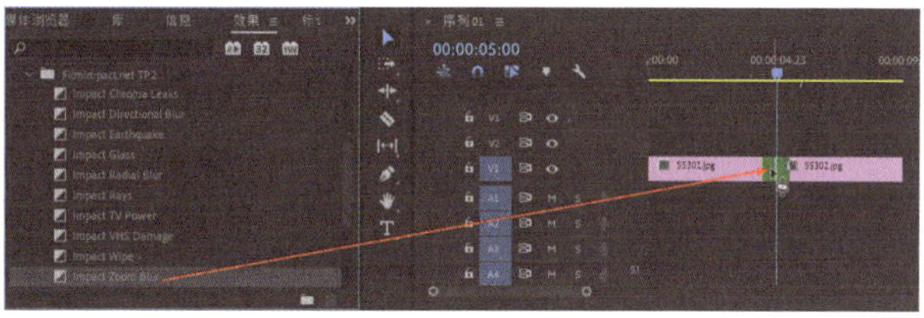　　　　图5-154 拖曳相应的效果至两个素材之间

如果需要设置视频过渡效果的持续时间，只需要单击素材之间的过渡效果，在"效果控件"面板中即可设置其"持续时间"选项，如图 5–155 所示。在"时间轴"面板中拖动时间指示器，可以在"节目"监视器窗口中预览所添加的视频过渡效果，如图 5–156 所示。

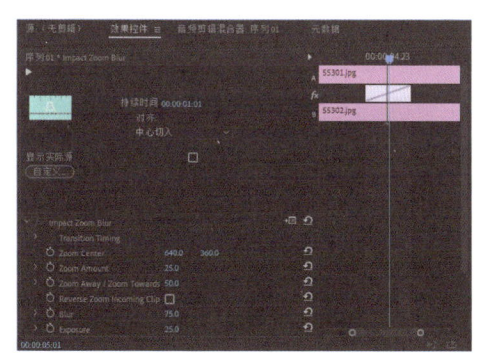

图5-155 设置"持续时间"选项 　　　　　图5-156 预览视频过渡效果

小贴士： Premiere 软件的视频过渡效果插件非常丰富，除了此处所使用的 FilmImpact 插件，还有许多其他效果插件，感兴趣的同学可以从网上查找并安装使用。

5.5.5 制作商品展示视频效果

视频过渡效果对于不同镜头素材的组接具有非常重要的作用，能够使镜头之间的切换更加流畅、自然。本节将制作一个商品展示视频效果，将普通的商品图片通过视频效果的处理后，显得更具有动感，同时在不同图片的切换过渡中加入视频过渡效果，使商品展示的表现效果更加生动。

> **实战　制作商品展示视频效果**
> 源文件：资源 \ 第 5 章 \5-5-5.prproj　　　视频：视频 \ 第 5 章 \ 制作商品展示视频效果 .mp4

STEP 01 执行"文件 > 新建 > 项目"命令，弹出"新建项目"对话框，设置项目文件的名称和位置，如图 5–157 所示。单击"确定"按钮，新建项目文件。执行"文件 > 新建 > 序列"命令，弹出"新建序列"对话框，在预设列表中选择"AVCHD"选项中的"AVCHD 720p30"选项，如图 5–158 所示。

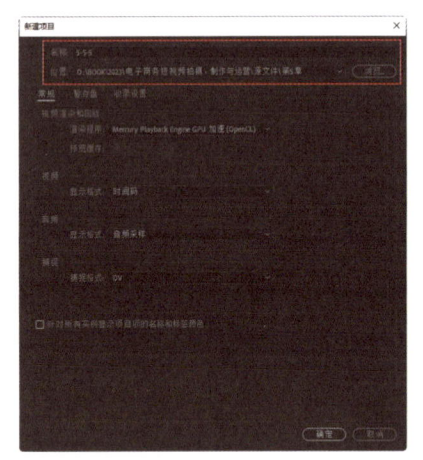

图5–157 "新建项目"对话框 　　　图5–158 "新建序列"对话框

STEP 02 切换到"轨道"选项卡，将其他音频轨道删除，只保留一个音频轨道，如图 5–159 所示。单击"确定"按钮，新建序列。将图片素材"55501.jpg"至"55510.jpg"导入到"项目"面板中，如图 5–160 所示。

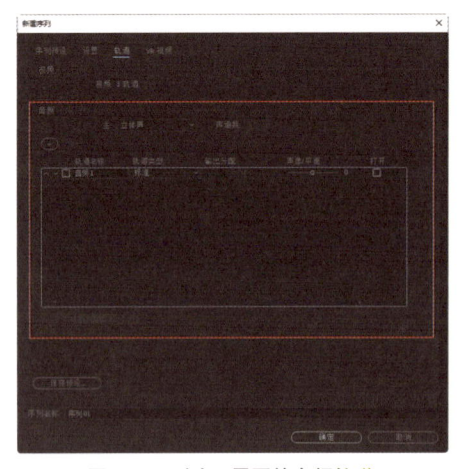

图5–159 删除不需要的音频轨道 　　　图5–160 导入多张图片素材

第 5 章 使用 Premiere 制作短视频

STEP 03 在"项目"面板中同时选中"55501.jpg"至"55510.jpg"素材文件，将选中的图片素材同时拖入到"时间轴"面板的 V1 轨道中，如图 5-161 所示。在"时间轴"面板中拖动鼠标选中 V1 轨道中的所有素材，再按住【Alt】键不放拖动至 V2 轨道，复制所有素材，如图 5-162 所示。

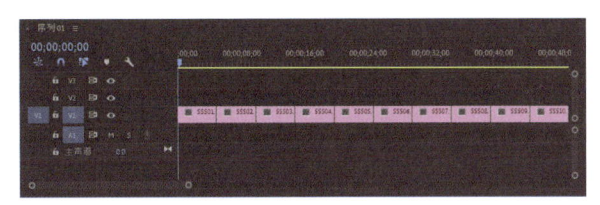

图5-161 将所有素材拖至V1轨道中

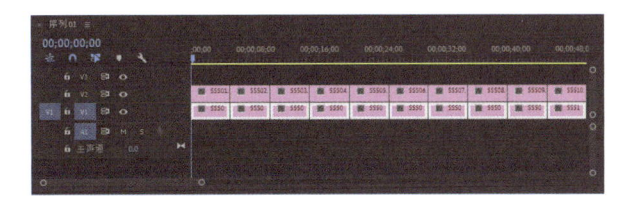

图5-162 复制所有素材至V2轨道

STEP 04 隐藏 V2 轨道，选择 V1 轨道中的第 1 个图片素材，如图 5-163 所示。打开"效果"面板，展开"视频效果"中的"模糊与锐化"效果组，将"高斯模糊"效果拖至 V1 轨道中的第 1 个图片素材上，如图 5-164 所示，为该素材应用"高斯模糊"效果。

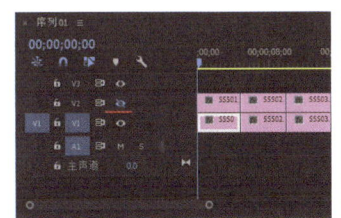

图5-163 选择V1轨道中的第1个图片素材 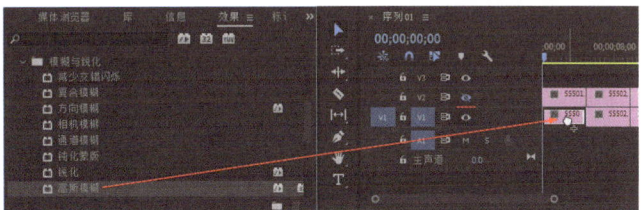   图5-164 应用"高斯模糊"效果

STEP 05 打开"效果控件"面板，对"高斯模糊"效果的相关选项进行设置，如图 5-165 所示。在"节目"监视器窗口中可以看到对"高斯模糊"效果进行设置后的素材效果，如图 5-166 所示。

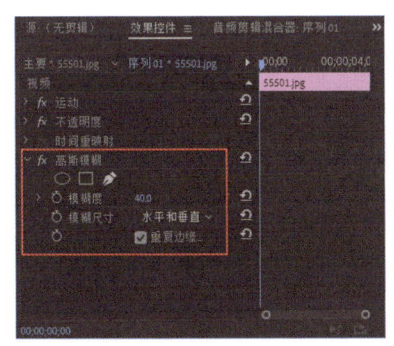

图5-165 设置"高斯模糊"效果    图5-166 "节目"监视器窗口中的素材效果

STEP 06 选择 V1 轨道中的第 1 个图片素材，按【Ctrl+C】组合键，拖动鼠标同时选中 V1 轨道中的其他图片素材，按【Ctrl+Alt+V】组合键，弹出"粘贴属性"对话框，保持默认设置，如图 5-167 所示。单击"确定"按钮，即可对其他素材应用相同的"高斯模糊"效果设置，

在"节目"监视器窗口中可以看到其他素材的效果，如图5-168所示。

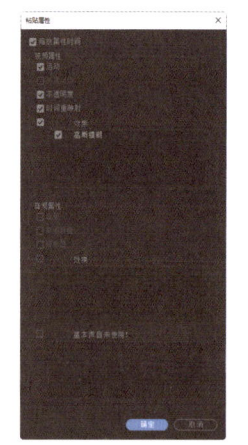

图5-167 "粘贴属性"对话框 　　图5-168 查看其他素材效果

STEP 07 将时间指示器移至起始位置，显示V2轨道中的素材，选择V2轨道中的第1个图片素材，如图5-169所示。在"效果控件"面板中设置"缩放"属性值为75，在"节目"监视器窗口中可以看到缩放后的效果，如图5-170所示。

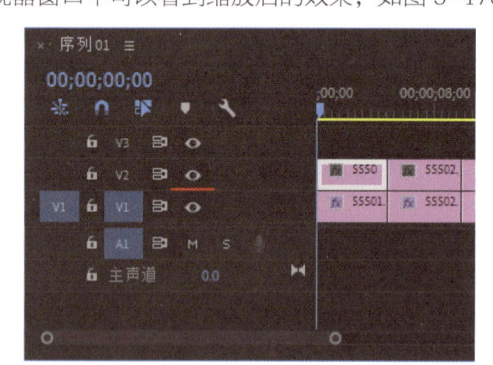

图5-169 选择V2轨道中的第1个图片素材 　　图5-170 查看缩放后的效果

STEP 08 打开"效果"面板，展开"视频效果"中的"透视"效果组，将"径向阴影"效果拖至V2轨道中的第1个图片素材上，应用该效果。打开"效果控件"面板，对"径向阴影"效果的相关选项进行设置，如图5-171所示。在"节目"监视器窗口中可以看到"径向阴影"效果所实现的素材描边效果，如图5-172所示。

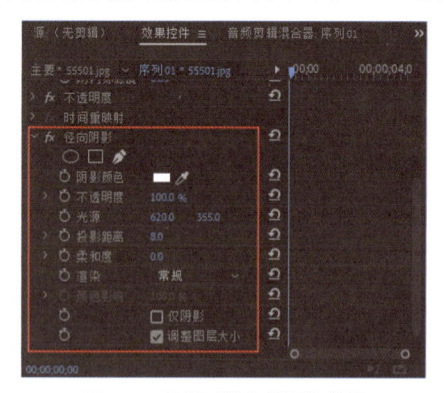

图5-171 设置"径向阴影"效果 　　图5-172 "节目"监视器窗口中的素材效果

STEP 09 展开"效果"面板的"视频效果"中的"透视"效果组,将"投影"效果拖至 V2 轨道中的第 1 个图片素材上,打开"效果控件"面板,对"投影"效果的相关选项进行设置,如图 5-173 所示。在"节目"监视器窗口中可以看到为图片素材所添加的投影效果,如图 5-174 所示。

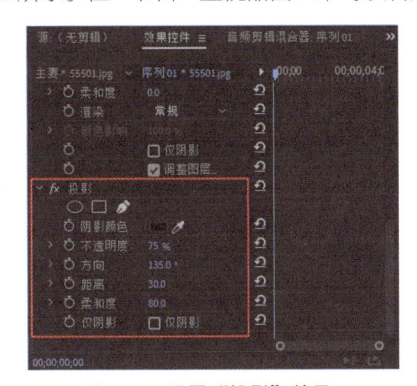

图5-173 设置"投影"效果 　　　　　　　图5-174 查看投影效果

STEP 10 展开"效果"面板的"视频效果"中的"透视"效果组,将"基本 3D"效果拖至 V2 轨道中的第 1 个图片素材上,打开"效果控件"面板,设置"缩放"属性值为 70,"旋转"属性值为 –60,并分别插入这两个属性关键帧,如图 5-175 所示。在"节目"监视器窗口中可以看到图片素材的效果,如图 5-176 所示。

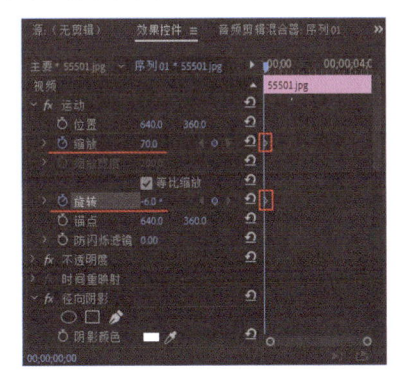

图5-175 插入"缩放"和"旋转"属性关键帧 　　　　图5-176 查看图片素材效果

STEP 11 在"效果控件"面板中对"基本 3D"效果的"旋转"和"倾斜"属性进行设置,并分别插入关键帧,如图 5-177 所示。在"节目"监视器窗口中可以看到图片素材在三维方向上的旋转效果,如图 5-178 所示。

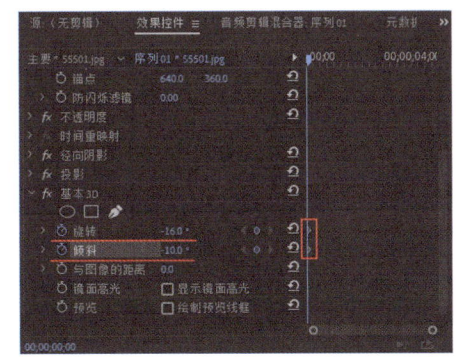

图5-177 插入"旋转"和"倾斜"属性关键帧 　　　图5-178 查看图片素材在三维方向上的旋转效果

STEP 12 将时间指示器移至4秒28帧位置，在"效果控件"面板中设置"运动"选项组中的"缩放"属性值为75，"旋转"属性值为0，设置"基本3D"效果的"旋转"属性值为60，"倾斜"属性值为40，如图5-179所示。在"节目"监视器窗口中可以看到图片素材的效果，如图5-180所示。

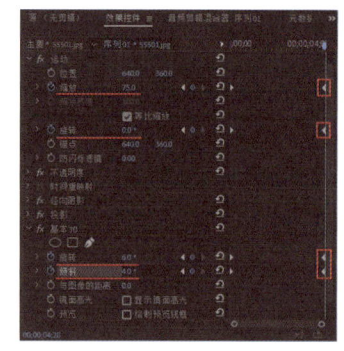

图5-179 设置相关属性值 　　　　图5-180 查看图片素材效果

STEP 13 在"效果控件"面板中拖动鼠标同时选中所有的属性关键帧，在任意一个关键帧上单击鼠标右键，在弹出的快捷菜单中选择"自动贝赛尔曲线"命令，如图5-181所示。应用该命令后，关键帧图标将变为圆形，如图5-182所示。

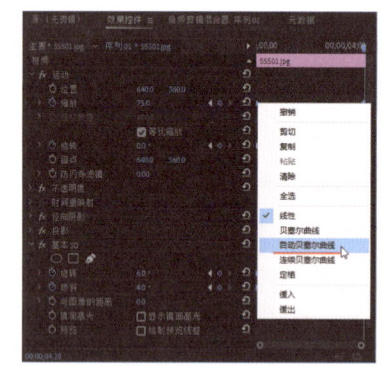

图5-181 选择"自动贝赛尔曲线"命令 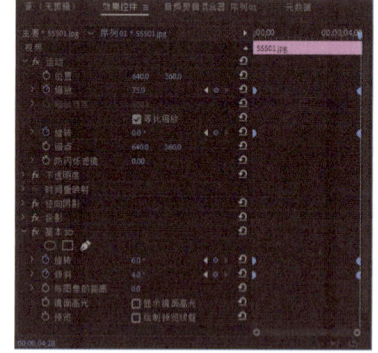　　　　图5-182 关键帧图标变为圆形

STEP 14 选择V2轨道中的第1个图片素材，按【Ctrl+C】组合键，拖动鼠标同时选中V2轨道中的其他图片素材，按【Ctrl+Alt+V】组合键，弹出"粘贴属性"对话框，保持默认设置，如图5-183所示。单击"确定"按钮，即可对其他素材应用与第1个素材相同的效果设置和关键帧动画效果，在"节目"监视器窗口中可以看到其他素材的效果，如图5-184所示。

图5-183 "粘贴属性"对话框 　　　　图5-184 查看其他素材效果

第 5 章 使用 Premiere 制作短视频

STEP 15 打开"效果"面板，展开"视频过渡"中的"溶解"效果组，将"黑场过渡"效果分别拖至 V1 和 V2 轨道中第 1 个素材的前方，如图 5-185 所示。同样将"黑场过渡"效果分别拖至 V1 和 V2 轨道中最后一个素材的后方，如图 5-186 所示。

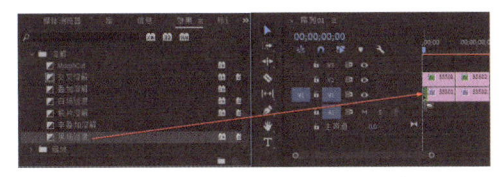

图5-185 在开始位置应用"黑场过渡"转场效果 　　图5-186 在结束位置应用"黑场过渡"转场效果

STEP 16 在"效果"面板中展开 FlimImpact.net TP1 选项组，将 Impact Push 视频过渡效果分别拖至 V1 和 V2 轨道中"55501.jpg"与"55502.jpg"这两个素材之间，如图 5-187 所示。如果需要设置视频过渡效果的持续时间，只需要单击素材之间的过渡效果，在"效果控件"面板中设置"持续时间"选项即可，如图 5-188 所示。

图5-187 应用Impact Push视频过渡效果 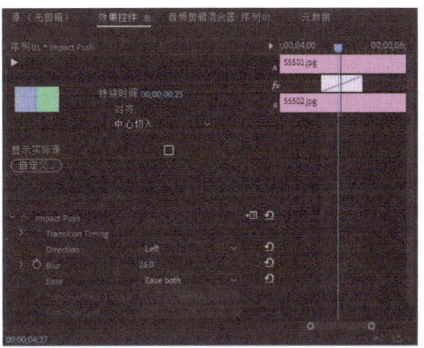　　图5-188 Impact Push过渡效果设置选项

STEP 17 在"时间轴"面板中拖动时间指示器，可以在"节目"监视器窗口中预览所添加的视频过渡效果，如图 5-189 所示。使用相同的操作方法，可以在 V1 和 V2 轨道的其他素材之间添加相应的视频过渡效果，如图 5-190 所示。

图5-189 预览视频过渡效果 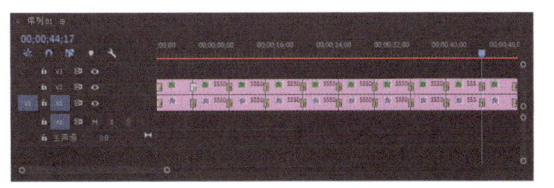　　图5-190 在其他素材之间分别添加过渡效果

STEP 18 导入事先准备的背景音乐，并将该背景音乐拖入到"时间轴"面板的 A1 轨道中，如图 5-191 所示。选择 A1 轨道中的音频素材，向左拖动该素材的右侧对其进行裁剪，使音频素材的时长与 V1 轨道中的视频素材相同，如图 5-192 所示。

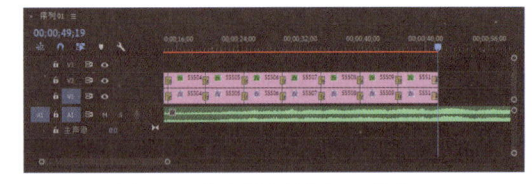

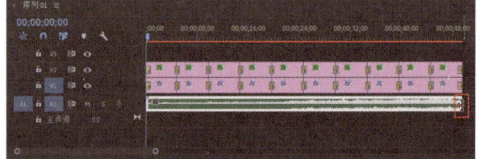

图5-191 将音频素材拖入A1轨道　　　　　　图5-192 对音频素材进行裁剪

STEP 19 在"效果"面板的搜索栏中输入"指数淡化",快速找到"指数淡化"效果,如图5-193所示。将"指数淡化"效果拖入到 A1 轨道中的音频素材结束位置,为其应用该效果,如图 5-194 所示。

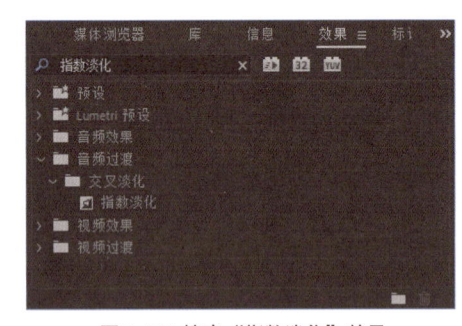

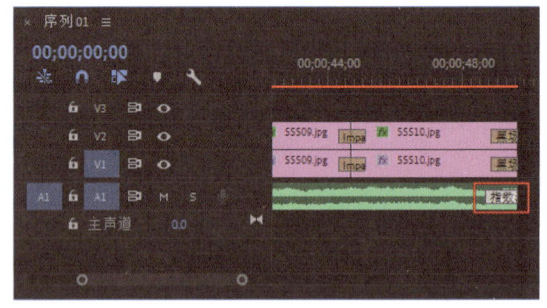

图5-193 搜索"指数淡化"效果　　　　　　图5-194 将"指数淡化"效果拖至音频素材结束位置

STEP 20 选择音频素材结尾添加的"指数淡化"效果,在"效果控件"面板中设置"持续时间"为 3 秒,如图 5-195 所示,此时的"时间轴"面板如图 5-196 所示。

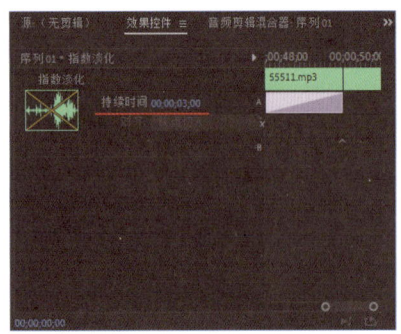

图5-195 设置"持续时间"选项　　　　　　图5-196 "时间轴"面板

STEP 21 至此,完成商品展示视频效果的制作,在"节目"监视器窗口中单击"播放"按钮,预览视频效果,如图 5-197 所示。

图5-197 预览商品展示视频效果

图5-197 预览商品展示视频效果（续）

5.6 字幕的添加与设置

字幕是短视频制作中一种非常重要的视觉元素，也是将短视频的相关信息传递给观众的重要方式。除了摄影师在具体拍摄时所形成的前期画面构图，随着高科技在影视后期制作中的普及运用，字幕可以对其进行必要的补充、装饰、加工，让画面更有新意。同时，也给动画和字幕的制作提供了方便的制作工具和广阔的创作空间。

5.6.1 创建字幕和文字图形对象

字幕包括文字对象和图形对象，其中文字对象是最主要的，图形对象次之。通常，将字幕的文字对象称为字幕素材。

1. 创建字幕

Premiere 为用户提供了多种新建字幕的方法，既可以通过执行"文件"菜单中的相关命令，也可以使用"项目"面板，用户可以根据自身的操作习惯选择合适的创建方法。

执行"文件＞新建＞字幕"命令，弹出"新建字幕"对话框，在"标准"下拉列表框中选择"开放式字幕"选项，并对其他相关选项进行设置，如图5-198所示。单击"确定"按钮，即可新建字幕，新建的字幕将出现在"项目"面板中，如图5-199所示。

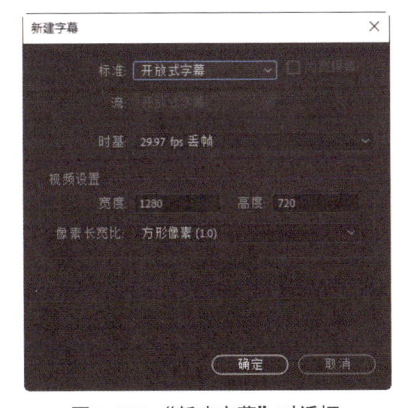

图5-198 "新建字幕"对话框　　　　图5-199 "项目"面板

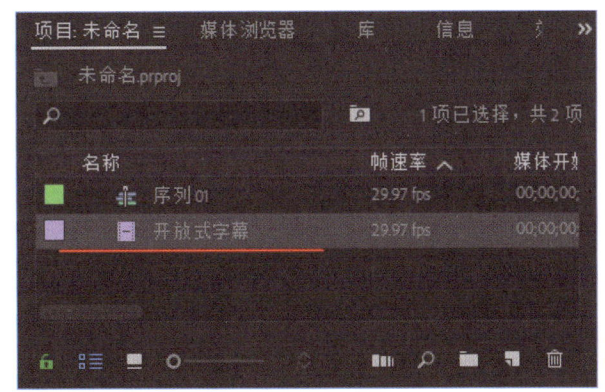

> **小贴士**：单击"项目"面板中的"新建项"图标，在打开的下拉列表框中选择"字幕"选项，同样可以弹出"新建字幕"对话框，进行字幕的创建操作。

双击"项目"面板中所创建的开放式字幕，即可在"源"监视器窗口中看到字幕的默认文字内容，如图 5-200 所示，并自动切换到"字幕"面板，在该面板中可以对字幕内容进行修改，并可对文字的相关属性进行设置，如图 5-201 所示。

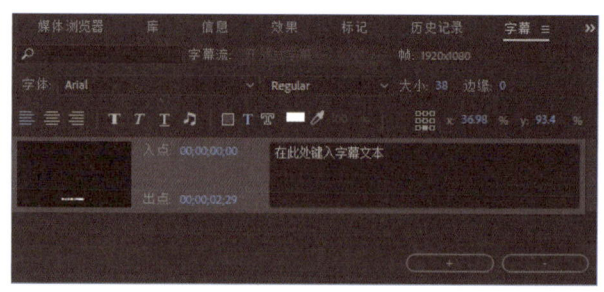

图5-200 "源"监视器窗口　　　　　　　　图5-201 "字幕"面板

2. 创建文字图形对象

在上一节中使用"字幕"命令所创建的文字属于文字对象，除此之外，还可以使用文字工具在"节目"监视器窗口中直接输入文字，从而创建出文字图形对象。

单击"工具"面板中的"文字工具"按钮 T，在"节目"监视器窗口中的合适位置单击，显示红色的文字输入框，如图 5-202 所示，即可输入相应的文字内容。完成文字的输入后，可以使用"选择工具"拖动调整文字的位置，如图 5-203 所示。

图5-202 显示文字输入框　　　　　　　　图5-203 拖动调整文字的位置

选择刚刚输入的文字，执行"窗口>基本图形"命令，打开"基本图形"面板，切换到"编辑"选项中，在"文本"选项组中可以对文字的相关属性进行设置，如图 5-204 所示。在"节目"监视器窗口中可以看到设置文字属性后的效果，如图 5-205 所示。

图5-204 设置文字属性　　　　　　　　图5-205 文字效果

如果使用"垂直文字工具" ，在"节目"监视器窗口中的合适位置单击并输入文字，则可以创建出竖排文字，如图 5-206 所示。

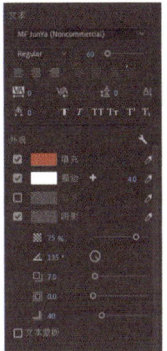

图5-206 输入竖排文字

5.6.2 字幕设计窗口

执行"文件 > 新建 > 旧版标题"命令，弹出"新建字幕"对话框，用户可以根据需要设置字幕的宽度、高度、时基和像素长宽比，默认与当前序列的设置相同，还可以为字幕命名，如图 5-207 所示。

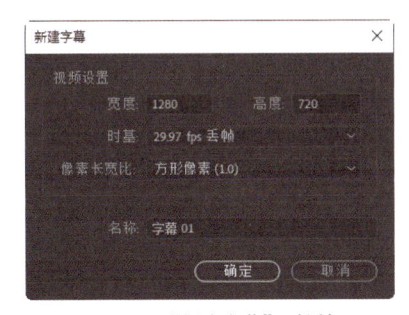

图5-207 "新建字幕"对话框

单击"确定"按钮，即可打开字幕设计窗口，如图 5-208 所示，该窗口主要由字幕工具区、字幕动作区、字幕编辑区、文字属性区、"旧版标题样式"面板和"旧版标题属性"面板组成。

图5-208 字幕设计窗口

1. 字幕工具区

在字幕工具区中为用户提供了文字创建工具和图形绘制工具，如图5-209所示，使用这些工具可以输入文字或者绘制图形，其中"文字工具"和"垂直文字工具"与上一节介绍的"工具"面板中的文字创建工具相同。

例如，使用"区域文字工具"，在字幕编辑区域中单击并拖动鼠标，绘制一个文本区域，可以在该文本区域中输入文字内容，并且可以在其上方设置文字属性，如图5-210所示。

图5-209 字幕工具区　　　　图5-210 输入区域文字

2. 字幕动作区

在字幕动作区中提供了用于对齐、居中和分布字幕的工具，如图5-211所示。选择输入的文字对象后，根据需要单击字幕动作区中相应的功能按钮，即可对所选中的文字对象进行相应的操作。例如，选中文字对象后，单击"垂直居中"按钮，可以将所选择的文字对象放置在节目垂直居中的位置，如图5-212所示。

图5-211 字幕动作区　　　　图5-212 文字垂直居中显示

3. 文字属性区

使用"文字工具"在字幕编辑区域中单击并输入文字后，在字幕设计窗口上方的文字属性区中可以对文字的相关属性进行设置，包括字体、字体样式、字体大小、字偶间距、行距、对齐方式等，如图5-213所示。

4. "旧版标题属性"面板

"旧版标题属性"面板用于对字幕进行更多的属性选项设置，如文字的变换效果、文字属性、填充效果、描边效果、阴影效果、背景效果等，如图5-214所示。

第 5 章 使用 Premiere 制作短视频

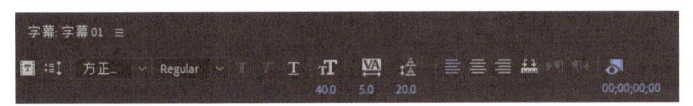

图5-213 文字属性区　　　　　　图5-214 "旧版标题属性"面板

5.6.3 制作文字遮罩片头

在 Premiere 中，除了可以实现文字的基础滚动效果，还可以将视频效果应用于文字对象，从而创造出多种多样的文字动画效果。本节将带领大家完成一个文字遮罩片头的制作，主要是通过为文字应用"轨道遮罩键"视频效果，从而实现文字遮罩视频的显示特效。

> **实战** 制作文字遮罩片头
> 源文件：资源 \ 第 5 章 \5-6-3.prproj　　　视频：视频 \ 第 5 章 \ 制作文字遮罩片头 .mp4

STEP 01 执行"文件 > 新建 > 项目"命令，弹出"新建项目"对话框，设置项目文件的名称和位置，如图 5-215 所示。单击"确定"按钮，新建项目文件。执行"文件 > 新建 > 序列"命令，弹出"新建序列"对话框，在预设列表中选择"AVCHD"选项中的"AVCHD 1080p24"选项，如图 5-216 所示。

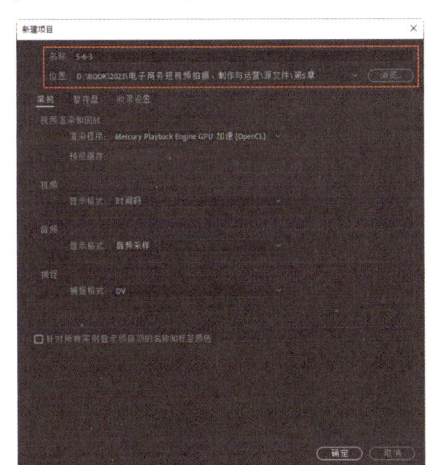

图5-215 "新建项目"对话框　　　　　图5-216 "新建序列"对话框

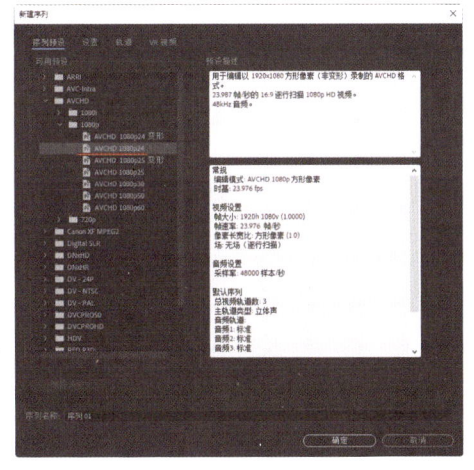

STEP 02 切换到"轨道"选项卡，将其他音频轨道删除，只保留一个音频轨道，如图 5-217 所示。单击"确定"按钮，新建序列。在"项目"面板的空白位置双击，同时导入所需要的视频和音频素材，如图 5-218 所示。

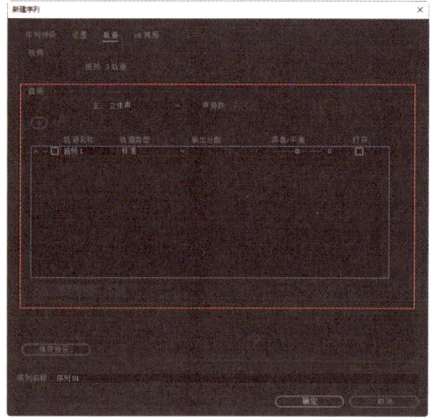

图5-217 删除不需要的音频轨道 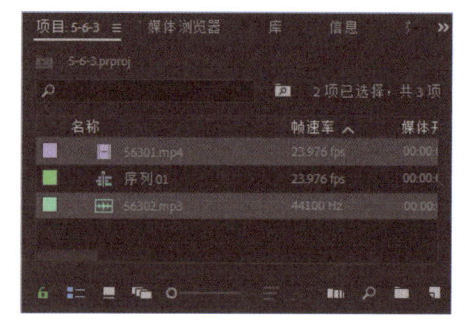　　　　　图5-218 导入视频和音频素材

STEP 03 将"56301.mp4"视频素材从"项目"面板拖入到"时间轴"面板的 V1 轨道中，如图 5-219 所示。在"节目"监视器窗口中可以看到该视频素材的效果，如图 5-220 所示。

图5-219 将视频素材拖入V1轨道 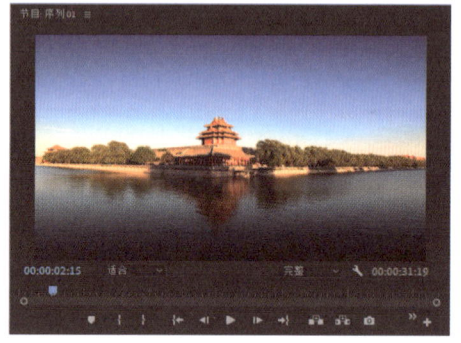　　　　图5-220 查看视频素材效果

STEP 04 执行"文件 > 新建 > 旧版标题"命令，弹出"新建字幕"对话框，参数设置如图 5-221 所示。单击"确定"按钮，新建字幕并自动打开字幕设计窗口，如图 5-222 所示。

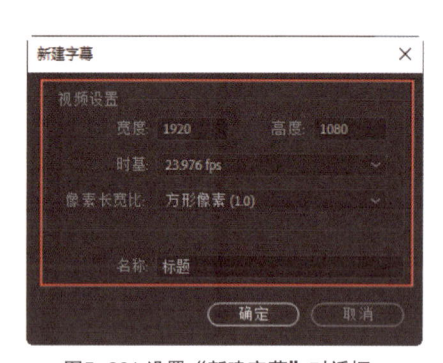

图5-221 设置"新建字幕"对话框 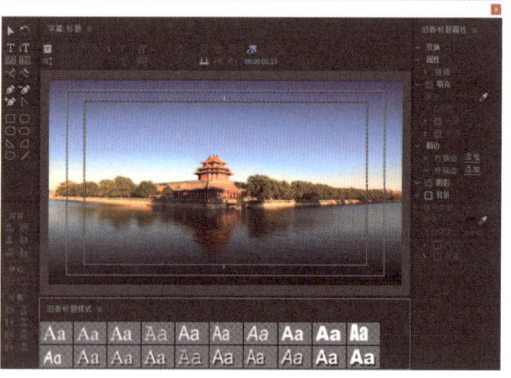　　　　图5-222 字幕设计窗口

STEP 05 使用"文字工具"，在字幕编辑区下方单击并输入相应的文字内容，如图 5-223 所示。对文字的相关属性进行设置，并在字幕编辑区中拖动调整文字到合适位置，如图 5-224 所示。

图5-223 输入文字 　　　　　　　　　图5-224 设置文字属性并调整位置

STEP 06 单击文字属性区中的"滚动/游动选项"按钮，弹出"滚动/游动选项"对话框，参数设置如图5-225所示。单击"确定"按钮，完成"滚动/游动选项"对话框的设置，关闭字幕设计窗口。在"项目"面板中将"标题"素材拖入到"时间轴"面板的V2轨道中，并调整其时长为15秒，如图5-226所示。

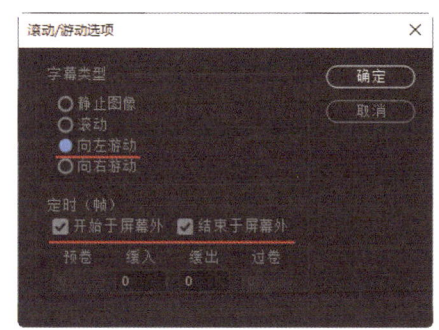

图5-225 设置"滚动/游动选项"对话框 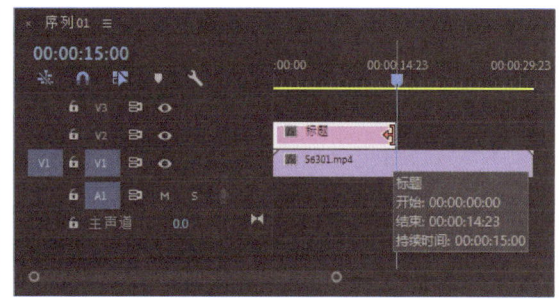　　　　　图5-226 拖入标题素材并调整时长

STEP 07 在"节目"监视器窗口中可以看到标题素材的默认效果，如图5-227所示。打开"效果"面板，展开"视频效果"中的"键控"效果组，拖动"轨道遮罩键"效果至V1轨道中的视频素材上，如图5-228所示，为该素材应用"轨道遮罩键"效果。

图5-227 标题素材默认效果 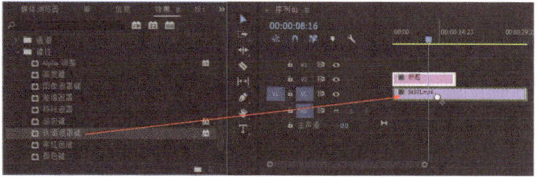　　　　　　图5-228 应用"轨道遮罩键"效果

STEP 08 打开"效果控件"面板，设置"轨道遮罩键"效果中的"遮罩"选项为"视频2"，如图5-229所示。使用标题文字遮罩视频，在"节目"监视器窗口中可以看到文字遮罩的效果，如图5-230所示。

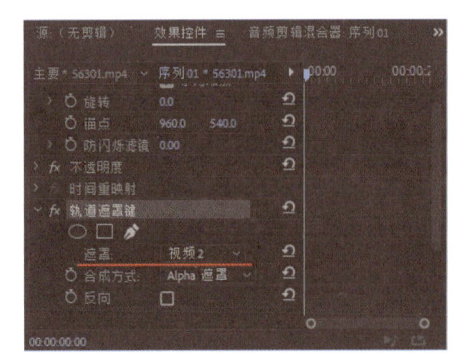

图5-229 设置"遮罩"选项 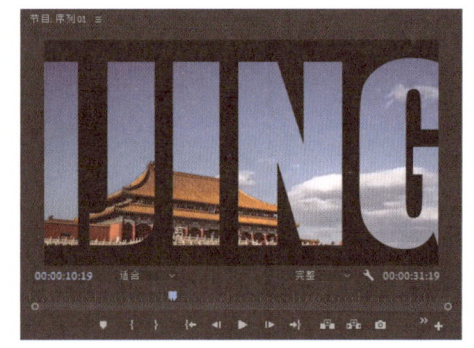　　　　　　图5-230 查看文字遮罩的效果

STEP 09 在"项目"面板中将音频素材"56302.mp3"拖入到"时间轴"面板的 A1 轨道中，并调整音频素材时长与视频素材时长相同，如图5-231 所示。执行"文件 > 导出 > 媒体"命令，弹出"导出设置"对话框，参数设置如图 5-232 所示，单击"导出"按钮，导出视频文件。

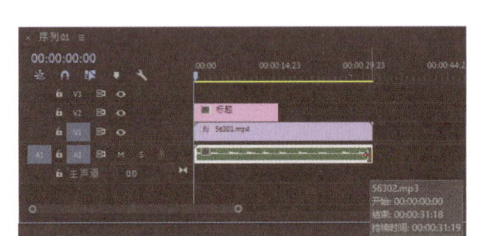

图5-231 拖入音频素材并调整时长 　　　　图5-232 设置"导出设置"对话框

STEP 10 至此，完成文字遮罩片头的制作，在"节目"监视器窗口中单击"播放"按钮，预览视频效果，如图 5-233 所示。

图5-233 预览文字遮罩片头效果

5.7　本章小结

完成本章内容的学习后,读者需要掌握 Premiere 的基本操作方法,在 Premiere 中为素材添加各种视频效果和视频过渡效果的方法,以及字幕的添加和处理方法。灵活地应用 Premiere 中的各种效果,能够制作出独一无二的短视频效果。

第 6 章 短视频运营与推广

　　随着 5G 时代的到来，短视频已经成为宣传观点、推广品牌、销售产品的必备工具。除了短视频的内容，平台和渠道也是短视频引流成功的关键。而且从某一方面来说，"内容为王"中的"内容"，必然也是通过一定的渠道来实现引流目标的。

　　本章主要讲解有关短视频运营与推广的相关知识，介绍不同的短视频运营平台模式、短视频的运营流程和策略、短视频营销技巧和短视频推广方法等，使读者能够选择合适的短视频运营推广方法。

6.1 了解短视频运营平台模式

短视频运营，从某种意义上来说就是平台运营，各企业可以根据自身产品特色和用户画像来选择不同的营销推广平台，利用不同平台的特点和内容流量倾斜来达到推广企业产品的目的。

6.1.1 社交平台

社交平台作为目前最重要的日常交流工具之一，已然融入了人们的生活，所以做新媒体营销推广，社交平台是绝对不能错过的。

1. 微信平台

包括微信公众号平台、个人号、微信群、微信广告资源等。

- 特点：用户群体巨大。
- 运作方式：

（1）微信公众号平台

① 服务用户：在开设的微信公众号上为用户提供注册、登录、在线客服等相关服务。

② 拉新用户：生产优质内容或推出线上活动来吸引新用户。

③ 用户黏性：开展用户运营活动，强化用户互动，如每日微信打卡获得积分。

④ 转化用户：通过各种方式让公众号粉丝转化为平台用户。

⑤ 披露信息：潜在受众多，能够有效公开信息。

（2）个人号

服务用户：添加用户为好友，互动形式更多样。

（3）微信群

① 社群运营：推广品牌和活动。

② 强化沟通：更好地了解用户，满足用户需求。

（4）微信广告资源

① 朋友圈广告：微信系统广告，可以根据人群特征进行匹配。

② 公众号硬广：简单直接。

③ 公众号软广：容易被接受。

④ 广点通广告：公众号底部广告，传播广。

⑤ 公众号视频：效果好，但合作周期短，价格高。

2. 微博平台

包括企业官方微博、微博广告资源等。

- 特点：虽然微博的活跃度近年来有些下降，但是微博活跃用户连续多个季度保持了30%以上的增长。
- 运作方式：

（1）企业官方微博

① 品牌推广：微博往往是品牌话题营销和事件营销的绝佳载体。

② 用户黏性：品牌与用户的互动。

③ 披露信息：企业官方微博发表声明。

（2）微博广告资源

① 粉丝通广告：微博系统广告，可以根据人群特征进行匹配。

② 大 V 广告：微博大 V 的流量资源和背书效果能够有效进行推广。

3. 问答平台

包括知乎、悟空问答、百度问答、搜狗问答、360 问答等。

- 特点：营销能力十足。
- 运作方式：
  ① 问答推广：通过问答推广吸引用户，精准度比较高。
  ② 经验交流：通过网友之间的经验交流来推广，容易形成用户口碑。

6.1.2 自媒体平台

自媒体作为近几年突起的运营平台，凭借自身的巨大流量，已经吸引了很多企业和自媒体人争相入驻。

1. 自媒体平台

包括今日头条的头条号、腾讯的企鹅号、搜狐的搜狐号、一点资讯的一点号、百度的百家号、网易的网易号、UC 的大鱼号等。

- 特点：曝光率高（有些自媒体平台依托于新闻客户端，有些是搜索引擎的信息源）、用户忠诚度高。
- 运作方式：
  推荐展示：有些自媒体平台会对优质内容进行推荐展示，能够提高流量，培养忠实粉丝。

2. 论坛平台

包括百度贴吧、豆瓣等。

- 特点：百度贴吧有高流量，豆瓣有高质量内容。
- 运作方式：
  ① 取关键词：论坛平台内的内容会被搜索引擎根据关键词收录，如果被收录则能够提高流量。
  ② 社群运营：贴吧的社群容纳感较强，用户之间的交互能够增强社群归属感，从而培养出忠实用户。
  ③ 发帖推广：难度大，但是收效可能会很好。

6.1.3 视频平台

娱乐化和多媒体化是营销推广的新势头，随着受众年龄层的年轻化，视频平台已然成为企业做营销推广的必争渠道之一。

1. 短视频平台

包括抖音、快手、秒拍、美拍等。

- 特点：视频短小精悍，受众多、易传播。
- 运作方式：
  ① 贴片广告：在短视频前后加上贴片广告。
  ② 内容推广：精心设计短视频作为广告。
  ③ 答疑解惑：站在用户的角度，制作短视频来答疑解惑。
  ④ 视觉展示：用短视频展示内容，更直观。
  ⑤ 举办活动：基于短视频平台开展短视频创作大赛等。例如，制作 10 秒短视频以说明

该品牌的行业表现。

2. 长视频平台

包括 A 站、B 站、优酷、爱奇艺、腾讯视频、西瓜视频等。

- 特点：固定且特定的用户群体，具有一定的平台特征。
- 运作方式：

① 花絮混剪：拍摄团建、员工采访视频来展示品牌文化。

② 别样广告：根据平台的特征设计广告内容，展示品牌的活力。例如 B 站视频大多鬼畜，以此风格来介绍品牌更有个性。

3. 音频平台

包括企鹅 FM、喜马拉雅 FM、荔枝 FM 等。

- 特点：伴随式，多场景适用。
- 运作方式：

① 植入广告：选取目标受众集中的音频节目进行广告植入。

② 自建平台：联合热门音频平台出品自己的音频自媒体。

③ 自建节目：联合热门音频平台出品自己的音频节目。

6.1.4 直播平台

网络直播平台的本质是用户生产内容（UGC），通过主播直播娱乐、商业等内容，辅之弹幕系统沟通，实现和观众实时双向交流，是一种新载体上的新模式。网络直播平台的出现，更加增加了观众的互动性。

直播平台包括抖音、快手、淘宝、映客、花椒等。

- 特点：直观性、即时互动性、代入感强。
- 运作方式：

① 公开信息：超越地域的限制。

② 品牌宣传：产品发布会直播、成交额破亿庆功会直播等。

③ 名人代言：从直播平台中吸引新用户关注。

④ 专家介绍：为用户提供更精准、更细致的服务，用户更容易接受和被说服，会产生更高的用户黏性和品牌忠诚度。

⑤ 客服沟通：提高用户活跃度，及时答疑解惑。

⑥ 活动直播：借势节日或热点，发起线下活动和线上直播，让用户和品牌一起玩。

6.2 关于短视频运营

抖音的火爆重新定义了移动社交市场，抖音开始成为越来越多企业的营销阵地，短视频运营的重要性也越来越被企业重视。如何做好短视频运营成为大家所关心的事情，那么到底什么是短视频运营呢？短视频运营是做什么的？本节将向大家介绍有关短视频运营的相关知识。

6.2.1 什么是短视频运营

随着移动互联网的不断发展，以及视频形式的不断细分，短视频凭借自身强大的优势逐渐成为受人们欢迎的娱乐和消遣方式之一。因此，也出现了许多专门制作和分享短视频的平台。

短视频运营作为新兴职业，属于新媒体运营或者互联网运营体系下的分支，即利用抖音、快手、微视、火山等短视频平台进行产品宣传、推广、企业营销的一系列活动。通过策划品牌相关的优质、高度传播性的视频内容，向客户广泛或精准地推送消息，提高知名度，从而充分利用粉丝经济，达到相应的营销目的。

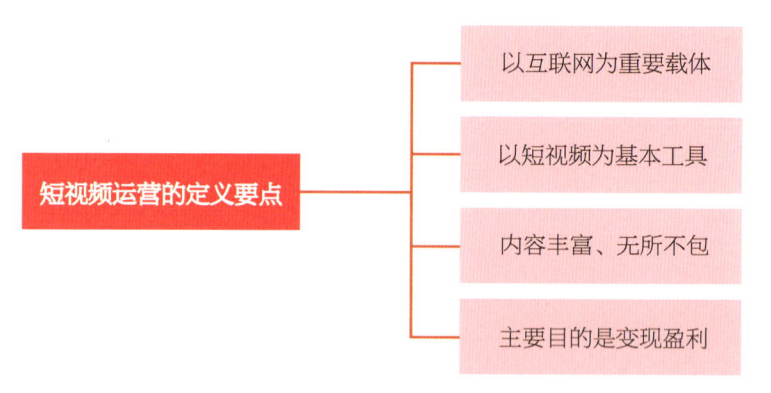

图6-1所示为短视频运营的定义要点。

```
短视频运营的定义要点 ─┬─ 以互联网为重要载体
                      ├─ 以短视频为基本工具
                      ├─ 内容丰富、无所不包
                      └─ 主要目的是变现盈利
```

图6-1 短视频运营的定义要点

随着移动互联网的不断发展，短视频营销已经开始显示出它的强大魅力，"90后""00后"等年轻一代更愿意接受以短视频为媒介的营销推广。

小贴士： 在当下这个快节奏的时代，利用短视频进行营销显得格外明智。因为每个人的时间都非常宝贵，一般都是利用碎片化的时间进行阅读和浏览。因此，短视频营销变得越来越火爆。

6.2.2 短视频运营的工作内容

总体上看，短视频运营工作主要包括4个方面，内容策划、用户运营、渠道推广和数据分析。

1. 内容策划

内容策划就是规划短视频内容，准备选题及拍摄制作等相关工作，也是短视频运营人员的工作重心所在，花费的时间和精力最多，毕竟在这个泛娱乐化的视频时代，去同质化是短视频运营突围的最好方向。

2. 用户运营

用户运营是短视频运营人员的又一工作重点，应该说这是所有做运营工作的工作重点，只有了解用户画像和用户喜好，才能更加精准地开展粉丝营销，更容易吸引精准的产品用户，从而形成自己的社群，实现长期的营销转化。短视频的用户运营工作主要有用户互动和反馈信息整理，策划用户活动，以及社群运营等。

3. 渠道推广

抖音的火爆直接将短视频推向了风口，无数的互联网企业蜂拥而至，新兴的短视频平台也层出不穷，如火山、快手、微视、西瓜、秒拍、好看、鹿刻等短视频平台。作为一名短视频运营人员，需要渠道化多平台运营，有些渠道还会进行个性化运营。其中渠道运营工作还包括与一些渠道小编的对接沟通、协议签署等。

4. 数据分析

和之前做新媒体运营类似，每天都要看公众号和微博的运营数据，短视频运营也是一样，所有的平台都需要数据化运营。比如某一条短视频全渠道的播放量、单渠道的播放量、评论收藏量等都需要分析。要找出影响这些点的因素，进而针对我们制作的短视频进行优化。

> **小贴士：** 每个做短视频运营的人员都需要具备"视频策划和剪辑包装"的技能，需要去生产视频，这一点非常重要。每个运营人员都需要生产视频，并不是说需要多么厉害的制作技能，但是要了解一条视频从刚开始策划到用户的反馈，是一个从 0 到 1 的过程。

6.2.3 为什么要做短视频营销

随着智能手机和移动互联网的进一步发展，在内容方面，各大平台和用户越来越追求短、平、快。自 2016 年起，微博各项收入增速骤减，微信公众号打开率降低，用户已经不满足于枯燥单一的图文形式。在这种情况下，短视频以其直观、立体、生动的强传播优势，成为新的流量入口。

1. 短视频是一种流量趋势

互联网营销的实现归根结底依靠的是流量，任何品牌营销和商业变现的成功都离不开流量的支持，没有流量的营销最终都是无用功。

目前，国内"两微一抖"的格局已经形成，微博、微信的格局已定，新用户已不能实现飞跃增长，而短视频作为一种新的、更直观有效的方式，成为新的流量入口。为了争夺流量，无论是机构还是商家，素人还是大咖，短视频已成为流量的必争之地。

2. 在短视频平台做营销的成本较低

企业或品牌用来做营销和变现的渠道，无非是电视、广播、线下广告等传统手段，以及百度、微博、微信等互联网平台。但是目前来看，电视、广播、线下广告和百度竞价费用高昂，一般的中小企业根本无力承担。而微博、微信目前的流量也趋于饱和，利用其获客和引流的成本简直又难又高。相对而言，短视频正处于新用户倍增的阶段，而且其独特的算法和推荐机制，使用户更容易获取新的流量，同时营销的成本也更低。

3. 短视频的内容价值能更好地提升品牌影响力，实现商业变现

相比微博、微信以图文为主的展现形式，短视频的形式更有利于品牌和产品的展现与传播，能让用户迅速对品牌或产品形成认知。短视频平台强大的平台规则和推荐机制能使一个视频轻松获得百万以上甚至千万以上的播放量，给品牌带来强大的曝光量，这是其他平台所不能比的。另外，商家在巨大的短视频平台流量池里，用自己的内容吸引粉丝，能获得精准用户，从而使变现更容易。

> **小贴士：** 短视频平台不仅为大家提供了展现自我、分享美好的机会，更成为众多"素人"一夜成名的舞台。各行各业的商家要顺应潮流，利用短视频平台宣传品牌和产品，以提高产品销量和企业知名度。

图 6-2 所示为"华为"在抖音平台的短视频账号,其所发布的短视频多为新品介绍、功能介绍及新品发布会等,以扩大品牌和产品的宣传影响。

图6-2 "华为"在抖音平台的短视频账号和所发布的短视频广告

6.2.4 短视频营销的优势

营销就是根据消费者的需求去打造销售产品和服务的方式和手段,主要分为网络营销、服务营销、体验营销、病毒营销、整合营销及社会化营销等。短视频属于网络营销的一种,也是具有巨大潜力的营销方式之一。与其他营销方式相比,电商短视频营销具有以下几个优势。

1. 营销成本低

与传统广告营销的资金投入相比,电商短视频营销的成本比较低。它主要表现在三大方面,即制作的成本、传播的成本及维护的成本。

2. 营销效果好

短视频营销的效果比较显著,一是因为画面感更强,能够带给消费者图文、音频所不能提供的感官冲击;二是因为短视频可以与电商、直播等平台结合,实现更加直接的盈利。

3. 营销指向强

短视频可以准确地找到企业的目标消费者,从而达到精准营销的目的。其原因就在于:一方面短视频平台通常都会设置搜索框,对搜索引擎进行优化;另一方面可以在短视频平台上发起活动或比赛,聚集用户群体。

4. 受众群体大

自 2017 年以来,短视频行业蓬勃发展,用户规模更是呈现出爆发式增长态势。目前,短视频用户占网络视频用户的 97.5%。

5. 互动性良好

几乎所有的短视频都可以进行单向、双向甚至多向的互动交流。对企业而言,这一优势能够帮助企业获得用户的反馈,从而有针对性地对自身进行改进;对用户而言,他们可以通过与企业发布的短视频进行互动,从而对企业的品牌进行传播,或者表达自己的意见和建议。

6. 传播速度快

短视频本身就属于网络营销,因此能够迅速在网络上传播开来。此外,用户在与短视频互动时,不仅可以点赞、评论,还可以转发,这样就很有可能产生病毒式传播的效果。当然,短视频还积极与社交平台达成合作，进而吸引更多的流量，这也是推动短视频快速传播的重要因素。

7. 存活时间长

相较于电视广告，短视频一时之间不会因为费用问题而停止传播，因此存活时间久。这与打造短视频的成本较低分不开，大多短视频都是用户自己制作并上传的，所以费用一般相对较低。

8. 效果可衡量

不管是社交平台上的短视频，还是垂直内容的短视频，都会展示出播放量、评论量等。通过这些数据可以对短视频的传播和营销效果进行分析和衡量。

小米品牌每次推出新的产品都会在线上进行新品发布直播，并且雷军会亲自进行新品的发布直播，实为增强与粉丝的互动。同时，在爱奇艺、bilibili、CIBN、第一财经、斗鱼、凤凰科技等20多个直播平台同时播放，成为第一个进入"微视千万俱乐部"的企业级用户。图 6-3 所示为小米在抖音平台的官方短视频和官方直播，主要是对小米品牌的产品进行介绍和直播带货。

图6-3 小米在抖音平台的官方短视频与小米直播

6.3 短视频运营的流程和策略

俗话说，"磨刀不误砍柴工"，在进行电商短视频运营工作之前，应该首先了解短视频的运营流程和策略，做好相关的准备工作，才能在后期达到理想的效果。

6.3.1 营销团队的构成

在了解短视频的运营流程及策略之前，应该对短视频营销团队的构成有一个比较清晰的认知。通常来说，企业在拓展新媒体业务之初，会成立相应的新媒体部门。虽然是以部门的形式呈现的，但是，更确切地说它是一个团队。虽然整个部门由为数不多的几个人组成，但是每个人的分工都特别明确。图 6-4 所示为短视频营销团队的构成。

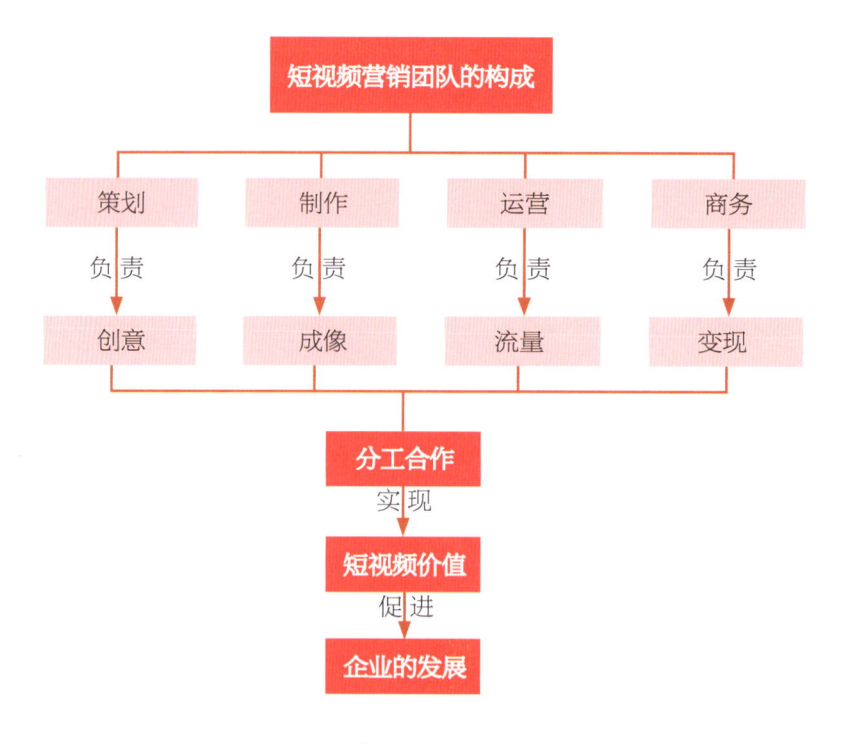

图6-4 短视频营销团队的构成

6.3.2 线上与线下的配合流程

短视频的运营通常是由线上和线下配合来完成的。一般来说，线上运营的工作内容主要是制作内容、互动吸粉、营销推广等，而线下工作主要是海报宣传、商业合作、线下推广活动等。很多企业都会利用新媒体平台对产品或服务进行O2O式（Online to Offline，线上线下一体化）的营销。

图 6-5 所示为"海底捞火锅"的抖音账号和相关短视频。海底捞结合时下最热的短视频，直接进行产品和服务营销，通过短视频的方式向用户介绍海底捞的各种产品、活动、服务，以及一些创意吃法，让顾客在家也能学会多种吃法，享受多种美味。

图6-5 海底捞在短视频平台的营销推广

从短视频营销的配合流程来看，它主要体现出的特点是线上线下配合的密切性。但是，线上线下工作的优先级并不是固定的，而是根据具体的情况来安排。线上的推广需要线下的一些地推才能实现。但是，有时在线下进行营销推广之前，也需要利用短视频平台预先发布信息，提前告知用户相关情况。

由于互联网具有快速传播的特点，所以推广活动在举办之前需要先进行线上预热，有助于在短时间内扩大线下活动的宣传推广范围。

> **小贴士：** 值得注意的是，对线上运营者来说，吸粉、互动很重要。然而，就线下推广而言，拥有一支较强的地推队伍，加强商业合作才是重中之重。

6.3.3 整合运营策略

对于一个企业来说，短视频运营主要包括内容运营、用户运营及活动运营 3 个方面。下面就从这 3 个方面对企业短视频的运营策略进行介绍。

1. 内容运营

对企业来说，内容不仅是短视频平台呈现给用户的信息，也是一种营销手段。因此，对内容运营来说，软文的撰写及内容的编辑制作都是值得思考的。

2. 用户运营

用户运营的关键是要了解用户需要什么或缺少什么。只有对用户进行深入了解，才能实现精准营销。事实上，用户运营主要体现在运营者与用户之间的互动上。因此，在新媒体平台上，运营者应该尽可能地参与互动，比如回复用户比较精彩的评论，或者点赞、转发用户发表的一些内容等，增强用户黏性。

3. 活动运营

企业在进行短视频运营时，运营效果最好的是活动运营。在短视频平台上开展活动，是增加新用户、扩大知名度及增强用户黏性的重要方法。在短视频平台上做活动时，主要需要考虑以下 4 个因素，如图 6-6 所示。

```
          活动运营需要考虑的问题
      ┌─────┬─────┬─────┬─────┐
    活动背景  活动目标  活动规则  活动结果
```

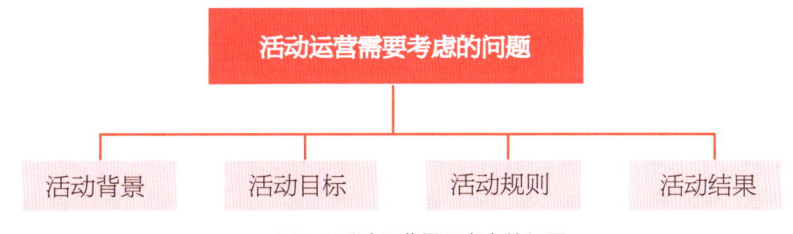

图6-6 活动运营需要考虑的问题

常见的短视频线上活动主要包括红包、签到、抽奖、游戏、有偿投稿、有奖转发等。

> **小贴士：** 需要注意的是，无论运营者采用何种方法开展运营，都应该持续地跟进每个过程并且做好反馈，这样才能让运营的效果最大化。

6.4 短视频用户运营

在互联网语境下,内容消费者,即用户,是内容产品和运营中最重要的因素之一。对于具备互联网思维的内容从业者来说,内容行业的本质就是用户思维,用户喜欢的内容就是好内容。那么作为一名短视频行业的运营人员,该如何做好用户运营呢?

6.4.1 什么是用户运营

广义来说,围绕用户展开的人工干预都可以被称为用户运营。用户运营的核心目标主要包括拉新、留存、促活、转化4部分。一切用户运营的手段和方法都会围绕这4个核心目标展开。

1. 拉新

拉新即拉动新用户,扩大用户规模,这是用户运营的基础,也是运营工作永恒不变的话题。用户的心智在发生变化,内容需要更新迭代来保持活力,只有不断拉新注入新的血液,才能产生源源不断的动力,形成良性的生态循环系统。

2. 留存

留存即防止用户流失,提升留存率。这是拉新之后的工作重点,新用户通过各种途径进来后,如果没有找到感兴趣的内容,或者后续推出的内容不符合这部分用户的兴趣喜好,都会造成用户流失。

3. 促活

促活即促进用户活跃,提升用户活跃度。留存率稳定后,做好用户促活,提升用户黏性和互动度则是工作重点。

4. 转化

转化即把用户转化为最终的消费者。无论是广告变现、内容付费,还是通过电商营利,将流量转化为营收才是最终目的。

> **小贴士**:在短视频行业,几乎所有的内容产品的用户运营工作都可以分为这 4 个核心目标。用户规模是商业化的基础,拉新和留存是为了保持用户规模最大化,促活是为了提高用户活跃度,增强用户黏性和忠实度,而用户和创作者之间的信任关系又是促成最终转化的关键动力。

6.4.2 不同阶段的用户运营

用户运营的核心目的很明确:拉新、留存、促活、转化。但随着内容产品的不断发展更迭,不同阶段用户运营的侧重点不同。例如,在从 0 到 1 的阶段,拉新工作是重中之重,而当用户达到一定规模后,则需要考虑促活和转化问题。内容产品的生命周期决定了运营的侧重点。可以将用户运营工作分为以下 3 个阶段。

1. 萌芽期

在内容产品的萌芽期阶段,运营工作的首要目标就是拉新,培养第一批核心用户。对于用户运营来说,可以细分为寻找潜在目标用户、筛选过滤目标用户、培养用户忠实度 3 部分工作。

萌芽期阶段的拉新方法如图 6-7 所示。

萌芽期阶段的拉新方法

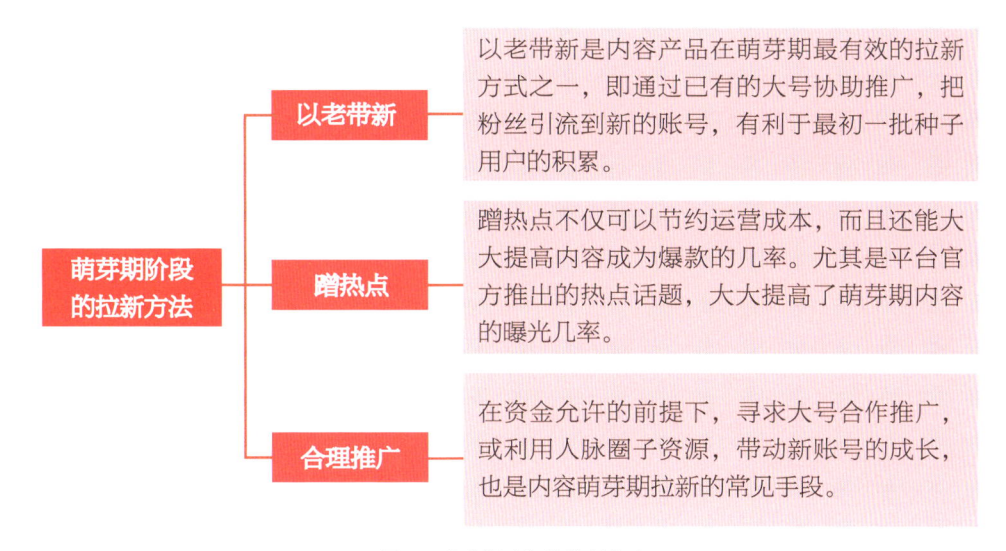

- **以老带新**：以老带新是内容产品在萌芽期最有效的拉新方式之一，即通过已有的大号协助推广，把粉丝引流到新的账号，有利于最初一批种子用户的积累。

- **蹭热点**：蹭热点不仅可以节约运营成本，而且还能大大提高内容成为爆款的几率。尤其是平台官方推出的热点话题，大大提高了萌芽期内容的曝光几率。

- **合理推广**：在资金允许的前提下，寻求大号合作推广，或利用人脉圈子资源，带动新账号的成长，也是内容萌芽期拉新的常见手段。

图6-7 萌芽期阶段的拉新方法

第一批用户进来后，一定会有部分用户流失，这就是用户筛选过滤的过程。并不是所有的目标用户都会对这个阶段的内容感兴趣，留下的则是与账号内容匹配的用户。

那么，应该如何匹配用户需求和内容呢？最实用有效的方法就是借助数据工具研究这批用户的用户画像。当用户画像结果与预想一致时，说明内容和用户需求的匹配度较高，内容大方向不需要做调整。如果用户画像与预想出入较大，则应该进一步思考是否需要调整内容大方向或进行新一轮拉新，再测试结果。

过滤匹配完成后，下一步要做的就是突出自身差异化优势，逐渐建立口碑，从而培养用户忠实度。

如今，很多品牌都入驻了短视频平台，它们就充分运用黄金时间的短视频品牌广告推广技巧，制作转化率超高的传播内容。图6-8所示为小米手机的短视频案例，图中的两个案例都是在黄金时间把一个卖点深入传达给用户，如120W极速秒充、小米平板5定价等，并在开头就以抢眼的内容吸引受众的注意力。

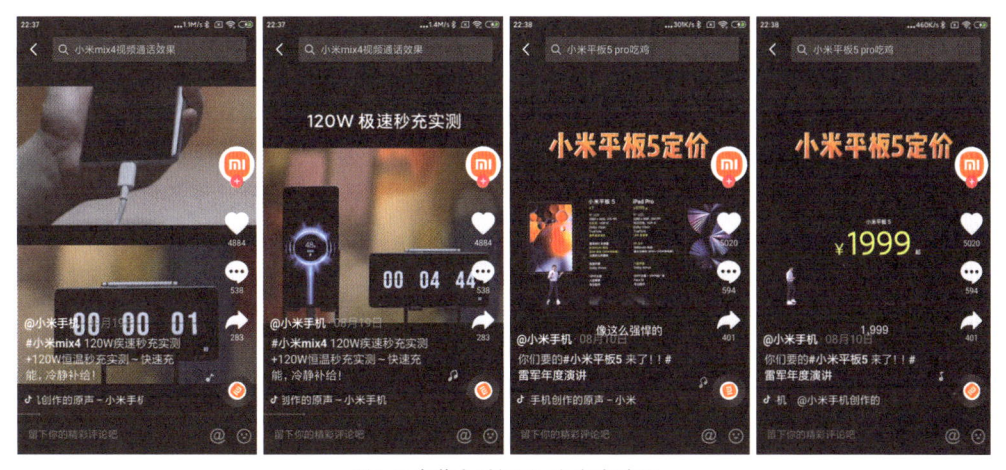

图6-8 在黄金时间展示短视频主题

2. 成长期

在内容产品的成长期阶段，运营工作的主要目的是解决增长模式和用户活跃度的问题，对应到用户运营上，则可以细分为：拓宽用户增长渠道、加强内容质量把控、提升活跃度3部分工作。

拓宽用户增长渠道的方式主要有两种：一是增加内容分发渠道，从而覆盖更多潜在用户，提升影响力；二是打造内容矩阵，发挥各个账号之间的辐射作用，建立科学的用户增长机制。

其次，对于成长期的内容产品，提升内容质量是提升留存率的根本手段。只有加强对内容质量的把控，重视数据反馈，并根据数据反馈对内容进行定向优化，才能源源不断地产出好内容。

此外，成长阶段的内容产品应该重视提升用户的活跃度。活跃度高、黏性强的用户更容易转化为最终的消费者。

成长期阶段提升用户活跃度的方法如图6-9所示。

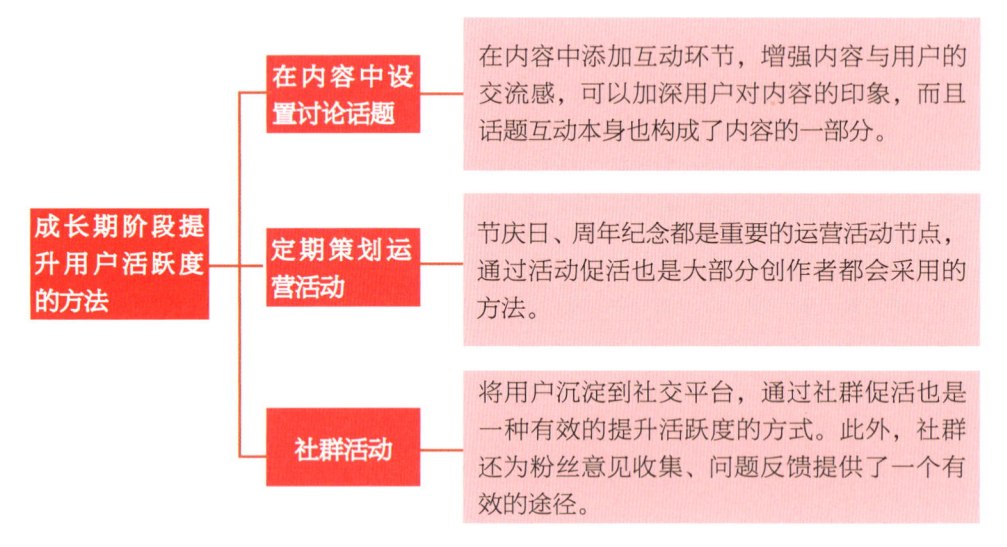

成长期阶段提升用户活跃度的方法	
在内容中设置讨论话题	在内容中添加互动环节，增强内容与用户的交流感，可以加深用户对内容的印象，而且话题互动本身也构成了内容的一部分。
定期策划运营活动	节庆日、周年纪念都是重要的运营活动节点，通过活动促活也是大部分创作者都会采用的方法。
社群活动	将用户沉淀到社交平台，通过社群促活也是一种有效的提升活跃度的方式。此外，社群还为粉丝意见收集、问题反馈提供了一个有效的途径。

图6-9 成长期阶段提升用户活跃度的方法

小贴士： 好的运营互动不仅可以提升用户活跃度，还可以形成二次传播，完成新一轮的拉新目标。成长期的内容产品面临的机会最多、挑战也最大，这个阶段的影响力基本决定了内容是否能够在市场中脱颖而出。

以主打家居产品的宜家为例，其推出的短视频就以大胆的创意、梦幻的色彩风格、简洁直观的讲解为主，给受众带来了极大的视觉冲击力和震撼力，并留下深刻印象。图6-10所示为"宜家家居"发布的色彩具有强烈视觉冲击力的短视频。

图6-10 宜家家居发布的短视频

3. 成熟期

商业变现通常会在内容产品的成熟期开展，当然，部分以电商营利的内容产品也会在成长期就开始踏入商业化进程。在成熟期阶段，用户运营的工作重点是将用户转化为消费者，并及时收集用户对商业化行为的反应。

在没有取得用户信任的前提下，频繁的商业化行为或无趣的硬广告会让用户产生很强的排斥心理，用户和内容之间刚刚建立的信任感也会被摧毁。

那么应该如何收集用户对商业化行为的反馈呢？以广告植入为例，当内容中植入了广告，运营人员可以对评论和弹幕内容进行分析，判断用户对商业化行为的接受程度。

行业竞争愈加激烈，用户的注意力越来越稀缺，在这样的行业环境中，缺乏用户思维的"好"内容大多数只是创作者的自嗨，很容易在市场竞争中被淘汰。只有在内容产品的不同发展阶段，根据实际情况不断调整运营侧重点，才有可能在这场淘汰赛中走得更远。

"美食作家王刚"的抖音账号橱窗里售卖的都是在制作美食过程中需要用到的一些自己生产的调味料和食品，同时他还在淘宝中经营线上店铺。图6-11所示为"美食作家王刚"的抖音橱窗和淘宝店铺。

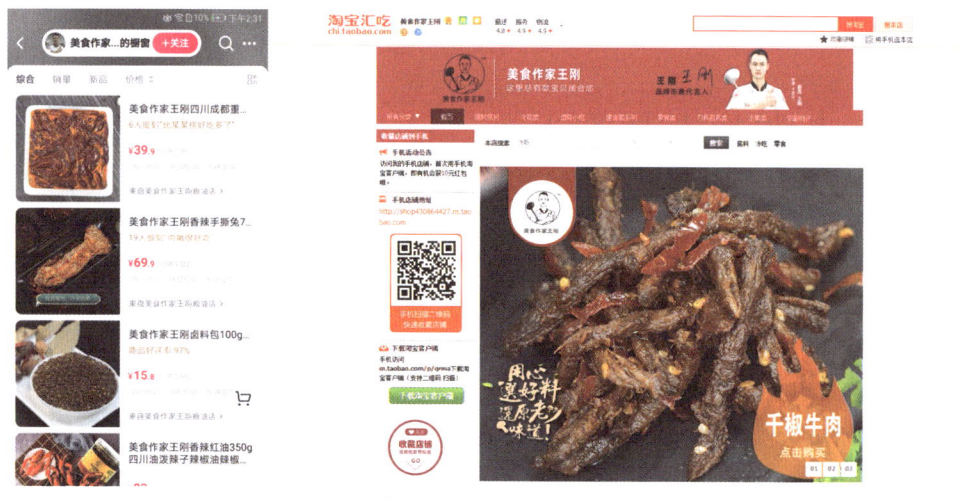

图6-11 "美食作家王刚"的抖音橱窗和淘宝店铺

6.5 短视频营销技巧

在进行营销推广时,运营者需要明确的是,如何让资源利用率最大化,从而实现效益的有效回收。有些企业和商家觉得只要拍好视频,然后随意推广出去,一切就胜利在望了,其实这是不现实的。

第一,推广出去有没有人关注,这是关键;第二,推广有没有针对目标人群,还是只是单纯地广撒网,全然不顾资源有没有充分利用,这是痛点。企业如果没有考虑好这两个问题就开始通过短视频进行营销,那么一定不会达到理想的效果。

本节将介绍 5 种典型的营销推广技巧,帮助创作者实现短视频的盈利,并深入分析如何经营更容易获得丰厚利润。

6.5.1 5步营销,步步为营

利用短视频进行营销与运营,需要了解一个经典高效的运营模式,即"AISWS"模式。这种运营模式共分为 5 个步骤,即注意、关注、搜索、观看、分享,下面分别介绍每个步骤对于短视频营销的重要性,如图 6-12 所示。

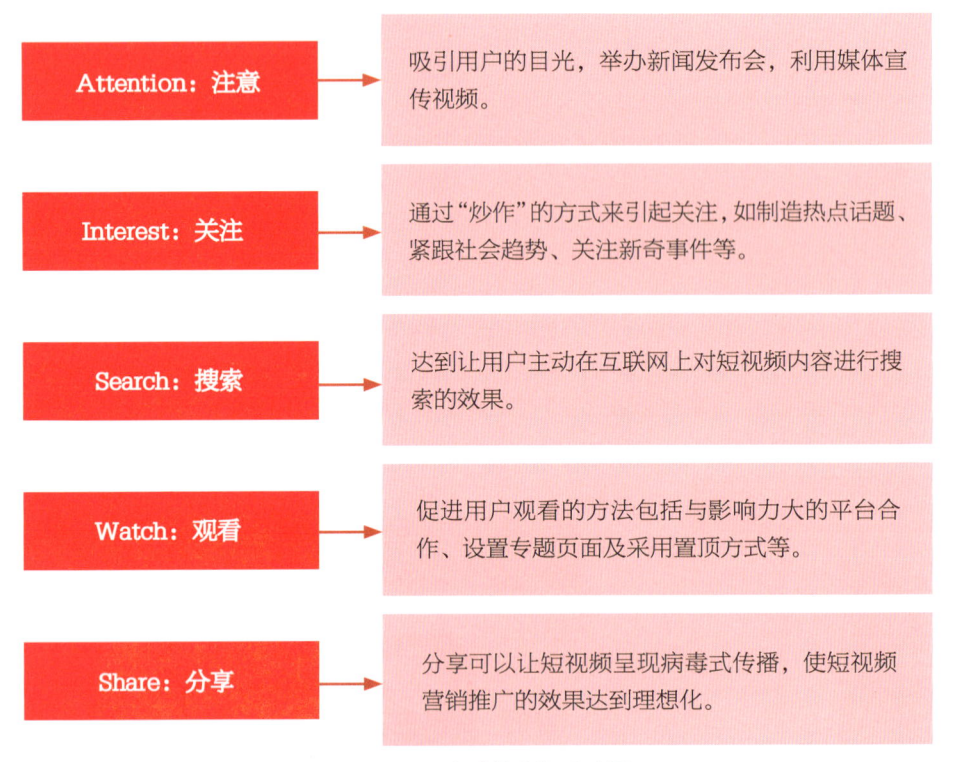

Attention:注意	吸引用户的目光,举办新闻发布会,利用媒体宣传视频。
Interest:关注	通过"炒作"的方式来引起关注,如制造热点话题、紧跟社会趋势、关注新奇事件等。
Search:搜索	达到让用户主动在互联网上对短视频内容进行搜索的效果。
Watch:观看	促进用户观看的方法包括与影响力大的平台合作、设置专题页面及采用置顶方式等。
Share:分享	分享可以让短视频呈现病毒式传播,使短视频营销推广的效果达到理想化。

图6-12 AISWS运营模式的5个步骤

6.5.2 针对推广,高效营销

如何通过短视频实现高效营销呢?方法很简单,只要在制作好短视频后进行针对性的推广,再结合受众的特点进行营销,就可以达到理想效果。当然,在进行这两步操作之前,还需要考虑相关的因素,下面将为大家进行详细分析。

1. 视频类别——不同类型分别推广

短视频的类别对于视频的推广效果而言是一个相当重要的影响因素，因为不同类别的视频产生的效果不同。如果想要使推广效果达到最佳，目标人群喜爱的程度更高，就应该根据用户的喜好来使用不同的视频类别进行营销。

那么，不同的视频类别到底具有怎样的特点，适合宣传什么方面呢？下面将举几个视频类别的例子以供参考，如图6-13所示。

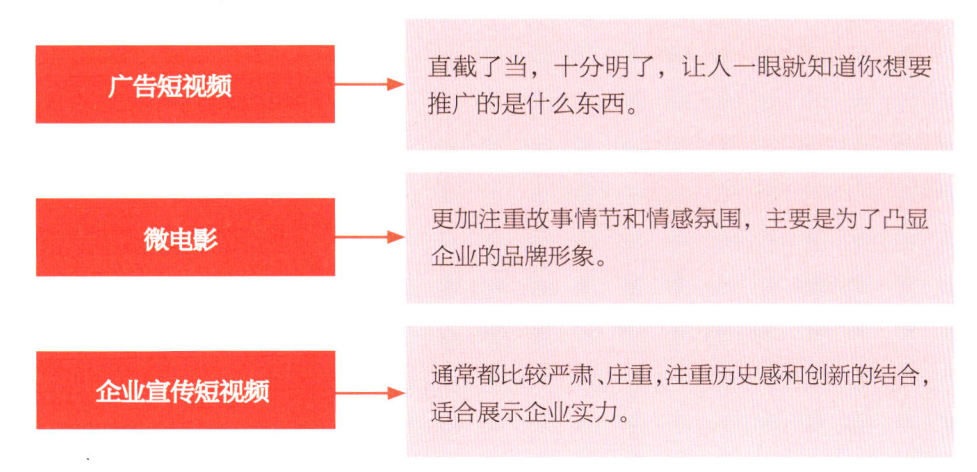

视频类别	特点
广告短视频	直截了当，十分明了，让人一眼就知道你想要推广的是什么东西。
微电影	更加注重故事情节和情感氛围，主要是为了凸显企业的品牌形象。
企业宣传短视频	通常都比较严肃、庄重，注重历史感和创新的结合，适合展示企业实力。

图6-13 不同视频类别适合宣传的类型

2. 关注人群——根据共性有效宣传

在进行视频推广时，应该考虑不同的人喜欢浏览什么类型的平台。显而易见，不能随意地将视频放在不对口的平台上进行推广，这样做的成效不高；也不能为了图方便就在所有的平台上进行推广，这样是对资源的极度浪费。那么，究竟该怎么做呢？下面将其流程进行总结，如图6-14所示。

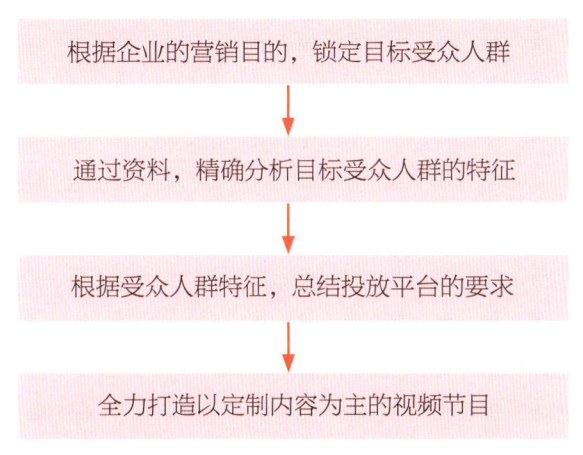

根据企业的营销目的，锁定目标受众人群
↓
通过资料，精确分析目标受众人群的特征
↓
根据受众人群特征，总结投放平台的要求
↓
全力打造以定制内容为主的视频节目

图6-14 根据目标受众的特征进行短视频推广的流程

小贴士：在分析目标受众的特征时，可以从年龄、兴趣爱好、职业、地域、消费趋向、品牌认知度、工资收入等方面进行分析，同时也要注意影响视频传播的各种因素，以便实现高效营销。

3. 推广目标——明确目的选择平台

企业在平台上投放视频时，最重要的就是明确自己的推广目标。要达到什么目的，就选择与之相符的平台。推广目标一般以打响品牌和提升品牌理解度为主，那么，这两个推广目标应该怎么选择平台呢？下面将其方法进行总结，如图 6–15 所示。

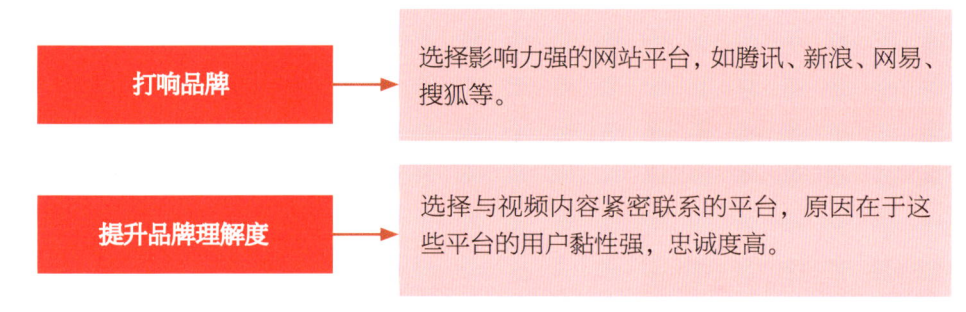

| 打响品牌 | → | 选择影响力强的网站平台，如腾讯、新浪、网易、搜狐等。 |

| 提升品牌理解度 | → | 选择与视频内容紧密联系的平台，原因在于这些平台的用户黏性强，忠诚度高。 |

图 6–15 针对不同的推广目标选择不同的平台

4. 平台价值——高端品质赢得保障

平台价值的高低是以平台本身的质量为基础的，质量在这里可拆分为"质"和"量"两个方面来看。对于平台而言，"质"代表平台的影响力、关注度、综合环境（广告、编辑、宣传等）、专一程度；"量"一般指浏览量、点击率、转发量、收入成本、退出率等。

一般来说，只要平台的质量有保障，这个平台也就具备了投放的价值和资格。因此，平台的价值也是企业在进行高效营销时需要考虑的因素之一。

有一种简单明了的"四问法"，可以帮助企业进行视频的精准投放，也就是提 4 个问题，比如"谁会来看""在哪里看""要看什么""会看几次"，弄清楚这几个问题，也就能够进行短视频的精准投放了。

6.5.3 整合营销，打通增益

在移动互联网时代，每个用户使用的移动平台都不同，根据自身的习惯和兴趣爱好，有的人喜欢用微博分享喜怒哀乐或者时事新闻，有的人喜欢用 QQ 聊天，有的人喜欢逛贴吧看帖子，有的人喜欢看视频，还有的人喜欢在豆瓣上写日记来分享感受。

正是因为移动端的繁杂性和人们使用习惯及行为的不同，才导致单一的视频营销很难取得很好的效果。因此，企业必须和其他移动平台进行整合才能达到营销推广的目的。比如可以在企业的网站上开辟专区，大力吸引目标客户的关注；还可以跟主流的门户、视频网站合作，提升视频的影响力。

对于互联网与移动互联网的用户来说，线下活动和线下参与也是重要的一部分。因此，企业需要通过互联网与移动互联网上的短视频营销，整合线下的活动、线下的媒体等，进行品牌传播，使短视频的线上推广达到更加有效的效果。

双汇为了推广其新产品筷厨煎烤炒菜肠，进行了全渠道的短视频推广，覆盖微博、微信、抖音、一直播等多个平台。作为一款新上市的产品，通过当前最受年轻用户青睐的视频平台来传播，可以有效提高产品的知名度，以轻松、容易接受的传播形式来吸引首批核心目标用户。图 6–16 所示为抖音平台的相关活动话题和短视频。

图6-16 抖音平台的相关活动话题和短视频

6.5.4 积极互动，吸引注意

短视频互动模式是一种比较常见的形式，其显著特点就是可以让用户与短视频中的内容展开互动。用户只需轻轻点击手机屏幕上的图标，就能参与这种生动有趣的互动，而企业也可以通过这种方式进行短视频营销，用新奇有趣的内容来吸引用户注意。

图6-17所示为一个抖音视频案例内容界面。在该界面上，从其右边的图标可以看到3个与用户进行互动的图标，即点赞、评论和转发。其中，当用户点赞后，呈白色显示的图标就会变成红色，如图6-18所示。

如果运营者想要发表意见或者查看用户发表的意见，点击评论图标即可。对于评论中有价值的部分内容，运营者还应该在右侧进行点赞并点击评论内容，在弹出的窗格中进行回复。图6-19所示为抖音短视频内容的"评论"互动模式。

图6-17 界面中的互动图标　图6-18 点赞后图标变为红色　图6-19 抖音短视频的评论互动模式

当然，运营者还可以通过点击"转发"图标，将自身发布的短视频内容转发到其他平台上，特别是朋友圈，扩大推广范围，从而积极、友好地就短视频内容进行互动。

6.5.5 效果监测，指导营销

在利用短视频进行营销的过程中，推广是很重要的组成部分，但对短视频营销效果的监测也不可忽视。下面将详细分析衡量短视频营销效果的几个因素。

1. 短视频播放量——大致判断营销效果

一般而言，在视频网站上观看视频都会显示一个播放多少次的具体数字，也就是固定周期内视频文件的播放次数。视频播放量的大小决定了视频影响力程度的高低，同时也就间接影响了视频营销效果的好坏。此外，还有其他一些影响视频播放量的因素，如内容质量、投放时间、传播平台、播放频次等。

2. 用户观看反应——准确衡量营销质量

用户在观看视频时或观看完视频后对视频的反应，同样也是衡量视频营销效果的重要依据，具体形式如图6-20所示。

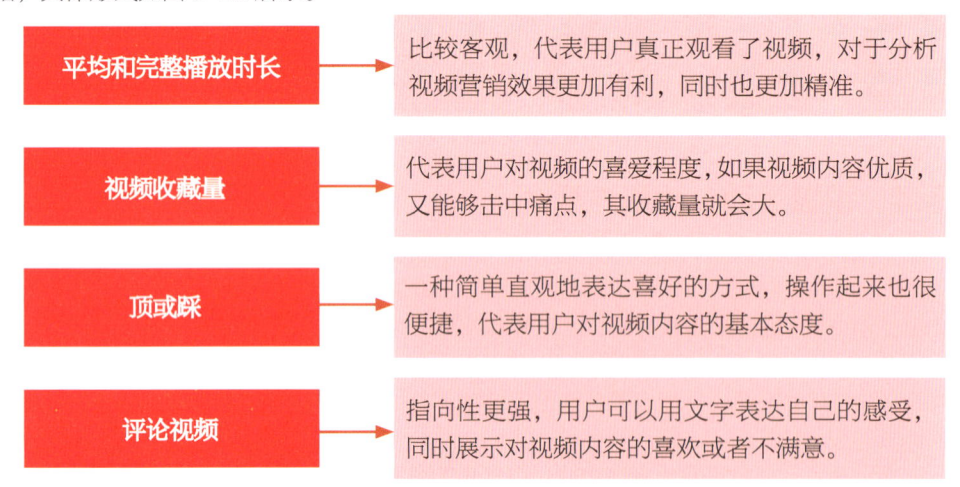

平均和完整播放时长	比较客观，代表用户真正观看了视频，对于分析视频营销效果更加有利，同时也更加精准。
视频收藏量	代表用户对视频的喜爱程度，如果视频内容优质，又能够击中痛点，其收藏量就会大。
顶或踩	一种简单直观地表达喜好的方式，操作起来也很便捷，代表用户对视频内容的基本态度。
评论视频	指向性更强，用户可以用文字表达自己的感受，同时展示对视频内容的喜欢或者不满意。

图6-20 用户对短视频产生反应的具体形式

在分析视频评论时，需要关注两个重要因素：一是视频评论的数量；二是视频评论内容的指向。究竟是好评多，还是差评多。这两者都是衡量视频效果的重要指标，因为在用户对视频做出的评价中，既有表示赞赏和佩服的，也有表示不满的。

3. 行动影响程度——后续测量营销结果

行动影响程度是指用户在观看视频后衍生出的一系列与视频相关的行为，那么，这些行动影响程度到底包括哪些行为呢？下面将其进行总结，如图6-21所示。

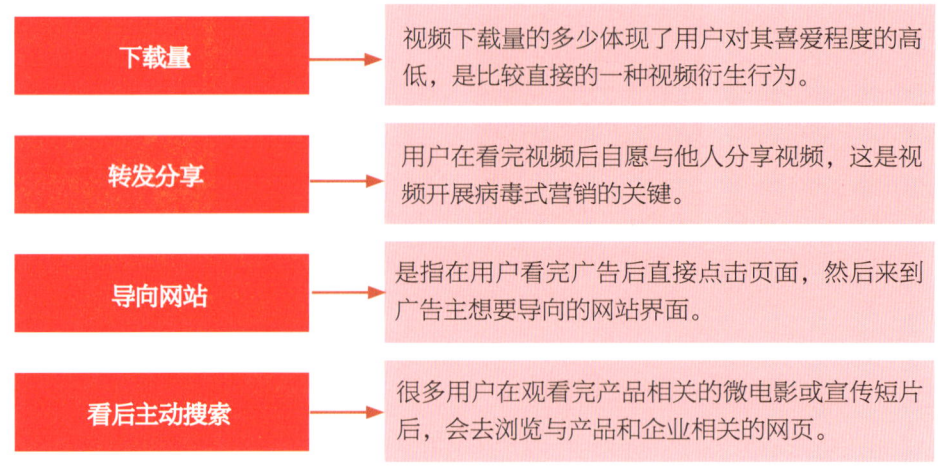

下载量	视频下载量的多少体现了用户对其喜爱程度的高低，是比较直接的一种视频衍生行为。
转发分享	用户在看完视频后自愿与他人分享视频，这是视频开展病毒式营销的关键。
导向网站	是指在用户看完广告后直接点击页面，然后来到广告主想要导向的网站界面。
看后主动搜索	很多用户在观看完产品相关的微电影或宣传短片后，会去浏览与产品和企业相关的网页。

图6-21 行动影响程度的几种行为

同时值得注意的是，用户在看完视频后进行搜索的这种行为也会受到一些要素的影响，比如品牌的影响力度加大、视频的内容足够优秀，以及视频富有创意等。

4. 视频拓展效果——深度权衡营销成果

对于视频效果而言，既包括在观看过程中产生的效果，也包括在观看完视频后产生的拓展效果。这种拓展效果虽然出现得不是那么及时，但它对企业的品牌、口碑树立的作用是无可替代的，主要体现在品牌的认知度、品牌的好感度、购买意向及品牌的联想度等方面。

6.6 短视频推广

除了短视频的内容，平台和渠道也是短视频引流成功的关键。而且从某一方面来说，"内容为王"中的"内容"必然也是通过一定的渠道来实现引流目标的。本节将向大家介绍有关短视频推广的相关基础知识。

6.6.1 短视频推广渠道

目前短视频的推广渠道大致可以分为 4 类，分别为短视频平台、社交平台、资讯平台和营销平台。

① 短视频平台：通过这类渠道进行推广，粉丝的多少对短视频播放量的影响比较大，如抖音、快手、美拍等。

② 社交平台：这类推广渠道的传播性比较强，如微信、微博、QQ 等。

③ 资讯平台：通过这类渠道进行推广，其短视频播放量大多是通过自身系统的推荐机制来获得的，如今日头条、一点资讯、百度百家等。

④ 营销平台：这类渠道通常是针对企业中产品短视频的推广，可以更好地宣传产品或企业，如淘宝、京东、美团等。

了解了短视频推广的相关渠道后，如何选择合适的推广渠道呢？下面分别进行介绍。

1. 要考虑自身的属性

什么是自身属性？比如说你是个人，是一个生产者，就是喜欢拍摄，想让更多人看到你的视频，这样的话你可以多在微博上面上传视频，因为微博属于这种社交平台，更具有传播性，可以满足你想让更多人看到的需求。

或者说你想组建团队创业或者本身你就拥有一个团队，又或者你是从传统行业或其他行业转型过来的，想做美食类或宠物类节目。这样的话前期就需要在今日头条这类资讯平台上多上传一些原创视频，因为前期没有用户，资讯平台的推荐机制会给你带来一定的流量。

由于所注册账号的属性不同，可能为你带来的流量的收益分成也不一样。

2. 短视频定位

这里所说的短视频定位，是指所创作的短视频内容是哪一种类型的。在创作短视频之前一定要提前做好自己短视频内容的定位，可以选择自己擅长的、感兴趣的或者觉得做起来量会很高的类型。

总之，定位是短视频很重要的一个步骤。短视频定位确定了，上传渠道时也会有一个大体的方向。

6.6.2　短视频推广目的

对短视频进行营销推广，目的就是希望所创作的短视频被更多的人看见，从而获得更多的粉丝，提高短视频播放量，或者提升品牌影响力。

1. 获得粉丝

如果短视频推广的目的是获得更多粉丝，那么在短视频平台上传视频就是不错的选择，因为短视频平台的粉丝数对你的播放量影响很大。

如果所创作的短视频比较有特点，可能前期会有一定量的积累，做得好的时候可能就会上热门，你的粉丝看到之后就会就进行评论、转发、点赞，慢慢地为你带来更多的粉丝关注。也可以利用朋友圈为自己的视频导流，获得一定量的粉丝。

2. 品牌影响力

如果是想获得更大的品牌影响力，可以选择多平台分发，选择一些大的渠道平台，如今日头条、西瓜视频、微博等，这些平台被人们熟知，同时关注的人群也比较多，曝光率更高，这样品牌推出去的机会就更大一些。

3. 播放量

如果推广的目的是想获得更多的播放量，那么就可以选择全渠道推广自己的短视频。不管渠道大还是小，只要发布并带来流量就可以，也不用考虑带来了多少流量，因为你的目的就是为了要提高短视频的播放量。

因此，短视频推广目的不同，选择分发的渠道也有所不同。

6.6.3　短视频营销推广平台

在电商、外卖等重点在于营销的平台上，通过短视频内容，可以让用户更真实地感受产品和服务，因而很多商家和企业都选择通过短视频或直播的形式来进行宣传推广。本节就以淘宝、京东和美团为例介绍如何进行短视频的运营推广，使运营者在宣传短视频的同时提升销量和品牌形象。

1. 淘宝

淘宝作为一个发展较早、用户众多的网购零售平台，每天至少都有几千万的固定访客。可见，其在用户流量方面拥有巨大优势。而利用这一优势进行短视频的推广和产品、品牌宣传，其效果同样惊人。

在淘宝平台上，用户浏览短视频内容的入口也比较多。其中，最主要的有"逛逛"和商品"宝贝"两个界面。而运营者也可通过这些入口进行短视频推广。

（1）"逛逛"界面

运营者进入手机淘宝平台，点击界面底部工具栏中的"逛逛"按钮，即可进入"逛逛"界面，该界面中有很多分类，除了"关注""发现"，还有"穿搭""家居""彩妆""美食""萌宠"等具体类别。这些领域的淘宝账号都或多或少地发布了短视频内容。运营者发布的与产品和品牌相关的短视频内容，完全可以通过该渠道获得推广，让淘宝平台上的更多用户关注到。图6-22所示为手机淘宝中的"逛逛"界面和其中的短视频。

图6-22 手机淘宝平台中的"逛逛"界面及短视频

（2）商品"宝贝"界面

一般来说，在淘宝平台选择某一商品，进入该商品的"宝贝"界面，在上方的宝贝展示区域中显示了两种内容形式，即"视频"和"图片"。

在这两种形式中，视频相对于图片来说，商品介绍明显更加生动、具体，更容易让用户了解。特别是关于商品功能、用法等方面的内容，犹如面对面教学，一步步告诉你功能是什么，如何使用该商品。图6-23所示为一款办公家具产品的"宝贝"详情界面的短视频内容。

图6-23 "宝贝"详情界面的短视频介绍

与"逛逛"界面的短视频内容一样，运营者可以把一些优质的介绍商品的短视频推广到"宝贝"详情界面上，供用户观看和了解商品。这不仅有利于短视频的推广，同时也是商家和企业进行营销时想要快速实现营销目标的必然选择。

2. 京东

在传统电商领域，京东商城拥有很高的行业地位。在粉丝经济时代，京东为了寻求更好的发展，推出了各种形式的运营策略和功能，利用短视频进行产品和品牌宣传就是其中之一。

与淘宝一样，京东平台上的短视频入口也有很多，当然，最主要的推广入口有"逛"界面和"商品"详情界面。

（1）"逛"界面

打开手机京东，点击界面底部工具栏中的"逛"按钮，即可进入"逛"界面。默认显示"推荐"选项卡中的内容，包括商家上传的各种短视频内容，如图6-24所示。浏览这些商品内容，发现都是介绍产品或功能、特点，或者其他与产品相关的知识。可见，京东商家可以通过推广短视频来推动产品、品牌的营销。

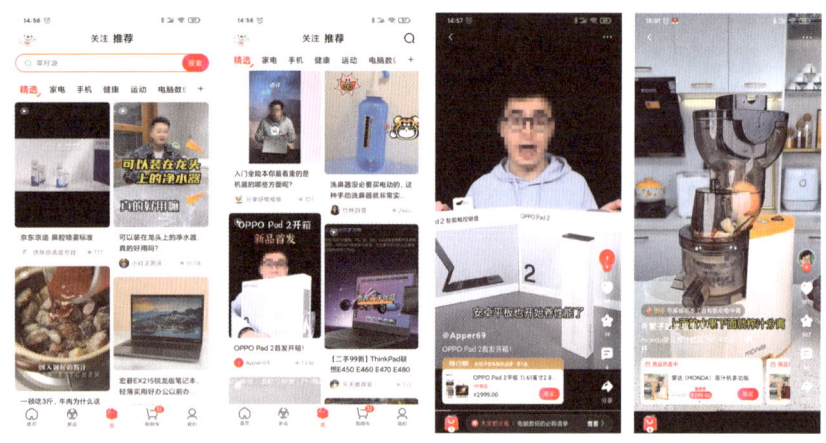

图6-24 京东"逛"界面中的短视频

（2）"商品"详情界面

运营者搜索和查看某一商品时，有时会发现在其"商品"详情界面也显示了关于商品的图片和视频内容。其中，视频标志出现在下方中间位置，还显示了视频时长，如图6-25所示。

只要点击即可进行观看，且在视频播放界面还有一个分享按钮，如图6-26所示，用于分享和推广短视频。运营者可以将上传到京东商城上的商品短视频内容分享给微信好友、QQ好友，或者分享到朋友圈、QQ空间、新浪微博等，另外。还可以通过复制链接的方式在其他平台上分享短视频内容，如图6-27所示。

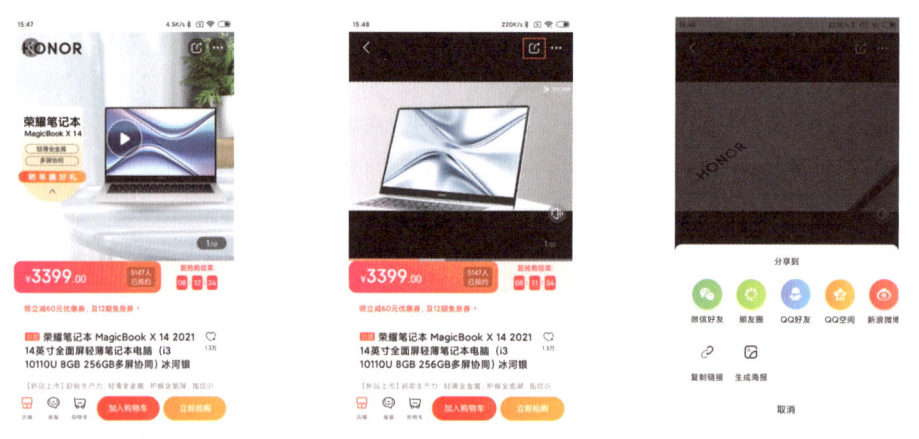

图6-25 "商品"详情界面中的短视频　　图6-26 视频播放界面的分享按钮　　图6-27 复制链接分享短视频

3. 美团

在各种从事营销的平台上，不仅淘宝、京东等平台可以进行短视频推广，外卖平台上同样有短视频的身影存在，这种短视频主要位于"品牌故事"界面，用于介绍品牌和产品。在此，以美团为例，介绍该平台上的短视频推广。

例如"窑鸡王"餐饮品牌，就在其美团外卖平台的某一店铺的"商家"界面进行短视频推广，点击"品牌故事"文字，进入相应界面，即可观看短视频内容，如图6-28所示。

该短视频内容围绕产品的特点——"鲜香嫩滑"进行讲述，并充分利用视频的便利性，随着视频中人物动作的展开，让读者充分感受产品的这一特色。

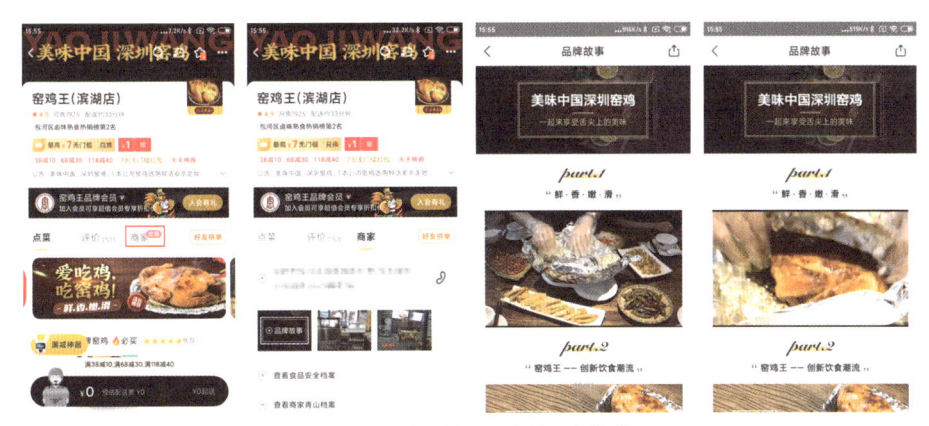

图6-28 "商品"界面中的品牌故事

6.7 短视频+，带来更多可能性

短视频的营销推广不应局限于推广短视频本身，运营者还可以拓展更多的营销方式，发现和探索更多、更有趣的短视频玩法。

随着时代的进步，技术的迅速发展，短视频的玩法也越来越多，越来越新颖，很多概念大家之前可能闻所未闻，但它们确实在发生，甚至已经呈现出稳健的发展势头。

6.7.1 短视频+电商：增加产品说服力

现在，淘宝和天猫都推出了新的营销形式，即在页面中插入关于商品介绍的短视频，让用户可以更直观地认识商品的外观、用法与各种细节问题。很多在淘宝购物的用户都担心过商品的实物和图片是否一样，毕竟图片是可以后期处理的。但是，一旦商家将商品视频上传到网页，买家就无须担心这个问题了。

无论是哪一种商家，短视频确实可以给用户带来最直观的产品演示，这一点逐渐被大家认识到，所以现在关于产品介绍的视频也越来越多。图6-29所示为淘宝中关于产品介绍的短视频。

图6-29 淘宝中关于产品介绍的短视频

"短视频+电商"的玩法是短视频和电商的双重胜利，一方面大力推广了短视频内容，另一方面也为电商平台吸引了更多流量。显而易见，采用短视频展示商品的模式更加直观，更容易让消费者信服，因此，"短视频+电商"是一种很有前景的营销形式。

6.7.2 短视频+直播：开辟一条新思路

随着互联网科技和视频的不断向前发展，一种新型的视频方式逐渐走进人们的视野，即视频直播。作为一款争夺粉丝和流量的有效工具，直播不但拥有视频的直观性特征，而且互动性和即时性更强，能够有效打破时间和空间的阻碍。直播是目前比较火爆的社交方式之一，同时也为企业的营销开拓了一条新的道路。

直播的优点数不胜数，不仅传统的视频网站开设了此项功能，还出现了专门的视频直播平台。从 2015 年开始，我国网络直播行业进入快速发展时期，直到现在它还在以稳健的势头发展着。目前，我国知名的直播平台有抖音直播、淘宝直播、京东直播等，每个视频直播平台都有自己的特色，也凭借其强大的功能吸引了大量用户的关注和喜爱。

值得注意的是，很多直播平台在发展的过程中不断扩大自己的内容和范围，不仅仅局限于直播，同时也向泛娱乐的方向发展。图 6-30 所示为不同平台的直播画面。

图6-30 不同平台的直播画面

直播平台之所以会开辟短视频专区，是考虑到用户有时候可能会错过想看的直播内容，而且短视频更适合移动端的用户观看，碎片化的信息接收方式更受欢迎。

除了直播平台衍生的短视频板块，短视频平台也添加了直播入口，这样做的目的是让流量实现最大限度的变现，同时也是为了丰富短视频平台的盈利方式。

在抖音平台的短视频界面左上角点击"菜单"图标，在左侧弹出的菜单中点击"直播广场"选项，即可进入直播界面，可以随机浏览不同类型的直播，如图 6-31 所示。另外，在抖音平台中观看短视频时，如果当前的用户正在进行直播，则该用户的头像会标注"直播"文字，点击用户头像，即可观看该用户当前的直播，如图 6-32 所示。

图6-31 进入抖音平台的直播界面 　　图6-32 浏览当前用户正在进行的直播

"短视频 + 直播"的玩法是营销变现的必然选择，同时也为两者提供了更多好处，即将短视频和直播的优势合二为一，达到双倍的营销效果。

6.7.3 短视频 + 跨界：整合各类优质资源

"短视频 + 跨界"的玩法是短视频平台兴起后较为新颖的玩法，其优势是整合平台资源，实现线上线下的品牌推广和营销。

例如，光大银行信用卡很敏锐地洞察到了这一点，携手抖音短视频平台，突破单向采买关系，以"联名 +IP 授权"的方式进行合作，推出以"刷出美好生活"为主题的联名信用卡，从而加深用户对光大银行的理解，实现了平台与银行的共赢共创。

此外，还在抖音短视频平台上发起了"# 这是什么宝藏卡"的主题活动，用户可以在抖音平台上传结合联名卡的短视频，这些活动很好地宣传了光大银行信用卡，引起了很大关注。图 6-33 所示为"# 这是什么宝藏卡"主题活动的相关短视频。

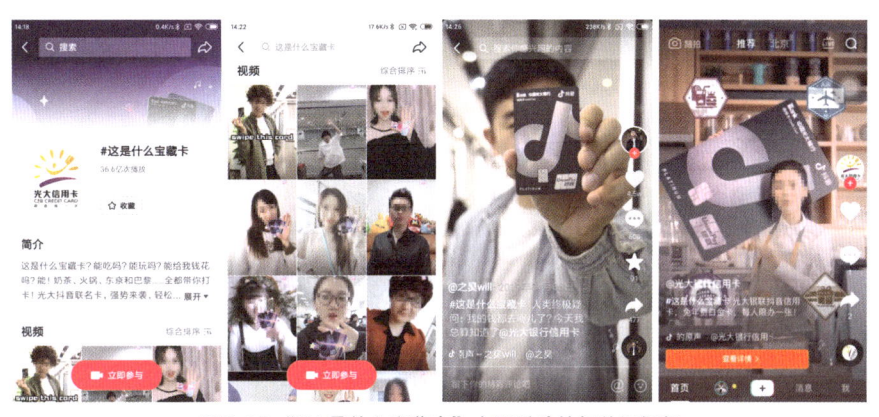

图6-33 "#这是什么宝藏卡"主题活动的相关短视频

6.7.4 短视频 +H5：完美展示自身形象

"H5"即 HTML5，是指一切用 HTML5 语言制作而成的数字产品。通俗地讲，就相当于移动端的 PPT，常用于微信中。

而"短视频 +H5"的玩法也是"H5"本身的特质之一，由于短视频与图片文字不同——它不能够随意造假，相对而言是一个比较真实的展示企业信息的媒介。因此"H5+ 短视频"营销只需具备以下几个特征，就能够吸引顾客的目光，使其深入了解企业的内涵，对企业的方方面面有一个比较直接的了解，如图 6-34 所示。

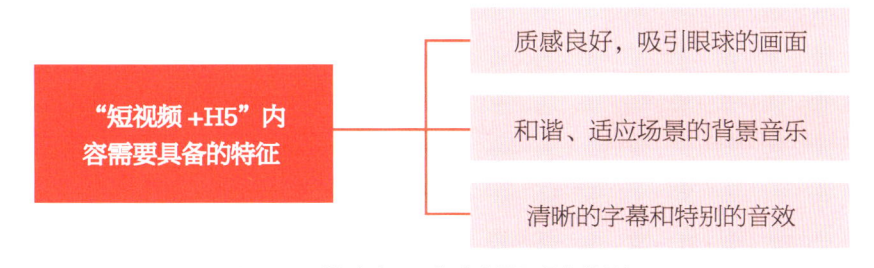

图6-34 "短视频+H5"内容需要具备的特征

没有一个企业是不想向顾客充分展示自己的完美形象的，因此可通过"短视频 +H5"的方式对产品和服务进行介绍。这样的效果更具说服力，能够使顾客更加相信企业，从而有力地推动产品的销售。

视频互动主要是通过在"H5"页面中植入短视频，借此来实现在宣传产品的同时更好地与用户互动。

6.7.5 短视频+自媒体：名利双收一举多得

短视频自媒体一方面获得了关注和热点，另一方面又赢得了利益和金钱，可谓名利双收。短视频自媒体的发展得益于其与生俱来的优势：一是相对于图文形式的内容而言，视频内容更加直观，也更富有生动性；二是因为视频内容比较接地气，让观众更容易接受。

当然，因为短视频自媒体门槛的降低，内容的日渐生活化，各种为大众提供展示的平台也慢慢成长起来。短视频自媒体比较著名的当属以搞笑幽默为特色的"陈翔六点半"、以治愈温暖为主题的"日食记"等。图6-35所示为"日食记"在微博上发布的短视频内容。

图6-35 "日食记"在微博上发布的短视频内容

从互动情况来看，"日食记"的短视频赢得了很多用户的喜爱，引起了热烈的讨论，究竟是什么原因使得短视频自媒体这样火爆呢？下面将其原因进行总结，如图6-36所示。

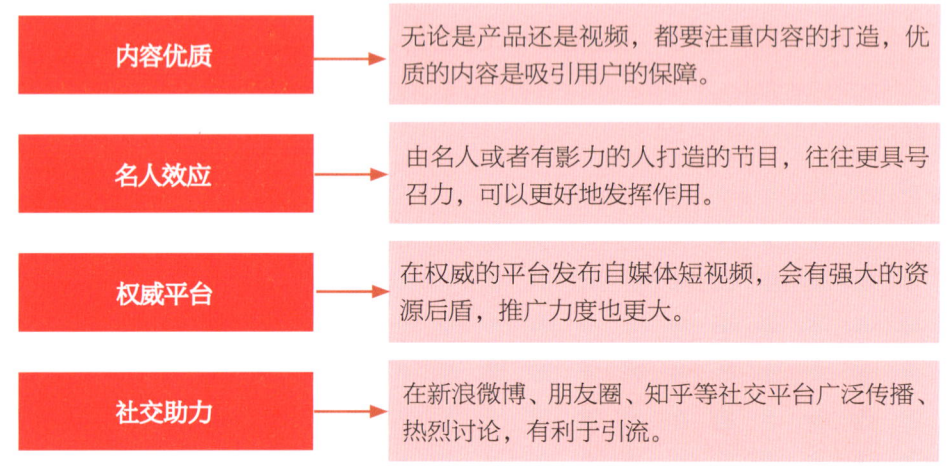

内容优质	→	无论是产品还是视频，都要注重内容的打造，优质的内容是吸引用户的保障。
名人效应	→	由名人或者有影力的人打造的节目，往往更具号召力，可以更好地发挥作用。
权威平台	→	在权威的平台发布自媒体短视频，会有强大的资源后盾，推广力度也更大。
社交助力	→	在新浪微博、朋友圈、知乎等社交平台广泛传播、热烈讨论，有利于引流。

图6-36 短视频自媒体火爆的原因

6.8 本章小结

一个成功的短视频，不仅要有优质的短视频内容，还需要有高人气的推广平台和高效的营销推广策略。完成本章内容的学习后，读者需要对短视频推广渠道有所了解，理解每种推广渠道的特点，并且掌握短视频营销推广的方法和技巧。

第 7 章 直播营销

网络直播能够让观众随着直播的镜头，进入另一个空间，往往是观众之前从来没能进入的空间。直播镜头因为没有经过精心的剪辑，也没有特意地进行二次修改，所以呈现出来的是"更真实"的一面。通过网络直播这个虚拟窗口，可能会窥探到更真实的世界，这是网络直播的魅力所在，也是近年来其产业呈现爆发式增长、站在风口上的原因。

本章将向读者介绍有关直播的相关知识，包括电商直播与直播营销、直播前的准备工作、直播平台的特点与要求、直播间环境布置、直播间灯光布置，以及如何做好直播营销等内容，使读者能够对直播间设计与直播营销有更深入的认识和理解。

7.1 电商直播与直播营销

电商直播是近几年非常火爆的产品营销方向。电商平台利用自身的平台和流量优势,为商家提供直播渠道,直播内容基本都是介绍和售卖折扣商品、宣传品牌,盈利模式也从刷礼物变成了卖东西,如"京东618生鲜节"直播、"双11购物狂欢节"直播等,其代表为天猫、淘宝、京东等头部电商平台的直播。

7.1.1 了解直播平台

网络直播平台,广义上可以分为视频直播、文字直播和语音直播,随着移动互联网和网络直播的发展,大多数情况下是指视频直播。网络直播平台的本质是用户生产内容(UGC),通过主播直播娱乐、商业内容,辅之弹幕系统沟通,实现和观众实时双向交流,是一种新载体上的新模式。

目前,我国市场上有200多家在线直播平台,观看网络直播的人数也在日益增长。例如,淘宝直播平台属于典型的电子商务直播平台,与其他网络直播平台相比,更加具有营销特征。图7-1所示为电商平台直播截图。

图7-1 电商平台直播截图

网络直播平台最早起源于20世纪90年代末的社交类视频直播间,2000年以后,由于游戏产业的兴起引发网络直播游戏的热潮,进而促进了平台自身的发展。目前,无论是游戏、达人才艺表演、教做饭、汽车评测、新闻发布会还是网络购物,几乎所有的内容都可以在直播平台上找到踪迹。

7.1.2 电商直播的兴起

电商一直以来都有两个痛点:第一,真实性存疑。传统的静态图片、视频展示可以后期加工,缺乏真实性,不利于用户进行购物决策。例如买衣服、买化妆品等,用户需要更全面地了解产品后才能决定是否购买。直播电商的出现则确保了用户看到的视频未经"修图",保证了它的真实性;通过主播们的讲解示范、回答问题这类互动形式,同时解决了"讲解"这个导购问题。第二,电商互动性差。消费水平升级的今天,人们已经不满足于"物美价廉",越来越看重购物的乐趣,购物成为一种社交行为和生活方式,在购物之后往往还会聚餐、看电影。直播是即时互动的,用户可以向主播提问,还可以跟看直播的人一起通过弹幕等方式交流,所以直播电商增加了一些社交属性。

对于商家来说，直播的好处是显而易见的。通过直播，召集一定数量的潜在用户一起观看讲解，等于售前服务从"一对一"变成了"一对多"，减轻了售前咨询的负担；直播有叫卖和促销效果，在吸引用户关注的同时可提高销售效率；通过聚集人气营造团购氛围，可提高转化效率。某电商直播平台负责人也表示，在直播平台上已经出现了大学生主播月收入轻松过万的例子，此前漫长的店铺升级之路，变成现在美妆主播从零开始一个半月就可以做到钻级店铺的现象。

电商分为两大类：第一类是直营电商，境内外商品由电商自己采购；第二类是开放平台，卖家在平台上面入驻开店。目前电商直播的主要成本为带宽成本和人力成本，而直播对开放平台电商更有优势，成本相对直营会低很多。

7.1.3 直播营销的特点

电商网络直播营销增加了传统电商的真实性，图片和售后评价已经不能满足用户对品牌的考量，真实性和对产品本身的探知是促使"网络直播+电商模式"迅速发展的原因。这种产品、服务的展示形式更加立体、生动、真实，与其他的海报或产品宣传片形式相比，网络直播的形式更加简单直接，是最接近真实的一种表达方式，推动品牌从产品引导购买转向内容消费。

例如，天猫与映客达成独家战略合作，映客为天猫组织50场直播，并分享50亿天猫红包，其中比较有代表性的活动有"双11全球狂欢节最红主播等你来狂欢"，很多用户关注了"双11"活动或品牌，很多映客平台的直播达人直接化身导购，使"双11"的节日氛围异常浓厚，带来了大量流量。网络直播平台已然成为各大电商平台获取流量的入口。

网络直播活动不只是一个品牌的狂欢，还可以开启"品牌+品牌"的战略合作模式，使营销活动规模扩大化，实现营销效果的最大化。网络直播营销不仅是一种创新的营销方式，它还以全新的方式颠覆着电商行业的发展形态。对于网络直播营销来说，其特点主要表现在以下几个方面。

1. 跨时空性

网络直播拉近了人们之间的距离，从最早的贴吧论坛到博客、微博、微信，再到今天的网络直播，网络媒体带给人最大的震撼就是不断突破着时空的界限，传播速度越来越快，传播手段越来越多样化、可视化，形式越来越丰富，更能跨越时空的障碍。基于网络技术手段的飞速发展，网络直播媒介突破了时空界限，实现了实时在线展示。尤其是无线网络技术突飞猛进的发展，使高质量、高清晰度的视频信号传播成为可能，时空适应性更强，极大地满足了用户随时随地接收信息的需求。

2. 互动性

电商网络直播用户可以发弹幕，可以转发评论，与"主播"直接沟通。这一形式能有效解决用户的疑问，增加下单量，减少退换量。网络直播的互动具有真实性、立体性，参与感被发挥到了极致。网络直播营销突破了传统大众媒介的单向式传播，实时的双向互动传播成为可能。网络直播不仅使用户与用户之间的平等沟通交流成为可能，还搭建了传播者与接收者信息的实时双向流动。文字和图片虽然也能传递信息，但是这种信息是单调的、隐藏的，相比语言更难理解。通过网络直播可以实现信息的同步，全方位展示活动场景，增强了用户的场景融入感和身临其境感，提升了用户的参与度，活跃了用户的积极性，增加了用户的冲动购物几率。同时，用户通过观看直播能够有效提升对品牌和产品的认知，提高对商品和商家的可信度，最终实现品牌营销的目的。

3. 精准性

随着移动互联网和智能手机的普及，随播随走的网络直播模式被大范围推广开来，网络直播的内容形象、立体、生动，用户理解、进入的门槛低，使网络直播迅速积聚了大批用户。以电商直播平台——淘宝直播为例，用户逛淘宝的目的在于购物，因此人们会带着不同的目的进行搜索，而观看某一项直播是用户自动选择的结果，其选择肯定与其目的性相吻合，保证了直播营销的高度精准性。

4. 共鸣性

从文字、图片、视频到网络直播，其表达的感染力不断在增强。网络直播相比其他媒体平台更能激发用户的情绪，使用户沉浸于传播的内容中，这种体验感可加强用户对企业和产品或服务的印象，并在这种情绪的带动下不自觉地产生购买行为。在互联网环境中，碎片化、去中心化使人们的情感交流越来越少，人们渴望沟通却又怯于表达，而网络直播能够把一批志趣相同的人聚集起来，凭借共同的爱好，使情感达到高度的统一和共鸣。品牌营销活动如果在这种氛围下适当地给予引导和激励，必定在很大程度上达成营销目标。

5. 即时性

提起即时性，人们都会想到社会上的重点突发事件，但随着手机和移动互联网的普及，直播已经成为随时、随地、随心发布的一种表达方式。那么直播的即时性能够解决企业的哪些问题呢？

大家都知道，比如苹果、小米、OPPO的新品发布，罗辑思维的跨年演讲，以及特许经营企业的招商会，企业在前期都会花费大量的人力、物力来宣传造势，给大家制造期待感（悬念）。然后把企业的用户聚集在某个时刻，通过现场的渲染，打造爆点和燃点来引起现场及直播观众的共鸣。用户的期待在这一时刻就具有了即时性，打造出成功的直播营销。

7.1.4 直播营销需要注意的问题

虽然目前直播平台在我国的发展态势良好，但整个行业尚未成熟，仍然存在不少问题。

从大环境来看，科技巨头争相注入巨额资金带来了泡沫性繁荣，各平台数据频频造假且屡禁不止。另外，作为一个新兴行业，在线直播平台的运作在法律方面还不够完善，同时营销模式相对单一和品牌意识等的缺乏也使得网络直播营销存在较大问题。

1. 营销模式单一

网络直播平台竞争性非常大，同样，网络直播的竞争也非常大。各个主播都在人们上网最集中的时间开通直播。直播内容非常丰富，人们的注意力很容易被分散，用户选择不同直播内容的成本非常低，只需轻轻滑动就可以切换。因此，只有优质的内容才能吸引用户的关注度，获得持续关注。网络直播应围绕产品或服务的特性和优势精心筹划内容，同时保持与企业文化和形象一致，避免哗众取宠、华而不实的价值导向扭曲品牌形象。网络直播营销不同于其他营销，从本质上来说，网络直播营销是一种用户主动选择的行为，而非强硬掠夺用户的注意力。这种主动亲近、自发互动的方式更需要品牌方投入更多的思考，生产受用户喜欢的传播内容和活动形式。

无论是通过情感的渲染还是借助娱乐手法的传递，都需要高质量的内容作为基础和依托。高质量的内容不仅具有较高的传播价值，还能够引发用户深层次的思考和想象，引发情感共鸣。只有这样，才能让用户自发认可品牌的形象和价值，并愿意作为传播者去帮助品牌进行二次传播。网络直播只是一个传播的手段，传播内容才是根本。现在很多品牌看到网络直播的红利后，便纷纷涌进，但缺乏有效的思考和沉淀，单纯地模仿他人，或者搬用简单粗暴的传统"电视购物"形式，这样不仅对品牌传播无益，无法持续吸引用户注意力，还有可能使品牌形象受到损害。

2. 缺乏深度融合

电商网络直播营销具有跨时空性，一场成功的直播营销能轻松获得千万级的关注，销售转化率惊人。但是在看到电商网络直播成功案例的同时，也要考虑许多不成功的案例，例如在品牌营销过程中，并没有把网络直播形式与品牌巧妙结合。网络直播脱胎于秀场模式，不乏带有秀场模式的基因，如果单纯地认为网络直播营销只是主播与用户聊聊天、唱唱歌，或者只是对活动现场的情景实时再现，就可以获得很好的传播效果和转化率，是不太现实的。

很多网络直播营销活动邀请明星大咖参与，但只是直播他们在化妆间、参与活动现场的场面等，这种网络直播缺乏自我品牌的塑造力，没有好的营销策划方案，没有考虑到如何与用户深入沟通，没有实现品牌的差异化展示，即使邀请了最出名的明星也只会徒增品牌营销的成本，用户并没有形成对品牌的辨识度，尤其是内容的同质化，导致企业的品牌个性特色不突出。

3. 难以持续关注

直播营销相比微博、微信营销，占用用户的时间较长。微博的文字和图片内容简短，浏览起来只需几秒。同样，微信占用的时间也相对较短，并且用户可以自主选择跳过某些内容。但是，直播营销所占用的时间较长，稍不留神就会忽略一些信息，最主要的是用户难以预测主要内容及重点内容将在什么时间播出，用户需要持久的注意力，但是这一点很难做到。另外，用户选择直播间的成本很低，因此网络直播营销的用户忠诚度较低。

同时，大多数用户选择微信、微博、直播的原因都是打发时间，难以预留长时间的关注。一旦网络直播的内容不太符合用户的审美，就有可能失去一大批用户。所以，网络直播营销的用户黏性很低。因此网络直播的内容一定要高质量，所邀请的明星要有足够的影响力，值得用户期待。同时，要与用户进行深层的互动，让其全身心地融入直播活动中，并自发为其传播，这些都是网络直播营销的关键因素。因此，网络直播营销成功与否关键在于用户的黏性大小。只有获得用户的认可才能将营销成功转化，实现品牌营销的目的。

4. 主播素质偏低

根据新浪微博对直播行业的调查显示，女性主播明显高于男性，"95后""90后"是主力。观看网络直播的用户也是以"90后"人群为主，男性高于女性。偏低的年龄群体，对自身的管控和约束力还不够，很容易引发内容的不可控。由于目前法律法规和监管的不到位，使得迅速发展的网络直播存在许多问题，如涉黄丑闻、道德丑闻等。此外，网络主播普遍学历较低，一部分主播的文化素养与品质令受众难以接受。在直播市场，主播薪水成倍增长，巨额金钱导致许多主播自我膨胀，丑闻事件在所难免。这些现象都为品牌营销带来了难以估量的影响，甚至会对网络直播风气造成极其恶劣的影响。因此，各大直播平台需要发掘素质较好且有人气的主播。

小贴士： 直播行业炙手可热，是互联网经济的风口，为了避免野蛮生长，为行业健康、长远发展护航，国家相继出台了多部法律法规规范直播行业。

2020年11月6日，国家市场监督管理总局印发《关于加强网络直播营销活动监管的指导意见》；2020年6月24日，中国广告协会发布了《网络直播营销行为规范》；2020年5月18日，由中国商业联合会媒体购物专业委员会牵头起草制定行业内首部全国性社团标准《视频直播购物运营和服务基本规范》，出台了相关征求意见稿。

7.2 直播前的准备工作

成功是奋斗者才享有的权利,每个行业都是一样的。

7.2.1 遵守直播间规范

严禁直播《中华人民共和国宪法》《全国人大常委会关于维护互联网安全的决定》《互联网信息服务管理办法》《互联网站禁止传播淫秽、色情等不良信息自律规范》所明文严禁的信息,以及其他法律法规明文禁止传播的各类信息;严禁直播违反国家法律法规、侵犯他人合法权益的内容。

7.2.2 直播前的准备

准备好封面图、标题、内容简介和主打商品。

①封面图:内容需简明扼要,可以是主播照片或与主题相关的内容,最适宜放上主播自己的美图,不宜空置大面积白色背景图。图7-2所示为直播封面图效果。

图7-2 直播封面图效果

②直播标题:不同的直播平台对于标题的可显示字数也不同,但大部分平台超过一定字数后,后面的文字就变为"……"。所以字数应控制在12个字以内,内容亮点和平台浮现权益两者都不能少。图7-3所示为直播标题效果。

图7-3 直播标题效果

③内容简介:主要是本场直播的主播、粉丝福利、流程、特色场景文案及主播的自我介绍、主打商品的亮点等,需要具有较强的吸引力。

④主打商品：主打商品要选择性价比高的商品。图7-4所示为突出性价比的主打商品。

图7-4 突出性价比的主打商品

小贴士： 标题和封面图是粉丝第一眼就能看到的，因此封面图、直播标题、内容简介和主打商品要有统一的设计。

7.2.3 直播间注意事项

（1）直播封面

① 必须与主播直播间的真实形象保持一致，不得出现任何文字（拍照背景也不要出现文字）。

②不得出现Logo或者二维码。

③不得出现大面积黑色图。

④不得出现拼图。

⑤注意比例。

（2）直播画质

人脸要立体，能够看清商品细节，光线明亮，不模糊。

（3）第一视角

主播直面观众，构图完整，最好有固定人员作为控场。

（4）拍摄镜头

镜头或手机不能抖动，要持续稳定（室外直播时尤其需要注意）。

（5）背景布置

简单、明了、大气、不抢镜，采用聚焦观众注意力的环境设计。

（6）现场声音

主播声音传达清楚，不要有嘈杂声音，室外直播时尤其需要注意。

（7）网络信号

使用较好的网络，保持网速稳定，不卡顿（否则会影响交易），室外直播时不要去信号弱的地方（如电梯间、地下），大型现场要自架专线。

（8）手机端

需下载淘宝联盟和旺信等各大直播平台的App。

避免出现常见的违规案例，图7-5所示为淘宝直播常见的违规案例。

图7-5 淘宝直播常见的违规案例

7.3 直播平台的特点及要求

直播需要跟直播内容相挂钩，所以按照直播内容选择直播平台最为合适。本节总结了目前多个主流直播平台各自的特点、要求和运营要点，供需要了解直播的读者参考。

7.3.1 淘宝直播

淘宝主播前期需要进行囤积粉丝的过程，在粉丝和知名度达到一定量级后，再引发销量的提升。在淘宝进行直播时，最好有一个固定的时间段，每次直播完以后可以将直播要点发布在微淘里，进行二次沉淀。

【关键词】：人带货。

【直播条件】：在淘宝平台中进行直播，可以使用个人、店铺或者直播代运营机构这3种身份进行直播，每种身份开通直播的条件如下。

1. 个人（非商家身份）

- 淘宝达人账号层级达到L2级别（若还不是淘宝达人，建议先申请入驻达人）。
- 需要有较好的控场能力，需要口齿流利、思路清晰，与粉丝互动性强，因此需要上传一份主播出镜的视频来充分、全面地展现自己，视频大小不要超过3MB，因为目前系统只支持1分钟左右。
- 通过新人主播基础规则考试。

2. 个人店铺和企业店铺

- 淘宝店铺满足一钻或一钻及以上（企业店不受限）。
- 主营类目在线商品数≥5，近30天店铺销量≥3，且近90天店铺成交金额≥1000元。
- 卖家须符合《淘宝网营销活动规则》。
- 本自然年度内不存在出售假冒商品的违规行为。
- 本自然年度内未因发布违禁信息或假冒材质成份的严重违规行为扣分满6分及以上。

- 卖家具有一定的客户运营能力。
- 符合直播推广类型的商家才能入驻。

3. 淘宝直播代运营机构

淘宝MCN是指有淘宝认证资格的专业机构，淘宝希望通过与MCN合作，共同培育建设优质的达人账号和内容，促进消费升级，提升内容价值，共建国内最大的内容+电商生态体系。

（1）机构公司资质要求

- 企业必须为独立法人，有固定办公场地，且为一般纳税人资质或者小规模纳税人资质。
- 公司有一定的优质达人资源和市场策划及宣传能力。
- 公司注册资金≥50W。

（2）考核要求

- 新手期：自成功入驻之日起90天内，成功引入达人数不低于5个；引入达人中至少有5人每人发布3个及以上内容。
- 正式期：成功入驻90天后，以自然月为考核期，签约达人数≥5个（直播机构需要满足至少签约5个有浮现权的主播），签约达人月活跃率≥70%（月活跃率=活跃达人数/签约达人总数），自然月内至少发布10个有效内容视为活跃达人，直播机构的开播率需≥70%。

（3）淘宝直播机构入驻对淘宝账号的要求

- 账号需要绑定支付宝，并通过支付宝实名校验。
- 实名认证必须为企业账号，且通过企业认证。
- 账号身份必须是非在线卖家店铺账号，若是在线卖家请更换账号（申请"导购直播管理"角色的企业和机构，允许卖家账号入驻）。
- 账号所有者的身份主体需要与绑定的支付宝保持一致。
- 账号所有者的身份主体只允许开通一个机构账号。

（4）选择需要入驻的角色类型

登录后需要选择入驻的角色类型。目前机构后台分为8个角色类型，需要选择符合公司业务发展的一个类型进行入驻。

- MCN机构：提供UGC、KOL、红人、明星、自媒体等达人孵化服务。
- 商家直播服务商：为淘宝、天猫店铺提供直播代播、代运营托管、直播培训等商家直播服务。
- 档口直播服务商：为线下档口商家提供直播能力培训和运营支持。
- 导购直播管理：线下品牌、经销商及第三方机构，管理导购直播服务。
- 村播服务：为新农人提供直播能力培训和运营孵化。
- PGC专业内容及制作机构：电视、媒体、制作公司、传播公司等。
- 整合营销机构：提供整合营销能力的公司。
- 直播供应链基地：自有品牌、供应链、工厂资源，能够为机构和主播提供货品支持。
    - 【直播软件】：手机端：淘宝主播；PC端：淘宝直播。
    - 【商品来源】：淘宝、天猫。
    - 【热门品类】：服装、珠宝、美妆个护等。

【运营要点】：
- 先维护好老客户，再考虑吸纳新客户。
- 注重主播IP打造。

【收益方式】：淘宝直播没有直接的收益，只能获得直播分值奖励。在盈利方面需要先拥有自己的店铺，自己为自己带货，或者与商品卖家协商订单销量提成。

7.3.2 京东直播

在京东大数据研究院发布的《2019年终消费趋势报告》中提到，在经历品牌、品质消费后，目前消费者对产品的选择不断向外观、颜色等品位消费方向倾斜。"热衷有态度的品牌""热衷新鲜事物""愿为幸福感买单"已成为京东群体消费的关键词。

报告中显示，通过互联网的传播优势，京东上不同领域的长尾、小众市场逐渐扩大，如宠物零食的成交额破亿，增长超过了100%。

【关键词】：品位消费、长尾市场。

【直播条件】：PC端直播资料提交；直播申请；站内、外粉丝数≥20000人。

【直播软件】：手机端：京东视频；PC端：京东内容开放平台。

【热门品类】：日用、家电、食品、数码等。

【运营要点】：
- 品牌必须有自己的态度。
- 消费群体对于新产品的购买率较高。

7.3.3 拼多多直播

拼多多直播扩散方式是依靠用户裂变形成的。拼多多对于直播的扶持与裂变息息相关。比如直播首秀只需3位好友组团就能获得直播商品的五折优惠券，组团看直播可以获得拼团低价。从其直播活动来看，直播的主要流量不仅依赖于自身用户，更想要吸纳外部的用户群体。

【关键词】：用户裂变。

【直播条件】：填写直播申请资料，并交纳2000元店铺保证金。

【直播软件】：手机端：拼多多商家版。

【热门品类】：水果、食品、生活用品等。

【运营要点】：
- 合理利用平台活动进行用户裂变。
- 拓展产品宣传渠道。

7.3.4 抖音直播

抖音的核心玩法在于内容的输出。一直以来，抖音都想为用户打造沉浸式体验，所以抖音对优质内容的流量扶持力度更大。

在直播流量的获取上，彰显用户体验的互动行为成为抖音流量倾斜的标志。直播时的互动、打赏等一系列用户行为都可以为直播增加热度，也可以增加直播曝光量。

【关键词】：内容。

【直播条件】：实名认证；个人主页视频数（公开且审核通过）≥10条；账号粉丝数≥1000。

【开通购物车条件】开通商品橱窗,发布10条视频,粉丝数大于1000; 开通商品橱窗后,自动解锁购物车功能（抖音个人直播带货需要缴纳 500 元推广保证金，申请抖音小店需提交相关资质）。

【直播软件】：手机端：抖音；PC 端：OBS。

【商品来源】：鲁班电商、淘宝、京东等。

【热门品类】：女装、美妆、护肤、食品等。

【运营要点】：

- 先利用短视频为账号引流，再用直播或橱窗带货。
- 以内容输出为核心。

7.3.5　快手直播

快手直播"打赏＋带货"两种形式并行，快手直播电商主要针对下沉市场，所以快手规则少，卖货短平快，用户多样化。快手对于直播的限制特别宽泛，反私有化行为较为明显。如快手默许主播将粉丝导向个人微信和微博。

【关键词】：下沉市场。

【直播条件】：实名认证。

【开通购物车条件】：开通快手小店。快手小店开通后，自动解锁购物车权限。

【直播软件】：手机端：快手；PC 端：快手直播伴侣。

【商品来源】：快手小店、有赞、淘宝等。

【热门品类】：食品饮料、美妆、家居日用等。

【运营要点】：

- 将平台粉丝和消费群体转化为私域流量。
- 选择热门产品进行销售。

7.3.6　微博直播

目前，微博直播没有较大的展现路径，仅能发布微博进行直播开播提醒，以及视频栏会提示关注的博主正在进行直播。但直播界面可以使用购物车添加淘宝商品链接，也可以进行用户打赏。

微博直播与微博前端是互通的，可以与前端粉丝相关联。博主可以将直播作为一个与粉丝联系的手段和转化的渠道。

【关键词】：转化渠道。

【直播条件】：实名认证。

【开通购物车条件】：微博加 V。

【直播软件】：手机端：微博。

【商品来源】：淘宝等。

【热门品类】：女装、美妆个护、食品等。

【运营要点】：

- 对微博进行运营，用内容吸引用户成为微博粉丝。
- 利用直播进行流量转化。

7.3.7　西瓜视频

西瓜视频是多元文化的综合视频平台，拥有以短视频、超短视频、长视频和直播组合而成的内容矩阵，是 KOL 孵化的优质平台。例如美食作家王刚和华农兄弟，均是西瓜视频孵化的出圈素人。

西瓜视频在定位上以泛娱乐为发展要点，垂直内容次之，目前网站中六成左右的份额属于泛娱乐内容。

【关键词】：泛娱乐。

【直播条件】：实名认证。

【直播软件】：手机端：西瓜视频；PC 端：西瓜直播伴侣。

【商品来源】：小店、淘宝、京东等。

【热门品类】：水果、食品、服装等。

【运营要点】：

- 内容简单化、垂直化、娱乐化。
- 专业知识、科普类、文化艺术类内容在用户的内容消费诉求下，有很大的蹿红空间。
- 内容专业性强、有特色的小众领域，粉丝黏性高，变现潜力巨大。

7.3.8 小红书直播

目前，小红书月活量已超过 1 亿，每天有约 30 亿的笔记曝光量。小红书直播开启之后，最初的直播内容以博主与粉丝进行互动、分享为主。如今，小红书转变了直播思路，将直播重点转移到了电商上。

小红书直播后续发展将以笔记 + 直播双向种草为核心，同时直播也将成为用户"拔草"的转化渠道。

【关键词】：拔草。

【直播条件】：实名认证。

【开通购物车条件】：粉丝数量 1000 及以上，可以申请开通购物车。

【直播软件】：手机端：小红书；PC 端：小红书电脑直播助手。

【商品来源】：官方自营。

【热门品类】：美妆、时尚、文化、美食等。

【运营要点】：

- 选择热门品类进行带货，自有种草笔记为产品宣传曝光。
- 可以利用笔记为产品宣传推广。

7.3.9 bilibili 直播

在 24 岁及以下的年龄区间内，众多头部直播平台中，B 站的占比最高。此类用户无视电商规则，更注重商品价值与服务，且不局限于实物消费，对于虚拟物品的消费水平较高。并且 Z 世代群体更注重消费体验，愿意为自己的喜好买单。

【关键词】：Z 世代。

【直播条件】：实名认证。

【直播软件】：手机端：bilibili；PC 端：bilibili 直播间。

【热门品类】：娱乐单机、网游、手游、电台、二次元分区等。

【运营要点】：

- B 站没有购物车选项，也没有转化路径，如需带货，只能在直播内容中植入软广或广告图。
- B 站群体适合进行有价值的内容输出，适合进行教学类垂直内容直播，然后再进行课程出售。

7.3.10 知乎直播

知乎是一个强调知识分享、信息传播的平台，直播也同样带有鲜明的平台烙印。知乎的直播板块拓展依旧是将如何产生更多知识、如何提高用户交流效率为主要逻辑。

直播选题和内容质量决定了粉丝活跃度、黏性和留存，有利于账号主体实现流量转化。

【关键词】：垂直行业。

【直播条件】：实名认证。

【开通购物车条件】：开通好物推荐（在"知乎 App"上搜索"知乎好物推荐"）。开通好物推荐的要求是：需要关联京东 PID、淘宝 PID；创作等级 2 级以上；过去 3 个月未有违反《知乎社区管理规定》行为等；仅限个人账号，不支持机构申请。

【直播软件】：手机端：知乎；PC 端：OBS。

【商品来源】：淘宝、京东等。

【热门品类】：文化知识等。

【运营要点】：

- 直播内容的深度和价值决定了用户关注度。
- 利用辩论话题让直播更具讨论性，能引发内容的二次创作。
- 知乎的转化渠道以好物推荐、商品橱窗、直播打赏、Live 讲座为主。可以将直播与问答、专栏关联起来，将粉丝囤积到账号上，再进行转化。

7.3.11 考拉海购直播

考拉海购一直经营跨境电商业务，伴随直播电商和短视频的兴起，考拉海购开始进军直播电商和短视频行业。

考拉海购的用户群体以 18~35 岁女性为主，对优质的直播内容有高度敏感性。考拉海购目前缺少破圈的头部 KOL 和爆款内容的打造，所以考拉海购对于优质内容制造和个人 IP 打造的扶持力度非常大。

【关键词】：跨境电商。

【直播条件】：考拉海购直播平台邀请入驻的用户；MCN 机构可添加考拉海购管理人员的钉钉进行申请。

【直播软件】：手机端：考拉海购。

【商品来源】：考拉海购。

【热门品类】：母婴、美妆个护、生活日用等。

【运营要点】：

- 直播产品购买过程，为产品的真实性进行背书。
- 可以选择输出探索产品原产地和产业带等内容。
- 主要产出女性群体感兴趣的关键词的垂直内容。

7.3.12 蘑菇街直播

直播对于蘑菇街来说是一个自救手段，也是蘑菇街最大规模的战略转型。所以对于参与直播的主播和商家，蘑菇街都会给予最大的扶持力度，并推行"全程服务、佣金双免、无保证金、无须入驻"等多项优惠举措，来促进直播产业发展，帮助商家与自身提振销售、度过危机。

【关键词】：扶持力度。

【直播条件】：实名认证。

【开通购物车条件】：在主播小店中填写申请。
【直播软件】：手机端：蘑菇街。
【商品来源】：蘑菇街。
【热门品类】：女子、鞋靴、箱包、彩妆等。
【运营要点】：

- 目前是MCN机构和个人主播入驻蘑菇街的好时机。
- 目前蘑菇街对直播的扶持力度较大，积极参与蘑菇街的相关活动，能够获得蘑菇街流量倾斜。

7.4 直播间环境布置

随着 5G 时代的来临，直播间竞争将会更加激烈与残酷。如果商家想在这场混战中站稳脚跟甚至领先，直播间装修精细化、精致化是必然趋势。直播间环境布置的重点在于布景、画面比例、色彩和明亮度，这 4 个方面决定了整个直播间视觉的质感和高级程度。本节将向大家介绍有关直播间环境布置的相关知识。

7.4.1 直播间装饰

靓丽有特色的直播间设计是商业直播的形象门面，下面从多个设计维度进行详细解析。

1. 移步换景设计

直播间的背景设计不能单一不变，因此如何将背景设计做到既固定又有变化，就需要充分利用背景的平面结构。设置几层或多层来达到立体及平面变化的效果，就如苏州园林中以月为门的设计，借景取景，将园林景色镶嵌于月洞门中，犹如在月盘之上绘制自然风景，反映了古人诗情画意的生活。同样，直播间可借用圆形、方形、菱形等形状构成前景，调换不同的背景，形成新的意境，达到不同的效果。同时还可以利用不同色彩的窗帘与墙面的组合，设计新的背景构图等，如图 7-6 所示。

2. 大面积墙面混搭设计

如果背景墙面积较大，无论是横向还是纵向，都可以充分利用。大气的背景墙应该避免单调，可以使用 2~3 种不同的材料来打造，如大理石、玻璃、实木贴面、壁布等。另外，在墙面造型的设计上可以略有层次感，寥寥几笔的勾勒就能让这面墙显得更加生动，如图 7-7 所示。

图7-6 出色的直播间背景构图　　　　图7-7 大面积墙面混搭设计

3. 实用型墙面多做装饰柜

将墙面做成装饰柜是当下比较流行的直播间装饰手法。装饰柜可以是敞开式的，也可以是封闭式的，但体积不宜太大，否则会显得厚重且拥挤。要突出个性，甚至在装饰柜门上挂上各种装饰或衣服，都是一种独特的装饰手法，如图7-8所示。

4. 灵活搭配的纹饰面板

纹饰面板在装饰过程中的应用非常广泛，将它用作直播间背景墙的人也越来越多，因为其花色品种繁多，价格经济实惠，不易与其他木质材料发生冲突，可更好地进行搭配，形成统一的装修风格，清洁起来也非常方便，如图7-9所示。

图7-8 将背景墙做成装饰柜进行装饰 　　图7-9 使用纹饰面板作为背景装饰

5. 玻璃、金属装饰体现现代感

采用玻璃与金属材料做背景墙，能够给直播间带来很强的现代感，是常用的背景墙材料。虽然成本不高，但是施工难度较大，可以考虑适当地镶嵌一些金属线，效果也不错，如图7-10所示。

6. 多姿多彩的墙纸、壁布

走进卖场中墙纸、壁布的展示区，许多人都会被其鲜艳的色彩、漂亮的花纹深深吸引。近年来，无论是墙纸还是壁布，加工工艺都有很大进步，不仅更加环保，还有遮盖力强的优点。用它们做背景墙能起到很好的点缀效果，而且施工简单，更换起来也非常方便。图7-11所示为使用墙纸作为直播间背景的效果。

图7-10 在背景中应用金属装饰 　　图7-11 在背景中使用墙纸和壁布装饰

7. 艺术喷涂营造变幻的效果

油漆的色彩非常丰富，有创意的设计师可以巧妙地利用这种特性，设计出许多富有特色的直播间背景墙。油漆、艺术喷涂的原理很简单，就是在背景墙后喷涂不同颜色的油漆形成对比，打破背景墙面的单调感。当然，色彩也不宜过于鲜艳，在搭配上一定要注意与直播产品相协调，否则会喧宾夺主。图7-12所示为使用艺术喷涂作为直播间背景的效果。

8. 装饰品充当背景墙

如果找不到满意的直播背景墙材料，还可以在背景墙区域设置一些空间，用来摆放自己喜爱的装饰品。这样一来，不仅可以扩大选择余地，而且随时可以替换，简单且不失品位。但是要特别注意灯光的布置必须得当，用来突出局部照明的灯光不能太亮，否则可能会影响直播收看效果。图7-13所示为在直播间背景中摆放装饰品，以丰富直播间背景的表现效果。

图7-12 使用艺术喷涂作为直播间背景　　　图7-13 在直播间背景中放置装饰品

9. 绿幕背景

许多直播平台对直播间的要求都比较高，如果直播间背景难以做到简洁大气的话，还可以试试直播平台所提供的虚拟背景功能。

如果想使用直播平台的虚拟背景功能，则直播的背景需要采用专业绿幕，也就是100%细洋沙面料，它的吸光效果很好，并能保持干净；或者使用染料，乳胶质地也能够吸收光线不反光。

在使用绿幕作为直播间背景时，一定要注意以下几个方面。

①无论是哪种材料的绿幕背景，千万要避免褶皱过多，且不要有暗角。
②照射在绿幕上的灯光要均匀，否则会形成阴影，导致背景无法去除干净。
③主播尽量不要过于靠近绿幕，要保持一定的距离，以绿幕上无影子为准。
④不要穿绿色、黄色、亮蓝色、半透明的衣服（如纱裙），不要摆放绿色、黄色、亮蓝色或半透明的物品，不要佩戴和摆放反光的饰品或物品。
⑤避免人物与物品快速移动。

7.4.2　直播间风格

对于一个顾客或粉丝来说，进入主播直播间第一眼看到的就是整体的效果是否能吸引眼球，因此直播间布置的风格特色变得尤为重要。

简单、精致又具有风格特色是直播间设计的重点，尤其是没有大资金的小主播。所以，如何打造既简单又精致、高端的直播间风格，是主播花样吸粉、做好直播的要素之一。

1. 直播间风格把握

直播间的风格设计，主要是看主播的人设风格及产品风格，或者是主播比较喜欢什么样的风格，直播间便可以设计布置成什么样子（只要色彩协调即可），直播间有欧式、现代、韩式、美式、中式等各种各样的风格。关键是直播间细节的处理，不起眼的某一处角落的设计，说不定就是粉丝喜爱的情结，比如可以添置一些绿植或当地特色的物件，如图7-14所示。

图7-14 在直播间背景中添置适当装饰

2. 简约风格背景设计

如果直播间背景是粉刷成白色的墙，那么以干净、明亮、风格简洁的墙纸打造完美直播间是一个不错的选择。选择浅色的墙纸，使直播间看上去非常小清新又很明亮，能够鲜明地突出主播的主持风格。还可以根据主播的喜好选购各色墙纸，切记不要选择过于个性或花哨的墙纸，否则会降低主播的气质，同时会混淆主播介绍的产品主题色。图7-15所示为简约背景直播间设计。

图7-15 简约背景直播间设计

7.4.3 直播间色彩

当消费者进入直播间后，色彩会先入为主地影响用户认知，形成主观印象，色彩的重要性可见一斑。色彩的运用要为特定目标服务，不能仅凭个人喜恶。

选择正确的色彩色调有助于直播间传递产品信息，与用户产生情感共鸣。而直播间色彩与色调的选择需要基于产品内涵、产品定位、差异化策略，并结合时尚文化来确定。以下几种选色方法可供参考。

1. 色彩的选择

（1）使用品牌色

不管是基于品牌传播、市场营销还是视觉美学角度，用品牌色装修直播间都是最佳的选择。使用品牌色既可以巩固、提升品牌及其产品在消费者心中的形象，做到差异化营销，同时，也最能表达直播间的产品定位和情感态度。

图7-16所示的直播间装修色调都是由品牌色延展而来的，使人容易产生品牌联想，通过色彩给消费者传递出一种品质、信任的直播间形象和心智认知。图7-17所示的直播间装修色彩选择与品牌色相差甚远，直接导致消费者对店铺的信任感降低。

图7-16 使用品牌色作为直播间主色调　　　图7-17 没有使用品牌色作为主色调

（2）使用商品色

商品与直播间是一个整体，两者相辅相成。根据商品颜色结合店铺形象定位来选择匹配的色彩统一设计，能够让直播间呈现出整体、协调、舒适的心理感受，并传达给消费者一定的正向心理认知。

图7-18所示为以商品色结合店铺定位装修直播间的典型案例，左一、左二传递出古风、和谐的形象认知；左三传递出温馨、舒适的形象认知；右一传递出自然、健康的形象认知。

图7-18 使用商品色作为直播间主色调

（3）使用品类色

选择与店铺品类相符的颜色也能够为直播间营造整体协调的感知，并且选色贴合商品类目，有利于传达商品信息和提高商品认可度。图 7-19 所示为不同品类直播间适合的色彩选择建议。

（活动促销/结婚嫁娶）　（食品饮料/户外运动）　（儿童用品/快消品类）

（母婴亲子/婚恋节日）　（数码电器/科技品类）　（高端家纺/奢侈品类）　（医疗保健/果蔬苗木）

图7-19 不同品类直播间适合的色彩选择建议

- **活动促销/结婚嫁娶**：选择红色。红色热情，刺激性强，是我国传统的喜庆色彩。适用于嫁娶喜品、珠宝配饰、美容化妆品等活动促销。
- **食品饮料/户外活动**：选择橙色。橙色温暖，有健康、活力、勇敢、自由等象征意义。橙色和很多食物颜色相似，最易引起食欲，所以适用于食品、家居、运动时尚、儿童玩具等品类。
- **儿童用品/快消品类**：选择黄色。黄色娇嫩，给人明亮、灿烂、愉快、柔和的感觉，也容易引起味觉条件反射，适用于儿童用品、食品快消、艺术类的直播间装修。
- **母婴亲子/婚恋节日**：选择粉红粉蓝。粉红粉蓝温柔纯净，给人安全温馨、柔和舒缓、甜蜜幸福的感觉，适用于母婴亲子、婚恋等品类。
- **数码电器/科技品类**：选择蓝色。蓝色理智，给人清新、舒畅、沉稳、信任的感觉，同时还能表现出和平、淡雅、洁净、可靠的内涵，适用于数码电器、科技类等品类。
- **高端家纺/奢饰品类**：选择紫色。紫色给人优雅、高贵、神秘的感觉，适用于婚恋用品、珠宝配饰、高端家纺及奢侈品类。
- **医疗保健/果蔬苗木**：选择蓝绿色。湖蓝和绿色给人平静、安全、新鲜、自然的感觉，适用于医疗保健、果蔬苗木等品类。

（4）使用活动色

直播间装修除了商品本身，还应该根据季节、节日、活动主题及时更换，既可以增添节日氛围，助力营销，又可以避免用户视觉疲劳，增添新意。

例如，春节和元宵节选择红色系，热闹喜庆；情人节和女王节选择玫粉色、玫紫色，温柔浪漫、高贵典雅；清明节、端午节、开学季选择绿色、青色，清新活力，充满生命力和希望；中秋节和重阳节选择黄色、金色，是秋季的颜色，象征着温暖和丰收；圣诞节选择绿色、红色、金色，蕴含着欢乐美好的精神内涵。

图 7-20 所示为以活动色作为搭配的直播间设计案例，左一使用绿色的草地与蓝色的天空，表现出春季出游的自然场景；左二使用橙色作为主题色，突出表现"米粉节"的热闹氛围；

左三使用蓝色作为主题色，表现出很强的科技感；右一使用橙色与红色相搭配，表现出新品季的促销氛围。

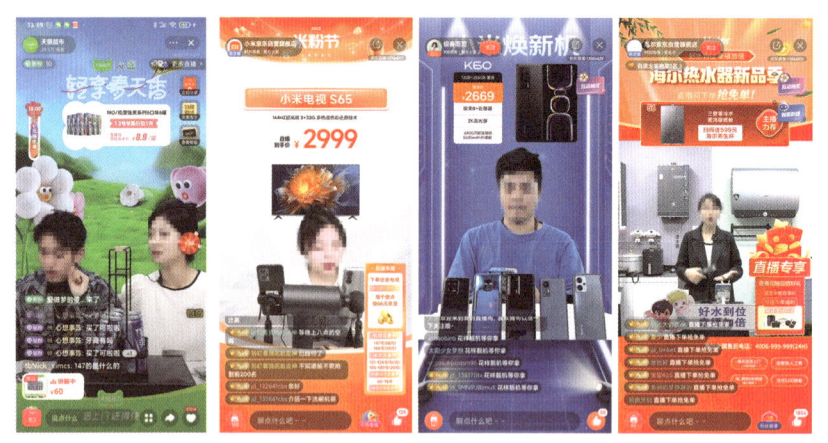

图7-20 使用活动色进行直播间配色设计

2. 色调的选择

色调的选择取决于商品的内涵，以及直播间想要给观众传达怎样的感受和认知，它决定了直播间的整体风格，选择和布控也需要遵循整体协调匹配的基本原则。图7-21所示为PCCS（Practical Color Co-ordinate System）色调示意图。

图7-21 PCCS色调示意图

根据PCCS色调示意图对色调的定义，色调选择与商品品类的建议如下。

- 母婴/婚恋/个护品类：适合淡色调和浅色调。温柔梦幻，轻盈柔和。
- 儿童用品/食品饮料/厨具/医疗：适合亮色调和纯色调。轻快活泼，明亮干净。
- 床品家纺/内衣品类：适合浅灰色调和柔色调。温柔纯净，安全温馨。
- 高端轻奢/男装/数码：适合灰色调、浊色调和暗色调。沉稳大气，低调内涵。

图7-22所示的直播间设计案例，从左至右依次为浅色调、亮纯色调、轻柔色调和暗灰色调。

图7-22 不同色调的直播间设计

> **小贴士：** 了解色彩色调的性格特点，充分利用其特点来装修直播间，能够不言而喻地传达产品意义，彰显态度，进而影响用户的情绪感受和行为。

3. 如何搭配好直播间的色彩

消费者在观看一个配色舒适的直播间时，会觉得是视觉享受，停留时间更长，成交概率相应更大。一个高质量的直播间装修配色设计，前景如直播间贴片、广告，中景如主播、商品、设备，背景如背景墙布置等，所有呈现给用户的物体都应纳入考量范围，精心配色。

图7-23所示为某品牌化妆品直播间设计，其在日常、小型促销、大型促销活动等不同时期，配色也不相同，但单一时期的直播间贴片、商品、主播着装、背景墙点缀颜色都高度一致，采用明亮浅色作为背景色，使文字、主播和商品信息突出，阅读性强，感官体验清新愉悦，这就属于高质量直播间装修配色。

图7-23 某品牌化妆品不同时期的直播间设计

要做到合理配色，有以下3个方面需要注意。

（1）颜色控制在3种以内

直播间的颜色尽量控制在3种色相以内，超过3种容易使人眼花缭乱，视觉神经的过度刺激会导致人心烦意乱，无法长时间观看，同时直播主题也难以凸显，失去主次。

（2）有明确的主色和配色

主色确定后，辅助色、点缀色都要围绕主色来选择和搭配，有助于建立更加美观、恰当的直播间形象。常用的色彩搭配黄金法则为6:3:1，即在一个界面中主色占60%、辅助色占30%、点缀色或强调色占10%。主色用来渲染氛围，辅助色用来平衡画面、衬托主色，点缀色则用来提升设计层次、画龙点睛。

图7-24所示的直播间设计，直播场景是以蓝色和白色搭配为主，表现出自然、清爽的氛围，而直播界面中的主题、商品等信息都使用红橙色作为背景色，与直播场景的色彩形成对比，配色明确，信息突出。

（3）整体协调，局部对比

直播间装修色彩搭配需要做到整体协调，在整体协调的基础上可以设计局部对比。前者可以让整体界面稳定舒适、和谐统一，后者可以使界面重点突出、丰富耐看、生动活泼。常见的对比有：深色与浅色对比搭配、冷色与暖色对比搭配、有彩色与无彩色对比搭配。

图7-25所示的直播间设计，蓝色的纯色背景自然、简洁，背景与人物手部和戒指产品形成色彩的对比，有效强化了人物手部和手上戒指产品的表现；图7-26所示的直播间设计，既有深浅对比，也有冷暖对比。

图7-24 明确的主色与配色设计　　图7-25 对比配色设计1　　图7-26 对比配色设计2

色彩是一种无声而又有效的沟通手段，能够很自然地影响消费者的心理和行为，正确恰当地使用色彩，可以帮助商家提高直播间竞争力。直播间用色除了考虑和谐统一、舒适美观，还应明确战术性目标和差异性特色。因此，商家需要系统分析自己的商品定位和目标受众的心理喜好，找到适合自己且用户喜闻乐见的色彩，有意识地延续下去，积累信任和好感。

7.5 直播间灯光布置

直播间灯光照明与摄像有着密切关系（即画面中的场景、人物、色彩还原准确、逼真，且三维效果显著）。照明技术的好坏是高质量直播制作的关键。直播间灯光的影响因素包括主光源与辅光源、背光源与轮廓光，以及装饰光的位置、角度和强度等，这些都将对直播画面产生很大的影响。商业直播按照直播地点可以分为室内直播和室外直播，灯光设计对于室内直播尤其重要。在网络直播间的环境布置中，除了对直播间的背景、物品摆放有要求，直播间灯光的设置也是重要因素。有的网络直播新人对此没有认识，单纯地认为随意找个房间，打开日光灯直播即可，但是网友在进入她的直播间后，在日光灯的照射下，会暴露主播面部的某些缺陷，降低美感，缺乏对顾客的吸引力。

7.5.1 主灯光规划

灯光最主要的目的是达到通亮，特别是服饰类的商家更要注重这点。注意衣服的色差很重要，色差过大是非常致命的。因此灯光不要有过多色温，做到通亮即可，这样会减少色差，要把货品的质感和真实度通过直播的方式展示给粉丝。

灯光除了通亮还需做到无影，有影就说明灯光打得不均匀，这会导致一些情况出现，比如上身亮下身不亮，或者是上下身灯光不协调。在进行直播前，一定要多调试灯光，把灯光调整到最佳状态，这样就能够很好地提升用户的在线体验。还要注意整个直播间的画面结构，在做摄像机摆位时要充分考虑主播不同站位所形成的画面，让画面结构尽可能地接近黄金比例，这也能够让粉丝把观看直播的重点放在货品及活动的促销活动上。

为了区分拍摄主体人物和灯光的位置，以及摄像机的位置，下面把主体人物、灯光及摄像机位置用钟表表盘作形象化说明。主体人物位于表盘的中心位置，摄像机放在中心位置的正前方位置，即 6 点钟的位置。通常作为主光源的灯应布置在稍微靠近摄像机的一侧，即在摄像机左侧 7、8 点钟的位置或右侧 4、5 点钟的位置之间，然后将主光源升高到高于主体人物 30°至 40°的位置，这一位置会在面部产生少量阴影，使主体人物更具立体感。主光源高度要足够高，使它高于主体视平线，但又不宜过高，过高会使眼睛下方产生较多的阴影。直播间主播上方可以安装顶灯，如日字形、十字形、丰字形顶灯，光线要明亮，最好选择现在流行的 LED 灯，其具有光线明亮、瓦数小、节能的优点（48 瓦以上）。通过柔光灯和顶灯的搭配，能够让主播们充分展示自己的美感。在通亮的灯光下，加上主播们漂亮的妆容、得体的衣服及精心布置的背景，会在很大程度上吸引粉丝的关注，让粉丝一进直播间就会赞叹不已。

由此可见，直播间的灯光设置一定不能忽视。图 7-27 所示为直播间主体灯光的设置。

7.5.2 灯箱灯光照射

如果直播间光线较暗，或者因为装修导致室内光线不充足，使用柔光灯箱就能解决问题，如图 7-28 所示。

图7-27 直播间主体灯光的设置

图7-28 柔光灯箱

柔光灯箱一般用于摄影工作室。主播在开播时一般也使会用柔光灯箱补光，因为它照射出来的灯光是白色的，而且光线不会溢出，不会像台灯那样刺眼，更不会造成镜头曝光，照射在人的脸上比较自然柔和。主播们在进行直播时，一般都需要安静的环境，所以直播间都会将房间或场地密闭起来，这样灯光就会比较暗，尤其在晚上更是如此。这时如果布置一个柔光双灯组合来补光（通常包含 2 个柔光罩、2 个柔光灯箱、2 个 LED 灯和 2 个灯架），主播在直播时就能极大地改善自己的肤色，显得更加靓丽。需要注意的是，柔光灯组合需放在人物两边较远的地方，不要在镜头中显露出来。

7.5.3 光源类别

直播间灯光的布置可以很好地促进商品成交，并且会给店铺带来很多自然流量。为了取得良好的拍摄效果，灯光的选择是一个不可忽视的因素。直播间常用的灯光有主光、辅助光、背光、顶光和背景光，如图 7-29 所示。直播间场地一般都不会太大，采用不同的灯光组合将产生不同的效果。

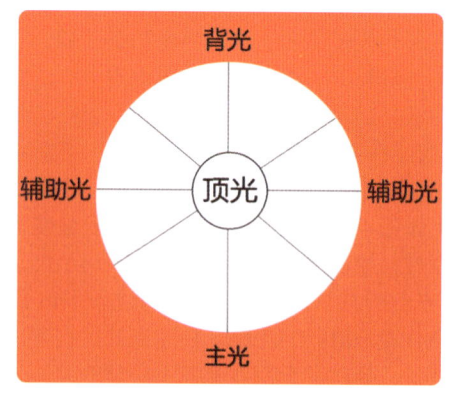

图7-29 直播间常用灯光示意图

1. 主光

主光是直播间的主要光源，承担着主要照明的作用，可以使主播脸部受光匀称，是灯光美颜的第一步。

- 摆放位置：放置在主播的正面，与摄像头镜头光轴成0°至15°夹角。
- 呈现效果：从这个方向照射过来的光线充足均匀，使主播脸部柔和，达到磨皮和美白的效果。
- 缺点：从正面照射，主播脸上会没有阴影，画面看上去十分呆板，缺乏立体层次感。

关于主光源的使用，建议选择球形灯，因为球形灯打出来的光最柔和。而且建议使用显色度 96% 以上的球形灯，且把球形灯放置于主播的前、中、后位置，不建议使用环形灯和摄影灯。图 7-30 所示为直播间中主光的照射示意图。

2. 辅助光

辅助光是指辅助主光的灯光，可以增加整体立体感，起到突出侧面轮廓的作用。

- 摆放位置：从主播左右侧面90°照射，左前方45°打辅助光可以使面部轮廓产生阴影，打造脸部立体感。右后方45°打辅助光可以使面部偏后侧轮廓被打亮，与前侧的光产生强烈反差。
- 呈现效果：制造面部轮廓阴影，塑造主播整体造型的立体感。
- 缺点：光照的亮比调节，避免光线太亮使面部出现曝光过度和部分过暗的情况。

辅助光主要用来增强立体感，起到突出侧面轮廓的作用。使用辅助光时要注意避免光线太暗和太亮的情况，光度不能强于主光，不能干扰主光正常的光线效果，而且不能产生光线投影。图 7-31 所示为直播间中辅助光的照射示意图。

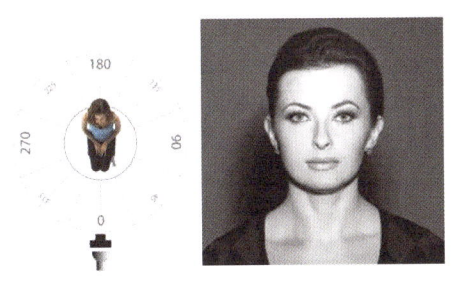

图7-30 主光照射示意图　　　　　　图7-31 辅助光照射示意图

3. 背光

背光也称轮廓光或逆光，光源从主播背后照射而来，能给主播画面增添气氛，获得戏剧性效果。

- 摆放位置：主播身后。
- 呈现效果：从背景照射出的光线可以使主播轮廓分明，将主播从直播间中分离出来，突出主体。
- 缺点：主播脸部阴影部分会失去层次细节，摄像头会产生耀光情况，也会降低主播画面的反差。

图7-32所示为直播间中背光的照射示意图。

4. 顶光

顶光是次于主光的光源，从头顶位置照射，给背景和地面增加照明，同时增强瘦脸效果。

- 摆放位置：从主播上方照下来的光线。
- 呈现效果：照射光线充足，能突出鲜艳的色彩，有利于轮廓造型的塑造，起到瘦脸的作用。
- 缺点：容易在眼睛和鼻子下方形成阴影，需要有补光灯。

顶光位置最好不要离主播位置超过两米。预算充足的直播商家还可搭配背景光（消除背部阴影）、轮廓光（聚光灯，确保肩膀处有灯光）、主光和面光（确保人物形象饱满，画质更清晰）。此外，顶光的悬挂系统还可以最大化地利用场地，人物走动也不受影响，轨道和灯具均可滑动，时刻保持主播的灯光充足。图7-33所示为直播间中顶光的照射示意图。

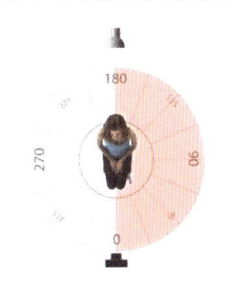

图7-32 背光照射示意图　　　　　　图7-33 顶光照射示意图

5. 背景光

背景光又称环境光，主要作为背景照明，使直播间的各点照度都尽可能统一，起到让室内光线均匀的作用。但需要注意的是，背景光的设置要尽可能简单，切忌喧宾夺主，最好是在直播间顶部布满。背景光可以使直播间的各点照度都尽可能统一，让室内光线更加均匀，但要注意环境光尽量简单一些。有些直播间也使用吊灯，虽然比较浮夸，但可以增强高级感和场景感。背景光在使主播美颜的同时，还能保留直播间的完美背景。一般采取低光亮、多光源的布置方法。

各类灯光设计及配置是一个直播间必不可少的要素，每种灯光都各有其优缺点，配合使用可以取长补短。调光的过程非常漫长，需要耐心细致，找到适合自己的灯光效果。

7.5.4 主播镜头与灯光

灯光可以制造气氛、营造风格，灯光涉及的因素很多，光源、光照角度、亮度、色温等特征的不同组合都会产生不同的效果和作用。

娱乐主播的灯光设置要比商业主播的灯光设置要求更高，需要注意以下几点。

①主播的身体要正对着镜头，如果受场地环境限制，也可稍微侧身，但不要太离谱。太过于侧身，不利于与粉丝互动，也显得不那么尊重粉丝，身体占视频画面的一半为宜。

②脸部占画面的四分之一或五分之一为佳。太靠近摄像头会显得脸大，而且脸上的瑕疵会很轻易地显现出来；离摄像头太远也不合适，看不到屏幕上与粉丝互动的文字。

③身体上半身要出现在画面的中心。有些主播为了制造神秘感，仅仅只露出半张脸，偶尔这样也无可厚非，长时间这样的话，粉丝就会失去耐心。当然，如果觉得侧脸好看，可以把镜头稍微调偏一些，但不宜过偏。

7.5.5 直播间灯光布置方案与技巧

一个好的直播间除了适当的装饰和合理的布局，最重要的就是"灯光"。好的灯光布置具有3个用途。

- 有效提升主播整体形象。
- 展现品牌和产品的高光亮点。
- 改变直播氛围。

下面介绍几种直播间常见的布光方案。

1．一灯布光方案

在直播间里，有一类十分受欢迎的灯光器材，即环形灯。

在一灯布光方案中，使用环形灯作为主灯。环形灯光效均匀柔和，从各个方向将柔光打到主播脸上，起到瘦脸、补光、美颜的效果。最重要的是能在主播的眼睛里反映出环形亮斑，俗称"眼神光"。这种布光方案操作简单快捷，还可以调节色温和亮度来控制冷暖光。图7-34所示为使用环形灯的直播间一灯布光方案。

图7-34 使用环形灯的直播间一灯布光方案

> **小贴士：** 如果想让主播看起来脸小，将灯光放置在主播正前方，灯高于主播 15 厘米左右，主播与灯的距离约 1 米左右，适当垫高灯的后脚，使灯光向前下倾斜一定的角度照射，这样可以使主播的脸看起来显小。

2. 二灯布光方案

环形灯在直播间的应用非常广泛，然而当直播范围不再局限于主播的脸部时，仅用一盏灯光显然是不够的。通常情况下，在美食或珠宝等产品类的直播间，可以适当增加一个光源，变成双灯方案。

这时候，主灯也不局限于环形灯，可以有更多的选择。双灯组合可以根据直播的需要进行搭配。推荐几款产品：如南光 LED 平板摄影灯 CN-T200、金贝（JINBEI）EFP50 摄影灯直播补光灯、神牛摄影灯 LEDP120C、金贝 JB260 灯架 +65 度球形柔光罩等产品。

图 7-35 所示为二灯布光方案的直播间效果。

图7-35 二灯布光方案的直播间效果

3. 三灯布光方案

当直播间需要"全身直播"，尤其是服饰类、拉杆箱、家具、舞蹈等，这样的直播间布光方案就需要升级了，可以考虑使用三灯及以上组合。

图 7-36 所示为三灯布光方案的直播间效果。

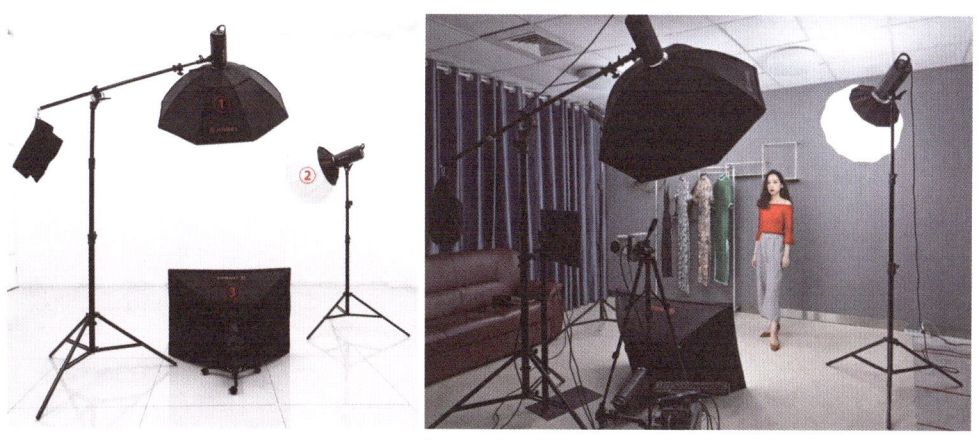

图7-36 三灯布光方案的直播间效果

- 1号灯位：M3灯架+EF150+M1200八角柔光箱，主灯使用M1200八角柔光箱照亮模特的头发和面部，并且充当眼神光。

- 2号灯位：JB260灯架+65度球形柔光罩，为模特右前侧补光，包围补光，充当一定的环境光。
- 3号灯位：DDJ20地灯架+M70X100柔光箱，打亮模特腿部，充当眼神光。

4. 四灯布光方案

全场景直播时可以考虑使用四灯布光方案。图7-37所示为四灯布光方案的直播间效果。

图7-37 四灯布光方案的直播间效果

- 1号灯位：M3灯架＋EF150＋M1200八角柔光箱，主灯使用M1200八角柔光箱照亮模特的头发和面部，并且充当眼神光。
- 2号灯位：JB260灯架＋EF150＋M70×100柔光箱，充当模特右前侧轮廓光。
- 3号灯位：JB260灯架+65度球形柔光罩，模特左前侧补光，包围补光，充当一定的环境光。
- 4号灯位：JB260灯架＋EF150＋M70×100柔光箱，充当模特左侧轮廓光。

5. 五灯布光方案

当直播时间久了之后，所需的场景空间越来越大。大型直播间的灯光主要有主灯、补光灯、轮廓光、顶光和环境光，确保人物形象饱满，画质更清晰。

图7-38所示为五灯布光方案的直播间效果。

图7-38 五灯布光方案的直播间效果

- 1号灯位：M3灯架＋EF150＋M1200八角柔光箱，主灯使用M1200八角柔光箱照亮模特的头发和面部，并且充当眼神光。

- **2号灯位**：JB260灯架＋EF150＋M70×100柔光箱，充当模特右侧轮廓光。
- **3号灯位**：JB260灯架＋EF150＋M70×100柔光箱，充当模特左侧轮廓光。
- **4号灯位**：JB260灯架＋65cm球形柔光罩，模特右前侧补光，包围补光充，充当一定的环境光。
- **5号灯位**：JB260灯架＋65cm球形柔光罩，模特左前侧补光，包围补光充，充当一定的环境光。

采用五灯布光方案的优势是在全场景直播中，即使主播的动作幅度大，也能均匀受光。

7.6 如何做好直播营销

网络直播能够有效帮助商品或者品牌信息广泛传播。相对于传统的营销方式，网络直播是一个成本低廉的营销渠道，它把生产、传播、销售和反馈这几大流程汇于一体。目前，企业看到了网络直播平台的优势，纷纷加入直播营销的队伍。但是，网络直播营销需要创意、方向，盲目跟风难以产生好的营销效果。只有选择优质的内容，并且与其他渠道配合联动才能达到良好的营销效果。

7.6.1 坚持内容为王

直播平台的竞争取决于内容的竞争。网络直播的发展并不一定依靠"网红"，"内容为王"方为上策，特别是电商网络直播，需要商品的质量和款式符合大众的期望。因此，"内容为王"成为网络直播发展的前行方向及行业遵循的准则，这是网络直播发展所需，也是公众审美所需。由于优质内容资源不足，容易导致互相抄袭、恶性竞争等直播乱象，网络直播仍需要逐步发展完善。

早在2016年，各大直播平台就开始进行多元化优质内容的探索。与此同时，各个平台通过定制PGC（专业生产内容）为观众提供深度直播；鼓励个人和群体的UGC（用户生产内容）行为，满足不同的用户需求。另外，作为直播平台，应该主动寻找和接触潜在合作方，为内容制造者提供更多可能，使主播和用户的忠诚度得到进一步提升。直播平台得以发展的契机在于让内容接受者同时成为内容制造者，与其他受众分享相关内容，所以立足于内容本身，持续性为观众寻找内容爆点，是平台发展的关键因素。在这一过程中，平台、主播、观众应该有机结合起来，只有这样才能建立起良好的平台内容生态。

讲故事是品牌直播中非常重要的基础。纽约广告研究机构和美国广告代理协会通过3年的实地调查发现，相比于强调产品属性，会讲故事的品牌广告效果会更好。一个好的故事需要有好的故事主题和故事内容，故事主题就是定位，而好的故事内容则包括真实、情感、共识和承诺4个要素。真实而不做作，故事才能吸引人。真实的故事、真实的场景能引起受众的共识，能让受众感受到故事传达的真切情感，感受到对未来需求承诺的真实。因而，在直播中，内容不仅仅是"秀"，更重要的是"讲"，如何在直播中以故事的形式讲述品牌、凝结品牌与观众之间的关系，变得很重要。

7.6.2 定位准确，选择合适的主播

主播能帮助用户更好地理解商品或者品牌。不同类型的商品，如化妆品、服饰等都需要用户通过直观感受来做出选择，因此确定目标群体、明确品牌定位是进行品牌传播的首要任务。只有明确定位后才能结合品牌调性选择合适的直播平台和主播。

在选择主播时，需要考虑明星和草根直播的优缺点。明星具有强大的粉丝效应，市场效应非常明显，在明星直播的瞬间，用户拉升作用非常强。但明星难以长期担任主播，属于市场行为而不是内容行为。因此不能仅通过明星来进行直播营销，需要考虑能够长期进行持续

营销活动的草根主播。对于直播来说，草根和明星是两种不同的资源。最终真正能撑起直播营销的，是可以每天数小时进行直播的草根素人，而不是偶尔一次的明星。

每个直播平台和网络主播都有自己的特点和调性，这就决定了不同的平台和主播拥有自身的粉丝群。品牌所有者在选择平台和主播进行营销时，首先要根据自己产品的定位和目标群体来筛选粉丝群。另外，主播是一种个性化的外观，在直播过程中经常看到观众表示喜欢主播的饰品风格、喜欢主播的衣服等。可见，主播在粉丝中充当了潮流引导和模仿的对象。因此，需要根据商品或品牌的定位选择合适的主播进行营销活动，以达到营销效果最大化。

7.6.3 构建传播品牌社群

主播利用自己独特的内容和魅力吸引粉丝，粉丝组成兴趣群体，主播制定规则形成社群，通过线上直播和线下活动经营社群，培养社群的自组织能力。以内容精良的节目吸引观众，构建社群，维护好主播与观众的关系，培养稳定的粉丝群体，充分利用粉丝群体的自组织力量来管理直播信息的传播，对于品牌构建与品牌传播有积极影响。同时，还可以收集粉丝社群的反馈信息，利用大数据技术进行分析，根据分析结果对品牌进行个性化设计和改进。现阶段，用户对个性化产品和服务的需求越来越高，不再满足于被动接受企业的操纵，而是主动参与产品的设计与制造。此举不仅能提升用户的满意度，还可以应对市场变化，并进行较为准确的市场预测。

7.6.4 坚持整合营销

品牌传播活动并不是一种单一的、孤立的活动形式，需要将各种营销活动整合起来。品牌传播是整体的系列活动，需要一定的连续性和持续性。商品或品牌营销活动需要将多种传播手段和传播形式加以整合利用，为商品或品牌传达出共同的产品和服务信息，以及品牌形象和企业文化。这是增强与用户的良性互动，提升用户品牌认知的有效手段，同时也是建立和维护用户与品牌之间的密切关系、增强用户黏性的秘密武器，有助于品牌营销目标的实现。随着网络传播技术手段的发展和网络媒体的普及，整合营销理论在新媒体环境中表现出新的发展状态。网络直播打破了时空界限，使其传播的内容能迅速扩散，使与用户互动的方式有了新的进展，加深了品牌与用户的互动。因此，网络整合营销理论需要通过线上多种形式的整合和线上线下的整合来实现。

1. 线上多种营销方式整合

从实质上来说，整合营销传播就是将病毒营销、事件营销、互动营销、口碑营销、社群营销等多种营销手段和渠道都结合在品牌营销传播和市场推广中。在多年的网络营销发展过程中，品牌传播从产品至上、形象至上、定位至上，到现在的用户至上，逐步成熟，走出了一条定位、创意、精准的路线，实现了将各种营销手段相结合的局面，促成了网络营销的盛况，推动了网络整合营销传播的成熟期的到来。

微博作为网络营销的重要阵地，在品牌营销过程中发挥着重要作用。微博上讨论的体育、娱乐、新闻热点和社会焦点等话题在直播平台中也都有很高的热度。两者相搭配，能够产生巨大的粉丝量。微博以其独特的开放性特点，成为网络直播的重要引流入口，是网络直播平台及其内容的重要传播渠道。不仅是微博，微信、贴吧等也都是网络直播营销的重要引流入口，都可以在品牌营销过程中进行有效的、有选择性的结合，延长传播时间，延展传播范围，实现传播效果的最大化。

网络直播打破了时空界限，使其传播内容迅速扩散，使与用户互动的方式有了新的进展，加深了品牌与用户的互动。它通过网络的广泛性、及时性、精准性向用户提供产品和服务信息，加深用户对品牌、产品和服务的认同，增强用户黏性。

2. 线上与线下营销整合

网络直播仅仅是品牌营销传播的手段和渠道，是一个信息传播的工具。它不是线上营销活动的单独作战，还需要线下活动的补充。因此，品牌营销的成功不仅要依托互联网的力量，还要整合好线上和线下营销活动。网络直播的品牌营销传播要想获得品效合一的最大化，就需要与线下营销活动、销售策略等整合起来，为线上的营销活动提供支持和保障。

7.7　本章小结

直播是一种全新的销售渠道，通过直播与短视频的方式，实现虚拟现场解说与产品相结合的模式来服务粉丝群，相比到店消费，消费者不再局限于本地，黏性更大。通过对本章内容的学习，希望读者能够理解有关直播的概念，并掌握直播间装饰设计与灯光设计的方法与技巧。